"十三五"普通高等教育本科系列教材

中国电力教育协会高校电气类专业精品教材

电力系统分析的计算机算法

（第二版）

邱晓燕　刘天琪　黄　媛　编著

王晓茹　主审

中国电力出版社

CHINA ELECTRIC POWER PRESS

内 容 提 要

本书为"十三五"普通高等教育本科系列教材,主要讲述现代复杂电力系统采用计算机进行分析计算的基本原理和方法。

全书共分六章,主要内容有电力网络的数学模型及求解方法,电力系统潮流计算,电力系统故障分析的计算机算法,发电机组和负荷的数学模型,电力系统暂态稳定计算,电力系统小干扰稳定分析。

本书可作为高等院校电气工程及其自动化相关专业的本科教材,也可作为相关专业硕士研究生的参考用书,并可供从事电力系统运行、规划设计的工程技术人员参考使用。

图书在版编目(CIP)数据

电力系统分析的计算机算法/邱晓燕,刘天琪,黄媛编著. —2版. —北京:中国电力出版社,2015.12(2024.11重印)

"十三五"普通高等教育本科规划教材

ISBN 978 - 7 - 5123 - 8824 - 6

Ⅰ. ①电… Ⅱ. ①邱…②刘…③黄… Ⅲ. ①电力系统-系统分析-计算机算法-高等学校-教材 Ⅳ. ①TM711

中国版本图书馆 CIP 数据核字(2016)第 014193 号

中国电力出版社出版、发行

(北京市东城区北京站西街 19 号 100005 http://www.cepp.sgcc.com.cn)

北京雁林吉兆印刷有限公司印刷

各地新华书店经售

*

2009 年 6 月第一版

2015 年 12 月第二版 2024 年 11 月北京第十一次印刷

787 毫米×1092 毫米 16 开本 12.25 印张 299 千字

定价 **42.00** 元

前　言

　　本书第一版自 2009 年正式出版以来，已有 6 届本校本科学生使用过。由于该书的内容、方法适合现代电力系统的发展趋势和电气工程及其自动化专业人才的培养方向，因此，也受到其他兄弟院校的青睐，被多所院校采用，作为"现代电力系统计算机辅助分析"或"电力系统计算方法"课程的教材，反响较好。编者 6 年的教学实践，以及兄弟院校使用该书反馈的建议，为本书的修订再版创造了条件。于是在第一版的基础上，对部分内容进行了适当的增减修改，使该书的体系结构更加合理，内容更丰富，更符合现代电力系统的实际。

　　为了使结构更加清晰，第一章将"电力网络的节点方程"单独列为一节；第二章"潮流计算的数学模型"部分内容的顺序也有所调整；为了使内容更完整，第四章增加了电力系统稳定器 PSS 和负荷的电压静态特性模型；第五章的内容改动较多，除了内容顺序上的调整，"暂态稳定分析的数值解法"增加了龙格-库塔法、隐式梯形积分法，并添加了相关的例题。为了更详细地说明暂态稳定计算原理的实现，增加了第五节"简单模型下的暂态稳定计算"、第六节"暂态稳定计算实例"，简单介绍了现代电力系统分析软件，并以 PSASP 作为仿真工具，对 CEPRI 7 节点系统进行暂态稳定分析，使学生对采用计算机进行现代电力系统分析有更加直观的认识。对第三章和第六章中的文字编排、错漏之处进行了修订，且对第六章第二节中的内容进行了较大幅度的增删修改，使其逻辑性更加合理。

　　全书共分六章，第一章介绍电力网络的数学模型及求解方法；第二章为电力系统潮流计算；第三章为电力系统故障分析的计算机算法；第四章介绍发电机组和负荷的数学模型；第五章和第六章分别为电力系统暂态稳定计算和电力系统小干扰稳定分析。本书由邱晓燕、刘天琪和黄媛编写，邱晓燕教授任主编并负责全书统稿。其中第一章、第二章、第四章和第五章由邱晓燕教授编写，第三章和第六章由刘天琪教授和黄媛老师共同编写。

　　本书的编写得到了四川大学电气信息学院的大力支持，在此表示衷心的感谢。感谢研究生闫天泽、韩轩对增加部分算例的计算，同时衷心感谢本书所列参考书目的各位作者。

　　由于编者水平所限，书中不妥之处在所难免，恳请读者给予批评指正。

编　者

2016 年 3 月

第一版前言

为贯彻落实教育部《关于进一步加强高等学校本科教学工作的若干意见》和《教育部关于以就业为导向深化高等职业教育改革的若干意见》的精神，加强教材建设，确保教材质量，中国电力教育协会组织制订了普通高等教育"十一五"教材规划。该规划强调适应不同层次、不同类型院校，满足学科发展和人才培养的需求，坚持专业基础课教材与教学急需的专业教材并重、新编与修订相结合。本书为新编教材。

由于电力系统是一个复杂的非线性系统，正向着大机组、大电网、超高压、远距离、高度自动化的方向发展。因此它的规划、运行和设计都必须借助计算机来完成。本书较详细地介绍了应用计算机进行现代复杂电力系统分析计算的基本原理和方法，是对电力系统分析基本理论的加深和提高，是学生进一步深造的基础，也是从事电力系统实际工作必不可少的技能。

本书是在四川大学自编讲义《电力系统分析的计算机算法》的基础上修订而成的。2000年前后，为了适应电气工程及其自动化专业的进一步整合，完善"电力系统分析"课程体系和知识结构，我们调整并修订了教学计划，将原"电力系统分析"课程（教材为上、下册）拆分为"电力系统分析理论"和"电力系统分析的计算机算法"两门课程，并开始编写相应的教材。前者主要讲述简单电力系统的基本概念、基本理论及其分析方法（该课程已建设成省级精品课程），后者讲义于2003年编写完成，主要讲述实际复杂电力系统采用计算机进行分析的理论和方法，是在《电力系统分析理论》基础上的扩展、加深和提高，完善和丰富了"电力系统分析"课程的体系和内容。本书内容与电力系统实际密切结合，符合电力系统的发展方向，并与硕士研究生"电力系统分析"课程有机地衔接，因此，它既是学生走上电力系统实际工作岗位必须掌握的知识，也是进一步深造的基础。该教材已在四川大学2000～2004级电气工程及其自动化专业连续使用5届，取得了较好的教学效果。

本书由邱晓燕和刘天琪编著，其中第一章、第二章、第四章和第五章由邱晓燕教授编写，第三章和第六章由刘天琪教授编写。全书由邱晓燕教授统稿，华北电力大学姜彤教授主审。

本书的编写受到了四川大学优秀讲义的立项资助，同时得到四川大学教务处和电气信息学院的大力支持，在此表示衷心的感谢。感谢研究生张子健对潮流部分算例的计算。同时衷心感谢本书所列参考书目的各位作者。

由于编者水平有限，书中错误和不妥之处在所难免，恳请读者给予批评指正。

编　者
2009 年 3 月

目　　录

第一章　电力网络的数学模型及求解方法

　　应用计算机对现代电力系统进行分析计算时，需要掌握电力系统的数学模型、计算方法和程序设计这三方面的知识。本书将介绍电力系统潮流计算、短路电流计算和稳定计算用的数学模型以及基本的计算方法。

　　电力系统的数学模型是对电力系统运行状态的一种数学描述。通过数学模型可以把电力系统中物理现象的分析归结为某种形式的数学问题。电力系统的数学模型主要包括电力网络的数学模型、发电机组的数学模型以及各种负荷的数学模型等。

　　电力网络的数学模型是现代电力系统分析的基础。电力系统潮流计算、短路电流计算和稳定计算等都离不开求解电力网络的数学模型。电力网络是由交直流输电线路、变压器以及串、并联电容器等静止元件所构成的整体，在一般的电力系统分析计算中，这些元件常用恒定参数表示，因此，电力网络是一个线性网络。在稳态分析中，线性网络在数学上可以用一组线性代数方程组来描述，怎样建立和求解这样的方程组，就是本章要讨论的主要内容。在本课程所涉及的暂态稳定计算中，一般不考虑网络中的电磁暂态过程，即对电力网络仍然采用稳态时的模型。

第一节　电力网络的节点方程

　　电力网络的运行状态可用节点方程和回路方程来描述，由于节点方程应用非常方便，因此，目前电力系统计算中，普遍采用节点方程。本书也只介绍网络的节点方程及其应用。由于电力网络的导纳矩阵具有良好的稀疏特性（即导纳矩阵中含有多个零元素），便于高效地处理复杂的电力网络方程，因此，导纳形式的节点方程是现代电力系统分析中广泛应用的数学模型，也是本节介绍的重点。在电力系统故障分析时，常采用阻抗形式的节点方程，本节也将作相应的介绍。

一、导纳形式的节点方程

　　在图 1-1（a）所示的简单电力系统中，若略去变压器的励磁功率和线路电容，负荷用阻抗表示，发电机用等值电流源表示，便可得到一个有 5 个节点（包括零电位点）和 8 条支路的等值网络，如图 1-1（b）所示。图中 y_{10}、y_{12}、y_{23} 等为各支路导纳，i_1、i_2、i_3 等分别为相应支路的电流，各节点电压分别用 $\dot{V}_1 \sim \dot{V}_4$ 表示。

　　以零电位点作为计算节点电压的参考点，根据基尔霍夫电流定律，可以写出 4 个独立节点的电流平衡方程如下

$$\begin{cases} y_{10}\dot{V}_1 + y_{12}(\dot{V}_1 - \dot{V}_2) = \dot{I}_1 \\ y_{12}(\dot{V}_2 - \dot{V}_1) + y_{20}\dot{V}_2 + y_{23}(\dot{V}_2 - \dot{V}_3) + y_{24}(\dot{V}_2 - \dot{V}_4) = 0 \\ y_{23}(\dot{V}_3 - \dot{V}_2) + y_{34}(\dot{V}_3 - \dot{V}_4) + y_{30}\dot{V}_3 = 0 \\ y_{24}(\dot{V}_4 - \dot{V}_2) + y_{34}(\dot{V}_4 - \dot{V}_3) + y_{40}\dot{V}_4 = \dot{I}_4 \end{cases} \tag{1-1}$$

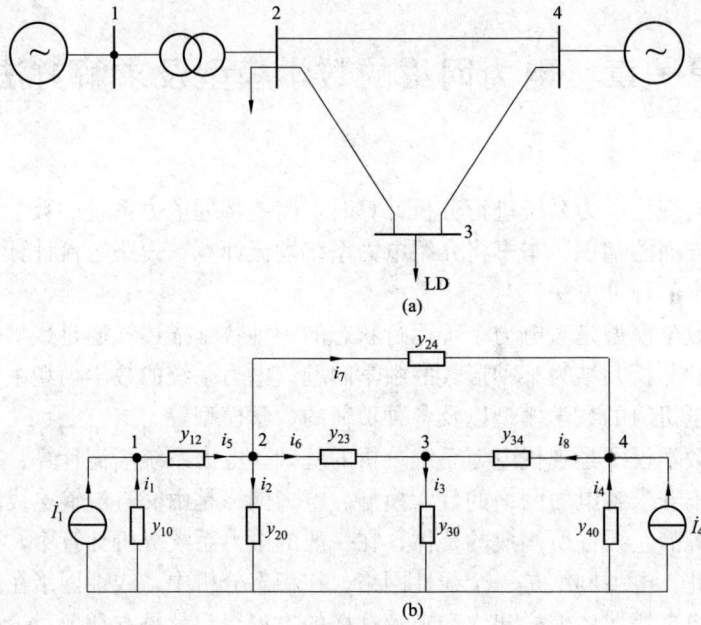

图 1-1 电力系统及其等值网络

(a) 简单电力系统；(b) 等值网络

式（1-1）经过整理可以写成

$$
\begin{cases}
Y_{11}\dot{V}_1 + Y_{12}\dot{V}_2 = \dot{I}_1 \\
Y_{21}\dot{V}_1 + Y_{22}\dot{V}_2 + Y_{23}\dot{V}_3 + Y_{24}\dot{V}_4 = 0 \\
Y_{32}\dot{V}_2 + Y_{33}\dot{V}_3 + Y_{34}\dot{V}_4 = 0 \\
Y_{42}\dot{V}_2 + Y_{43}\dot{V}_3 + Y_{44}\dot{V}_4 = \dot{I}_4
\end{cases}
\tag{1-2}
$$

其中

$Y_{11} = y_{10} + y_{12}$ $Y_{12} = Y_{21} = -y_{12}$

$Y_{22} = y_{20} + y_{23} + y_{24} + y_{12}$ $Y_{23} = Y_{32} = -y_{23}$

$Y_{33} = y_{23} + y_{34} + y_{30}$ $Y_{24} = Y_{42} = -y_{24}$

$Y_{44} = y_{40} + y_{24} + y_{34}$ $Y_{34} = Y_{43} = -y_{34}$

一般地，对于有 n 个独立节点的网络，可以列写 n 个节点方程

$$
\begin{cases}
Y_{11}\dot{V}_1 + Y_{12}\dot{V}_2 + \cdots + Y_{1n}\dot{V}_n = \dot{I}_1 \\
Y_{21}\dot{V}_1 + Y_{22}\dot{V}_2 + \cdots + Y_{2n}\dot{V}_n = \dot{I}_2 \\
\quad\quad\quad\quad\quad\vdots \\
Y_{n1}\dot{V}_1 + Y_{n2}\dot{V}_2 + \cdots + Y_{nn}\dot{V}_n = \dot{I}_n
\end{cases}
\tag{1-3}
$$

也可以用矩阵写成

$$\begin{bmatrix} Y_{11} & Y_{12} & \cdots & Y_{1n} \\ Y_{21} & Y_{22} & \cdots & Y_{2n} \\ \vdots & \vdots & \ddots & \vdots \\ Y_{n1} & Y_{n2} & \cdots & Y_{nn} \end{bmatrix} \begin{bmatrix} \dot{V}_1 \\ \dot{V}_2 \\ \vdots \\ \dot{V}_n \end{bmatrix} = \begin{bmatrix} \dot{I}_1 \\ \dot{I}_2 \\ \vdots \\ \dot{I}_n \end{bmatrix} \tag{1-4}$$

或缩记为

$$\boldsymbol{Y}\dot{\boldsymbol{V}} = \dot{\boldsymbol{I}} \tag{1-5}$$

$$\boldsymbol{Y} = \begin{bmatrix} Y_{11} & Y_{12} & \cdots & Y_{1n} \\ Y_{21} & Y_{22} & \cdots & Y_{2n} \\ \vdots & \vdots & \ddots & \vdots \\ Y_{n1} & Y_{n2} & \cdots & Y_{nn} \end{bmatrix} \tag{1-6}$$

式中：$\dot{\boldsymbol{I}}$ 为节点注入电流列相量；$\dot{\boldsymbol{V}}$ 为节点电压列相量；$\boldsymbol{Y}$ 为节点导纳矩阵。

$\boldsymbol{Y}$ 是一个 $n \times n$ 阶的方阵，它的对角线元素 Y_{ii} 称为节点 i 的自导纳，其值等于连接于节点 i 的所有支路导纳之和。非对角线元素 Y_{ij} 称为节点 i、j 间的互导纳，它等于直接连接于节点 i、j 间的支路导纳的负值。若节点 i、j 间不存在直接相连的支路，则有 $Y_{ij} = 0$。由此可知节点导纳矩阵是一个稀疏的对称矩阵。

二、阻抗形式的节点方程

在电力系统分析计算中，节点方程也常写成阻抗矩阵的形式，即

$$\boldsymbol{Z}\dot{\boldsymbol{I}} = \dot{\boldsymbol{V}} \tag{1-7}$$

式中：$\boldsymbol{Z} = \boldsymbol{Y}^{-1}$ 为 n 阶方阵，称为网络的节点阻抗矩阵。

式（1-7）可展开写成

$$\left.\begin{cases} Z_{11}\dot{I}_1 + Z_{12}\dot{I}_2 + \cdots + Z_{1n}\dot{I}_n = \dot{V}_1 \\ Z_{21}\dot{I}_1 + Z_{22}\dot{I}_2 + \cdots + Z_{2n}\dot{I}_n = \dot{V}_2 \\ \vdots \qquad\qquad \vdots \qquad\qquad\quad \vdots \qquad\quad \vdots \\ Z_{n1}\dot{I}_1 + Z_{n2}\dot{I}_2 + \cdots + Z_{nn}\dot{I}_n = \dot{V}_n \end{cases}\right\} \tag{1-8}$$

也可以用矩阵写成

$$\begin{bmatrix} Z_{11} & Z_{12} & \cdots & Z_{1n} \\ Z_{21} & Z_{22} & \cdots & Z_{2n} \\ \vdots & \vdots & \ddots & \vdots \\ Z_{n1} & Z_{n2} & \cdots & Z_{nn} \end{bmatrix} \begin{bmatrix} \dot{I}_1 \\ \dot{I}_2 \\ \vdots \\ \dot{I}_n \end{bmatrix} = \begin{bmatrix} \dot{V}_1 \\ \dot{V}_2 \\ \vdots \\ \dot{V}_n \end{bmatrix} \tag{1-9}$$

很显然，节点阻抗矩阵

$$\boldsymbol{Z} = \begin{bmatrix} Z_{11} & Z_{12} & \cdots & Z_{1n} \\ Z_{21} & Z_{22} & \cdots & Z_{2n} \\ \vdots & \vdots & \ddots & \vdots \\ Z_{n1} & Z_{n2} & \cdots & Z_{nn} \end{bmatrix} \tag{1-10}$$

节点阻抗矩阵的对角线元素 Z_{ii} 称为节点 i 的自阻抗或输入阻抗，非对角线元素 Z_{ij} 称为节点 i 和节点 j 之间的互阻抗。节点阻抗矩阵是节点导纳矩阵的逆矩阵，它是一个 $n \times n$ 阶的满矩阵。

导纳矩阵或阻抗矩阵形式的电力网络节点方程以节点（母线）电压作为待求量，节点电压能唯一地确定电力网络的运行状态。知道了节点电压，很容易计算出节点功率、支路功率和电流。无论是潮流计算还是短路电流计算，节点方程求解结果的应用都非常方便。并且，在电力网络计算中，网络的接线图以及各元件的参数一般都作为原始数据提供，只要选好参考节点，并对所有节点进行编号，就可以方便直观地根据网络的原始参数形成节点导纳矩阵（或节点阻抗矩阵）。因此，目前电力系统分析计算中普遍都采用节点方程。

三、节点关联矩阵

节点关联矩阵是描述电力网络连接情况的矩阵，不同类型的关联矩阵不同程度地反映网络的接线图形。它对于网络方程的形成起着重要的作用。下面介绍其基本概念。

节点关联矩阵中只含 0、+1、−1 三种元素，不包括网络各支路的具体参数。其行号与节点号相对应，列号与支路号相对应。0 表示该节点与相应支路不相连；+1 表示支路电流的规定方向是流出该节点；−1 表示支路电流的规定方向是流入该节点。每一列非零元素的位置表示相应支路两端的节点号。对图 1−1 所示网络有 4 个节点（不包括零电位节点）8 条支路，它的关联矩阵 $\boldsymbol{A}$ 为一个 4 行 8 列的矩阵，即

$$\boldsymbol{A} = \begin{bmatrix} -1 & 0 & 0 & 0 & 1 & 0 & 0 & 0 \\ 0 & 1 & 0 & 0 & -1 & 1 & 1 & 0 \\ 0 & 0 & 1 & 0 & 0 & -1 & 0 & -1 \\ 0 & 0 & 0 & -1 & 0 & 0 & -1 & 1 \end{bmatrix} \tag{1-11}$$

其中，第 1 行的第 1 列和第 5 列为非零元素，表明节点 1 与支路 1 和支路 5 相连，并且支路 1 的电流流向节点 1，支路 5 的电流流出节点 1，其余类同。第 1、2、3、4 列都只有 1 个非零元素，表示支路 1、2、3、4 分别为连在相应节点的接地支路。由此可见，由节点关联矩阵可以反过来唯一地确定网络的接线图。

节点关联矩阵与网络节点方程之间有密切的关系。设电力网络有 n 个节点，l 条支路，对每条支路可以列写出以下的方程式

$$\dot{I}_{Lk} = y_{Lk} \dot{V}_{Lk} \quad (k = 1, 2, \cdots, l) \tag{1-12}$$

式中：$\dot{I}_{Lk}$ 为支路 k 的电流；$\dot{V}_{Lk}$ 为支路 k 的电压降；y_{Lk} 为支路 k 的导纳。

将式（1−12）写成矩阵形式为

$$\dot{\boldsymbol{I}}_{L} = \boldsymbol{Y}_{L} \dot{\boldsymbol{V}}_{L} \tag{1-13}$$

式中：$\dot{\boldsymbol{I}}_{L}$ 为支路电流列相量；$\dot{\boldsymbol{V}}_{L}$ 为支路电压降列相量；$\boldsymbol{Y}_{L}$ 为支路导纳所组成的对角矩阵。

由基尔霍夫第一定律可知，电力网络中任意节点 i 的注入电流 $\dot{I}_i$ 与支路电流有如下

关系

$$\dot I_i = \sum_{k=1}^l a_{ik} \dot I_{Lk} \qquad (1-14)$$

式中：a_{ik} 为节点关联矩阵第 i 行第 k 列的元素。当支路电流 $\dot I_{Lk}$ 流向节点 i 时，$a_{ik}=-1$；当支路电流 $\dot I_{Lk}$ 流出节点 i 时，$a_{ik}=1$；当支路 k 与节点 i 无直接联系时，$a_{ik}=0$。于是，节点电流列相量 $\dot I$ 与支路电流列相量 $\dot I_L$ 有如下关系

$$\dot I = A \dot I_L \qquad (1-15)$$

式中：A 为网络的节点关联矩阵。

设整个电力网络消耗的功率为 S，从支路功率来看，可以得到

$$S = \sum_{k=1}^l \overset{*}{\dot I}_{Lk} \dot V_{Lk} = \overset{*}{\dot I}_L \dot V_L \qquad (1-16)$$

式中：$\overset{*}{\dot I}_{Lk}$、$\overset{*}{\dot I}_L$ 表示相应相量的共轭值。

从节点输入总功率来看，可以得到

$$S = \sum_{i=1}^n \overset{*}{\dot I}_i \dot V_i = \overset{*}{\dot I} \dot V \qquad (1-17)$$

显然

$$\overset{*}{\dot I} \dot V = \overset{*}{\dot I}_L \dot V_L \qquad (1-18)$$

由式（1-15）可知

$$\overset{*}{\dot I} = \overset{*}{\dot I}_L A^T \qquad (1-19)$$

将式（1-19）代入式（1-18）可得

$$\overset{*}{\dot I}_L A^T \dot V = \overset{*}{\dot I}_L \dot V_L \qquad (1-20)$$

因此得到节点电压与支路电压降列相量有以下关系

$$A^T \dot V = \dot V_L \qquad (1-21)$$

将式（1-13）、式（1-21）顺次代入式（1-15）可得

$$\dot I = A Y_L A^T \dot V = Y \dot V \qquad (1-22)$$

由式（1-5）可知，Y 为节点导纳矩阵，于是

$$Y = A Y_L A^T \qquad (1-23)$$

这样，利用节点关联矩阵和支路导纳矩阵即可求得节点导纳矩阵，从而求得电力网络的节点方程式。

第二节　节点导纳矩阵

一、节点导纳矩阵元素的物理意义

前面引入了节点导纳矩阵的基本概念，下面进一步讨论其元素的物理意义。

如果在节点 i 施加一单位电压，其余节点全部接地，即令

$$\dot V_i = 1$$

$$\dot V_j = 0(j=1, 2, \cdots, n, j \neq i)$$

代入式（1-3）的各式，可得

$$\begin{cases} \dot{I}_1 = Y_{1i} \\ \dot{I}_2 = Y_{2i} \\ \cdots \\ \dot{I}_i = Y_{ii} \\ \cdots \\ \dot{I}_n = Y_{ni} \end{cases} \qquad (1-24)$$

由式（1-24）可以看出，导纳矩阵〔见式（1-6）〕第 i 列元素的物理意义如下。

（1）导纳矩阵第 i 列对角元素 Y_{ii}，即节点 i 的自导纳，在数值上等于节点 i 施加单位电压、其他节点都接地时，节点 i 向电力网络注入的电流。换句话说，自导纳 Y_{ii} 是节点 i 以外的所有节点都接地时节点 i 对地的总导纳。显然，Y_{ii} 应等于与节点 i 相连的各支路导纳之和，即

$$Y_{ii} = y_{i0} + \sum_{j \in i} y_{ij} \qquad (1-25)$$

式中：y_{i0} 为节点 i 与零电位节点之间的所有支路导纳的总和；y_{ij} 为节点 i 与节点 j 之间的支路导纳。$j \in i$ 表示节点 j 与节点 i 相连。

（2）导纳矩阵第 i 列非对角元素 Y_{ji}，即节点 i 与节点 j 之间的互导纳，在数值上等于节点 i 施加单位电压、其他节点都接地时，节点 j 向电力网络注入的电流。在这种情况下，节点 j 的电流实际上是自网络流出并进入地中的电流，所以 Y_{ji} 应等于节点 i、j 之间的支路导纳的负值，即

$$Y_{ji} = -y_{ji} \qquad (1-26)$$

很明显，$Y_{ji} = Y_{ij}$。

若节点 i 和节点 j 没有支路直接相连，则 $Y_{ij} = 0$。

图 1-2 所示为自导纳和互导纳的确定。下面进一步以图 1-2 所示网络说明导纳矩阵各元素的物理意义。该网络有 6 个节点，导纳矩阵应为 6 阶方阵，由于不直接相连的节点之间的互导纳为 0，因此该网络节点导纳矩阵有如下结构

$$Y = \begin{bmatrix} Y_{11} & Y_{12} & 0 & 0 & Y_{15} & 0 \\ Y_{21} & Y_{22} & Y_{23} & 0 & 0 & 0 \\ 0 & Y_{32} & Y_{33} & 0 & Y_{35} & Y_{36} \\ 0 & 0 & 0 & Y_{44} & Y_{45} & 0 \\ Y_{51} & 0 & Y_{53} & Y_{54} & Y_{55} & Y_{56} \\ 0 & 0 & Y_{63} & 0 & Y_{65} & Y_{66} \end{bmatrix}$$

首先讨论第 1 列元素。根据前面的论述，这时应在节点 1 施加单位电压，即图 1-2（a）中 $\dot{V}_1 = 1$，而将其余节点都接地。根据上述节点自导纳和互导纳的定义，可得

$$Y_{11} = \dot{I}_1 = \dot{I}_{10} + \dot{I}_{12} + \dot{I}_{15} = y_{10}\dot{V}_1 + y_{12}\dot{V}_1 + y_{15}\dot{V}_1 = y_{10} + y_{12} + y_{15}$$

$$Y_{21} = \dot{I}_2 = -\dot{I}_{12} = -y_{12}\dot{V}_1 = -y_{12}$$

$$Y_{51} = \dot{I}_5 = -\dot{I}_{15} = -y_{15}\dot{V}_1 = -y_{15}$$

由于 $\dot{I}_3=\dot{I}_4=\dot{I}_6=0$，因此，$Y_{31}=Y_{41}=Y_{61}=0$。

同理可得第 2 列元素。此时在节点 2 施加单位电压，即图 1-2（b）中 $\dot{V}_2=1$，而将其余节点都接地。可得

$$Y_{22}=\dot{I}_2=\dot{I}_{20}+\dot{I}_{21}+\dot{I}_{23}=y_{20}\dot{V}_2+y_{12}\dot{V}_2+y_{23}\dot{V}_2=y_{20}+y_{12}+y_{23}$$

$$Y_{12}=\dot{I}_1=-\dot{I}_{21}=-y_{12}\dot{V}_2=-y_{12}$$

$$Y_{32}=\dot{I}_3=-\dot{I}_{23}=-y_{23}\dot{V}_2=-y_{23}$$

由于 $\dot{I}_4=\dot{I}_5=\dot{I}_6=0$，因此 $Y_{42}=Y_{52}=Y_{62}=0$。

同理可推得第 3、4、5 列元素，在此不再一一详述。

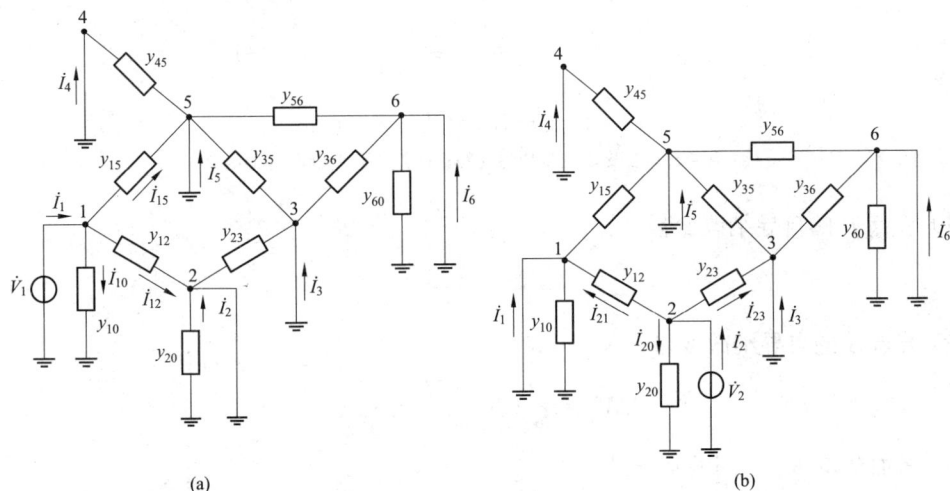

图 1-2　自导纳和互导纳的确定

(a) $\dot{V}_1=1$；(b) $\dot{V}_2=1$

通过上面的讨论，可以看出节点导纳矩阵有以下特点：

（1）导纳矩阵的元素很容易根据网络接线图和支路参数直观地求得，形成节点导纳矩阵的程序比较简单。

（2）导纳矩阵为对称矩阵。由网络的互易特性易知 $Y_{ji}=Y_{ij}$。

（3）导纳矩阵是稀疏矩阵。它的对角线元素一般不为零，但在非对角线元素中则存在不少零元素。在电力系统的接线图中，一般每个节点同平均不超过 3～4 个其他节点有直接的支路连接。因此，在导纳矩阵的非对角线元素中每行平均仅有 3～4 个非零元素，其余的都是零元素。而且网络的规模越大，这种现象越显著。

导纳矩阵的对称性和稀疏性对于应用计算机求解电力系统计算问题有很大的影响。如果能充分地利用这两个特点，在程序设计中只存储导纳矩阵的对角元素和上三角元素（或下三角元素），排除零元素的存储和运算，就可以大大地节省存储单元和提高计算速度。

节点导纳矩阵的形成可归纳如下：

（1）导纳矩阵的阶数等于电力网络的节点数。

（2）导纳矩阵各行非对角元素中非零元素的个数等于对应节点所连的不接地支路数。

（3）导纳矩阵各对角元素，即节点的自导纳等于相应节点所连支路的导纳之和。

（4）导纳矩阵非对角元素，即节点之间的互导纳等于相应节点之间的支路导纳的负值。

二、节点导纳矩阵的修改

1. 含非标准变比的变压器支路导纳矩阵元素的修改

先讨论网络中含有非标准变比 k 的变压器支路时导纳矩阵元素的修改。当节点 p、q 间接有变压器支路时（见图 $1-3$），可以采用 Π 型等值电路，然后按照上述原则形成导纳矩阵。但在实际应用程序中，往往直接计算变压器支路对导纳矩阵的影响。根据图 $1-3$ 可以写出节点 p、q 的自导纳和节点间的互导纳增量分别如下。

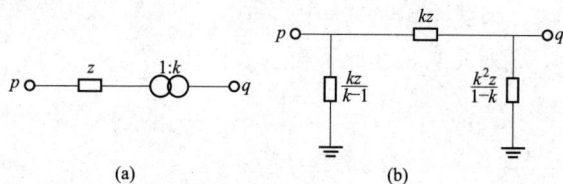

图 $1-3$　变压器支路及其等值电路

(a) 含非标准变比 k 的变压器支路；(b) 变压器 Π 型等值电路

（1）节点 p 的自导纳改变量

$$\Delta Y_{pp} = \frac{1}{kz} + \frac{k-1}{kz} = \frac{1}{z} \tag{1-27}$$

（2）节点 q 的自导纳改变量

$$\Delta Y_{qq} = \frac{1}{kz} + \frac{1-k}{k^2 z} = \frac{1}{k^2 z} \tag{1-28}$$

（3）增加节点 p、q 间的互导纳

$$\Delta Y_{pq} = \Delta Y_{qp} = -\frac{1}{kz} \tag{1-29}$$

2. 网络接线方式改变时导纳矩阵元素的修改

在电力系统的运行分析中，往往要计算不同接线方式下的运行状态。网络接线改变时，节点导纳矩阵也要作相应的修改。假定接线改变前的导纳矩阵元素为 $Y_{ij}^{(0)}$，接线改变后则应修改为 $Y_{ij} = Y_{ij}^{(0)} + \Delta Y_{ij}$。现在就几种典型的接线方式变化，说明修改增量 ΔY_{ij} 的计算方法。

（1）从网络的原有节点 i 引出一条导纳为 y_{ij} 的支路，同时增加一个节点 j，如图 $1-4$ (a) 所示。由于节点数加 1，导纳矩阵将增加一行一列。新增的对角线元素 $Y_{jj} = y_{ij}$。新增的非对角线元素中，只有 $Y_{ij} = Y_{ji} = -y_{ij}$，其余的元素都为零。矩阵的原有部分，只有节点

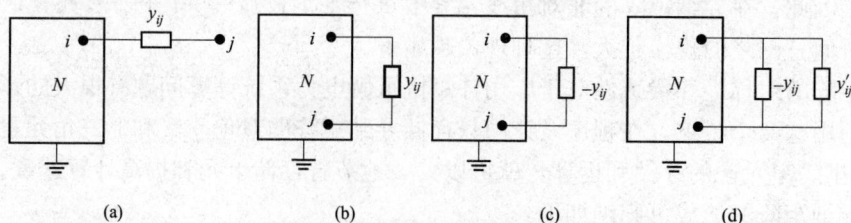

图 $1-4$　网络接线的改变

(a) 引出一条导纳为 y_{ij} 的支路，同时增加一条节点 j；(b) 增加一条导纳为 y_{ij} 的支路；

(c) 切除一条导纳为 y_{ij} 的支路；(d) 导纳由 y_{ij} 改变为 y_{ij}'

i 的自导纳应增加 $\Delta Y_{ii} = y_{ij}$。

（2）在网络的原有节点 i、j 之间增加一条导纳为 y_{ij} 的支路，如图 1-4（b）所示。由于只增加支路不增加节点，故导纳矩阵的阶次不变。因而只要对与节点 i、j 有关的元素分别增添以下的修改增量即可，其余的元素都不必修改。

$$\Delta Y_{ii} = \Delta Y_{jj} = y_{ij}, \quad \Delta Y_{ij} = \Delta Y_{ji} = -y_{ij} \tag{1-30}$$

（3）在网络的原有节点 i、j 之间切除一条导纳为 y_{ij} 的支路，如图 1-4（c）所示。这种情况可以当作是在节点 i、j 间增加一条导纳为 $-y_{ij}$ 的支路来处理。因此，导纳矩阵中有关元素的修正增量

$$\Delta Y_{ii} = \Delta Y_{jj} = -y_{ij}, \quad \Delta Y_{ij} = \Delta Y_{ji} = y_{ij} \tag{1-31}$$

（4）原网络节点 i、j 之间的导纳由 y_{ij} 改变为 y'_{ij}，如图 1-4（d）所示。这种情况可以当作首先在节点 i、j 间切除一条导纳为 y_{ij} 的支路，然后再在节点 i、j 间追加导纳为 y'_{ij} 的支路。根据式（1-30）、式（1-31）不难求出导纳矩阵相关元素的修正量。

其他的网络变更情况，可以仿照上述方法进行处理，或者直接根据导纳矩阵元素的物理意义，导出相应的修改公式。应该指出，如果增加或切除的支路是变压器支路，则以上相关元素的修改应按式（1-27）～式（1-29）进行。

【例 1-1】 某电力系统的等值网络示于图 1-5 所示。已知各元件参数的标幺值如下：$z_{12} = 0.145 + \text{j}0.581$，$z_{23} = 0.104 + \text{j}0.518$，$z_{15} = 0.082 + \text{j}0.427$，$z_{35} = 0.163 + \text{j}0.754$，$z_{43} = 0.031 + \text{j}0.248$，$y_{120} = y_{210} = \text{j}0.021$，$y_{230} = y_{320} = \text{j}0.018$，$y_{150} = y_{510} = \text{j}0.028$，$y_{350} = y_{530} = \text{j}0.014$，$y_C = 0.04$，$k_{43} = 0.95$。试求节点导纳矩阵。

解 根据以上讨论的导纳矩阵的形成以及含变压器支路时导纳矩阵元素的修改，可以逐个计算导纳矩阵元素如下

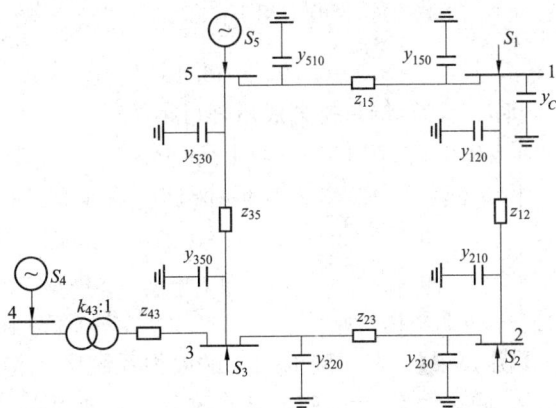

图 1-5 ［例 1-1］的电力系统等值网络图

$$Y_{11} = y_{120} + y_{150} + y_C + \frac{1}{z_{12}} + \frac{1}{z_{15}}$$

$$= \text{j}0.021 + \text{j}0.028 + \text{j}0.04 + \frac{1}{0.145 + \text{j}0.581} + \frac{1}{0.082 + \text{j}0.427}$$

$$= 0.8381 - \text{j}3.7899$$

$$Y_{12} = Y_{21} = -\frac{1}{z_{12}} = -\frac{1}{0.145 + \text{j}0.581} = -0.4044 + \text{j}1.6203$$

$$Y_{15} = Y_{51} = -\frac{1}{z_{15}} = -\frac{1}{0.082 + \text{j}0.427} = -0.4337 + \text{j}2.2586$$

$$Y_{22} = y_{210} + y_{230} + \frac{1}{z_{12}} + \frac{1}{z_{23}}$$

$$= \text{j}0.021 + \text{j}0.018 + \frac{1}{0.145 + \text{j}0.581} + \frac{1}{0.104 + \text{j}0.518}$$

$$= 0.7769 - j3.4370$$

$$Y_{23} = Y_{32} = -\frac{1}{z_{23}} = -\frac{1}{0.104 + j0.518} = -0.3726 + j1.8557$$

$$Y_{33} = y_{320} + y_{350} + \frac{1}{z_{23}} + \frac{1}{z_{35}} + \frac{1}{z_{43}}$$

$$= j0.018 + j0.014 + \frac{1}{0.104 + j0518} + \frac{1}{0.163 + j0.754} + \frac{1}{0.031 + j0.248}$$

$$= 1.1428 - j7.0610$$

$$Y_{34} = Y_{43} = -\frac{1}{k_{43} z_{43}} = -\frac{1}{0.95 \times (0.031 + j0.248)} = -0.5224 + j4.1792$$

$$Y_{35} = Y_{53} = -\frac{1}{z_{35}} = -\frac{1}{0.163 + j0.754} = -0.2739 + j1.2670$$

$$Y_{44} = \frac{1}{k_{43}^2 z_{43}} = \frac{1}{0.95^2 \times (0.031 + j0.248)} = 0.5499 - j4.3991$$

$$Y_{55} = y_{510} + y_{530} + \frac{1}{z_{15}} + \frac{1}{z_{35}}$$

$$= j0.028 + j0.014 + \frac{1}{0.082 + j0.427} + \frac{1}{0.163 + j0.754}$$

$$= 0.7077 - j3.4837$$

将以上计算结果排列成矩阵可得

$$Y = \begin{bmatrix} 0.8381 - j3.7899 & -0.4044 + j1.6203 & 0 & 0 & -0.4337 + j2.2586 \\ -0.4044 + j1.6203 & 0.7769 - j3.4370 & -0.3726 + j1.8557 & 0 & 0 \\ 0 & -0.3726 + j1.8557 & 1.1428 - j7.0610 & -0.5224 + j4.1792 & -0.2739 + j1.2670 \\ 0 & 0 & -0.5224 + j4.1792 & 0.5499 - j4.3991 & 0 \\ -0.4337 + j2.2586 & 0 & -0.2739 + j1.2670 & 0 & 0.7077 - j3.4837 \end{bmatrix}$$

【例 1-2】 在［例 1-1］的电力系统中，将接于节点 3、4 之间的变压器的变比由 k_{43} = 0.95 调整为 k'_{43} = 0.97，试修改节点导纳矩阵。

解 将节点 p、q 之间的变压器（见图 1-3）的变比由 k 改为 k'，相当于先切除变比为 k 的变压器，再接入变比为 k' 的变压器。根据式（1-27）～式（1-29），与节点 p、q 有关的导纳矩阵元素的修正增量应为

$$\Delta Y_{pp} = 0, \quad \Delta Y_{qq} = \frac{1}{k'^2 z} - \frac{1}{k^2 z}, \quad \Delta Y_{pq} = \Delta Y_{qp} = -\frac{1}{k' z} + \frac{1}{kz}$$

将上述关系式用于节点 3 和 4，可得

$$\Delta Y_{33} = 0$$

$$\Delta Y_{44} = \frac{1}{0.97^2 \times (0.031 + j0.248)} - \frac{1}{0.95^2 \times (0.031 + j0.248)} = -0.0224 + j0.1795$$

$$\Delta Y_{34} = \Delta Y_{43} = -\frac{1}{0.97 \times (0.031 + j0.248)} + \frac{1}{0.95 \times (0.031 + j0.248)} = 0.0108 - j0.0862$$

因此，在修改后的节点导纳矩阵中

$$Y_{44} = 0.5499 - j4.3991 - 0.0224 + j0.1795 = 0.5275 - j4.2196$$

$$Y_{34} = Y_{43} = -0.5224 + j4.1792 + 0.0108 - j0.0862 = -0.5116 + j4.0930$$

其余的元素都保持原值不变。

三、支路间存在互感时的节点导纳矩阵

在形成零序网络的节点导纳矩阵时应该计及平行线路之间的互感。常用的方法是采用一种消去互感的等值电路来代替原来的互感线路组，然后就像无互感的网络一样计算节点导纳矩阵的元素。

现以两条互感支路为例来说明这种处理方法。图 1-6 所示为互感支路及其等值电路，假定两条支路分别接于节点 p、q 之间和节点 r、s 之间，支路的自阻抗分别为 z_{pq} 和 z_{rs}，支路间的互感阻抗为 z_{m}，并以小黑点表示互感的同名端。这两条支路的电压方程可用矩阵表示如下

$$\begin{bmatrix} \dot{V}_p - \dot{V}_q \\ \dot{V}_r - \dot{V}_s \end{bmatrix} = \begin{bmatrix} z_{pq} & z_{\mathrm{m}} \\ z_{\mathrm{m}} & Z_{rs} \end{bmatrix} \begin{bmatrix} \dot{I}_{pq} \\ \dot{i}_{rs} \end{bmatrix} \tag{1-32}$$

或者写成

$$\begin{bmatrix} \dot{I}_{pq} \\ \dot{i}_{rs} \end{bmatrix} = \begin{bmatrix} y'_{pq} & y'_{\mathrm{m}} \\ y'_{\mathrm{m}} & y'_{rs} \end{bmatrix} \begin{bmatrix} \dot{V}_p - \dot{V}_q \\ \dot{V}_r - \dot{V}_s \end{bmatrix} \tag{1-33}$$

式（1-33）中的导纳矩阵是式（1-32）中阻抗矩阵的逆矩阵，其元素为

$$y'_{pq} = \frac{z_{rs}}{z_{rs}z_{pq} - z_{\mathrm{m}}^2}, \qquad y'_{rs} = \frac{z_{pq}}{z_{rs}z_{pq} - z_{\mathrm{m}}^2}, \qquad y'_{\mathrm{m}} = -\frac{z_{\mathrm{m}}}{z_{rs}z_{pq} - z_{\mathrm{m}}^2} \tag{1-34}$$

将式（1-33）展开并整理后可得

$$\begin{cases} \dot{I}_{pq} = y'_{pq}(\dot{V}_p - \dot{V}_q) + y'_{\mathrm{m}}(\dot{V}_p - \dot{V}_s) - y'_{\mathrm{m}}(\dot{V}_p - \dot{V}_r) \\ \dot{I}_{rs} = y'_{rs}(\dot{V}_r - \dot{V}_s) + y'_{\mathrm{m}}(\dot{V}_r - \dot{V}_q) - y'_{\mathrm{m}}(\dot{V}_r - \dot{V}_p) \end{cases} \tag{1-35}$$

根据式（1-35）可作出消去互感的等值电路，如图 1-6（b）所示。这是一个有 4 个节点 6 条支路的完全网形电路。原有的两条支路其导纳值分别变为 y'_{pq} 和 y'_{rs}（注意：$y'_{pq} \neq 1/z_{pq}$，$y'_{rs} \neq 1/z_{rs}$）。在原两支路的同名端点之间增加了导纳为 $-y'_{\mathrm{m}}$ 的新支路，异名端点之间则增加了导纳为 y'_{m} 的新支路。利用这个等值电路，就可以按照无互感的情况计算节点导纳矩阵的有关元素。

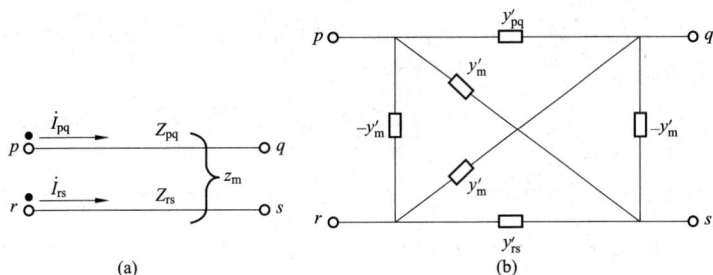

图 1-6　互感支路及其等值电路

(a) 互感支路；(b) 等值电路

对于有更多互感支路的情况，也可以用同样的方法处理。在实际的电力系统中，互感线路常有一端接于同一条母线。若 pq 支路和 rs 支路的节点 p 和 r 接于同一条母线，则在消去

互感的等值电路中，将节点 p 和 r 接在一起即可，所得的三端点等值电路如图 1-7 所示。

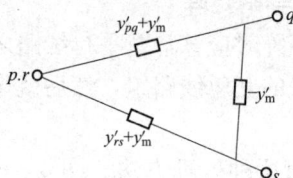

图 1-7　一端共节点的互感支路的等值电路

第三节　节点阻抗矩阵

一、节点阻抗矩阵元素的物理意义

前面介绍了节点阻抗矩阵的基本概念，下面进一步讨论其元素的物理意义。

如果在电力网络节点 i 注入单位电流，而其他节点全部开路，即令

$$\dot{I}_i = 1$$

$$\dot{I}_j = 0 (j = 1, 2, \cdots, n, \quad j \neq i)$$

由式（1-8）可知，在这种情况下

$$\begin{cases} \dot{V}_1 = Z_{i1} \\ \dot{V}_2 = Z_{i2} \\ \quad\cdots \\ \dot{V}_i = Z_{ii} \\ \quad\cdots \\ \dot{V}_n = Z_{in} \end{cases} \tag{1-36}$$

由式（1-36）可以看出，阻抗矩阵［见式（1-10）］第 i 列元素的物理意义如下：

（1）阻抗矩阵对角元素 Z_{ii}，即节点 i 的自阻抗，在数值上等于节点 i 注入单位电流、其他节点都开路时，节点 i 的电压。因此，Z_{ii} 也可以看作是从节点 i 向整个网络看进去的对地总阻抗，或者是把节点 i 作为一端，参考节点（即地）为另一端，从这两个端点看进去的无源两端网络的等值阻抗。

（2）阻抗矩阵非对角元素 Z_{ij}，即节点 i 与节点 j 之间的互阻抗，在数值上等于节点 i 注入单位电流、其他节点都开路时，节点 j 的电压。由于电力网络中各节点之间总是有相互的电磁联系（包括间接的联系），因此，当节点 i 注入单位电流、其他节点都开路时，所有节点电压都不为零。也就是说，互阻抗 Z_{ij} 都不为零，即节点阻抗矩阵是一个满矩阵，没有零元素。根据线性电路的互易原理可知，阻抗矩阵是对称矩阵。

依次在各个节点单独注入电流，计算出网络中的电压分布，可求得阻抗矩阵的全部元素。由此可见，节点阻抗矩阵元素的计算是相当复杂的，不可能从网络的接线图和支路参数直观地求出。目前常用的求取阻抗矩阵的方法主要有两种：一种是以上述物理概念为基础的支路追加法；另一种是对节点导纳矩阵求逆。

二、用支路追加法形成节点阻抗矩阵

支路追加法是根据系统的接线图，从某一个与地相连的支路开始，逐步增加支路，扩大阻抗矩阵的阶次，最后形成整个系统的节点阻抗矩阵。现以图 1-8（a）的网络为例说明支路追加法形成阻抗矩阵的过程，按每次增加一条支路，图 1-8（b）～图 1-8（h）表示了一种可能的支路追加顺序。

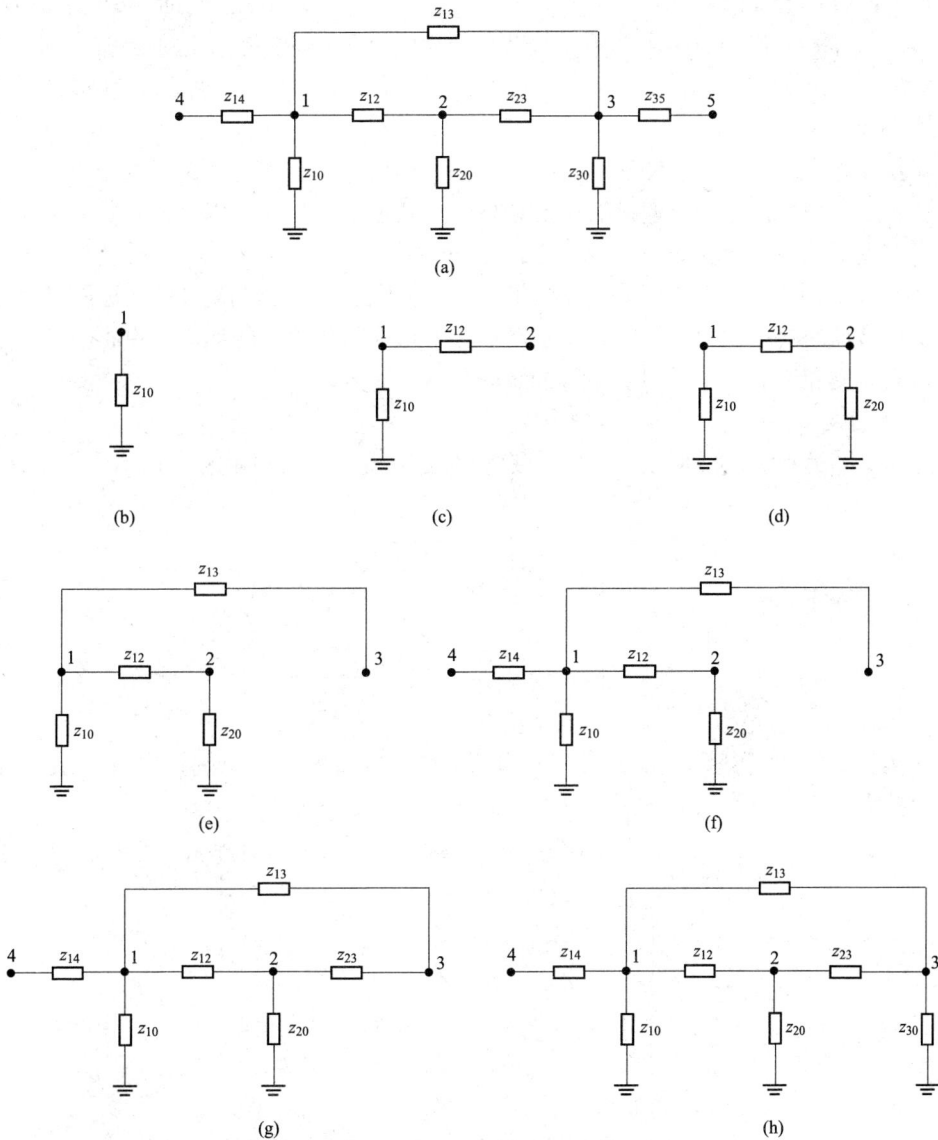

图 1-8　支路追加法形成阻抗矩阵的过程

（a）网络；（b）追加支路 z_{10}；（c）追加支路 z_{12}；（d）追加支路 z_{20}；

（e）追加支路 z_{13}；（f）追加支路 z_{14}；（g）追加支路 z_{23}；（h）追加支路 z_{30}

首先由一个接地支路如 z_{10} 开始，形成一阶阻抗矩阵，如图 1-8（b）所示。

然后追加支路 z_{12}，如图 1-8（c）所示，这样在网络中新增了节点 2，阻抗矩阵增加为二阶。这种在追加支路时出现新节点的情况称为追加"树支"。

再追加支路 z_{20}，如图 1-8（d）所示，这时并不出现新节点，阻抗矩阵的阶数不变，但其中元素的数值要发生变化。这种在追加支路时没有出现新节点，即在已有的两个节点间增加新支路的情况，称为追加"链支"。这样继续下去：追加树支 z_{13}，如图 1-8（e）所示，增加节点 3，阻抗矩阵增加为三阶；追加树支 z_{14}，如图 1-8（f）所示，增加节点 4，阻抗矩阵增加为四阶；追加链支 z_{23}，如图 1-8（g）所示，不新增节点，阻抗矩阵仍为四阶；追加链支 z_{30}，如图 1-8（h）所示，不新增节点，阻抗矩阵仍为四阶；追加树支 z_{35}，如图 1-8（a）所示，增加节点 5，阻抗矩阵增加为五阶；这样追加完全部支路后，就形成了完整的节点阻抗矩阵。

在实际计算中，第一条支路必须是接地支路，以后每次追加的支路必须至少有一个端点同已出现的节点相连接。只要遵循这样的条件，支路追加的顺序可以是任意的。如上述追加过程可以按以下顺序：树支 z_{10} —→ 树支 z_{12} —→ 树支 z_{13} —→ 链支 z_{23} —→ 链支 z_{20} —→ 树支 z_{14} —→ 链支 z_{30} —→ 树支 z_{35}。只要网络的节点编号不变，最终形成的阻抗矩阵是完全一样的，与支路追加的次序无关。但支路追加的次序对形成阻抗矩阵的运算量有很大的影响。下面讨论追加树支和追加链支对阻抗矩阵的影响。

1. 追加树支

假定用支路追加法已经形成有 p 个节点的部分网络，以及相应的 p 阶节点阻抗矩阵

$$Z_p = \begin{bmatrix} Z_{11} & Z_{12} & \cdots & Z_{1i} & \cdots & Z_{1p} \\ Z_{21} & Z_{22} & \cdots & Z_{2i} & \cdots & Z_{2p} \\ \vdots & \vdots & \ddots & \vdots & \ddots & \vdots \\ Z_{i1} & Z_{i2} & \cdots & Z_{ii} & \cdots & Z_{ip} \\ \vdots & \vdots & \ddots & \vdots & \ddots & \vdots \\ Z_{p1} & Z_{p2} & \cdots & Z_{pi} & \cdots & Z_{pp} \end{bmatrix} \tag{1-37}$$

现在从已有的节点 i 追加树支 z_{iq}，引出新节点 q，如图 1-9 所示。这时网络的节点阻抗矩阵将扩大一阶，由原来的 p 阶变为 $p+1$ 阶。设新的阻抗矩阵为

$$Z_{p+1} = \begin{bmatrix} Z_{11} & Z_{12} & \cdots & Z_{1i} & \cdots & Z_{1p} & Z_{1q} \\ Z_{21} & Z_{22} & \cdots & Z_{2i} & \cdots & Z_{2p} & Z_{2q} \\ \vdots & \vdots & \ddots & \vdots & \ddots & \vdots & \vdots \\ Z_{i1} & Z_{i2} & \cdots & Z_{ii} & \cdots & Z_{ip} & Z_{iq} \\ \vdots & \vdots & \ddots & \vdots & \ddots & \vdots & \vdots \\ Z_{p1} & Z_{p2} & \cdots & Z_{pi} & \cdots & Z_{pp} & Z_{pq} \\ \hline Z_{q1} & Z_{q2} & \cdots & Z_{qi} & \cdots & Z_{qp} & Z_{qq} \end{bmatrix} \tag{1-38}$$

下面讨论阻抗矩阵中各元素的计算。

在网络原有部分的任一节点 m 单独注入单位电流，而其余节点的电流均等于零时，由于支路 z_{iq} 并无电流通过，故该支路的接入不会改变网络原有部分的电压分布状况。这就是说，阻抗矩阵中对应于网络原有部分的全部元素（即矩阵中虚线左上方部分）将保持原有数值不变。

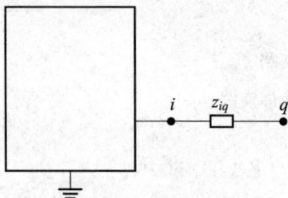

图 1-9 追加树支

矩阵中新增加的第 q 行和第 q 列元素可以这样求得。网络中任一节点 m 单独注入单位电流时，因支路 z_{iq} 中没有电流，节点 q 和节点 i 的电压应相等，即 $\dot{V}_q=\dot{V}_i$，故有

$$Z_{qm}=Z_{im} \quad (m=1,\,2,\,\cdots,\,p) \tag{1-39}$$

另一方面，当节点 q 单独注入单位电流时，从网络原有部分看来，都与从节点 i 注入一样，所以有

$$Z_{mq}=Z_{mi} \quad (m=1,\,2,\,\cdots,\,p) \tag{1-40}$$

这时节点 q 的电压为

$$\dot{V}_q=z_{iq}\times1+\dot{V}_i=z_{iq}+Z_{ii}=Z_{qq}$$

由此可得

$$Z_{qq}=z_{iq}+Z_{ii} \tag{1-41}$$

综上所述，当增加一条树支时，阻抗矩阵的原有部分保持不变，新增的一行（列）各非对角线元素分别与引出该树支的原有节点的对应行（列）各元素相同。而新增的对角元素则等于该树支的阻抗与引出该树支的原有节点的自阻抗之和。

如果节点 i 是参考点（接地点），则称新增支路为接地树支。由于恒有 $\dot{V}_i=0$，根据自阻抗和互阻抗的定义，不难得到

$$\begin{cases} Z_{mq}=Z_{qm}=0 \quad (m=1,\,2,\,\cdots,\,p) \\ Z_{qq}=z_{iq} \end{cases} \tag{1-42}$$

2. 追加链支

在已有的节点 k 和节点 m 之间追加一条阻抗为 z_{km} 的链支，如图 1-10 所示。由于不增加新节点，故阻抗矩阵的阶次不变。如果原有各节点的注入电流保持不变，链支 z_{km} 的接入将改变网络中的电压分布状况。因此，对原有矩阵的各元素都要作相应的修改。接入链支 z_{km} 的阻抗矩阵为

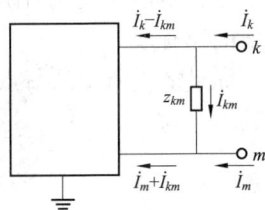

图 1-10　追加链支

$$Z'_p=\begin{bmatrix} Z'_{11} & Z'_{12} & \cdots & Z'_{1i} & \cdots & Z'_{1p} \\ Z'_{21} & Z'_{22} & \cdots & Z'_{2i} & \cdots & Z'_{2p} \\ \vdots & \vdots & & \vdots & & \vdots \\ Z'_{i1} & Z'_{i2} & \cdots & Z'_{ii} & \cdots & Z'_{ip} \\ \vdots & \vdots & & \vdots & & \vdots \\ Z'_{p1} & Z'_{p2} & \cdots & Z'_{pi} & \cdots & Z'_{pp} \end{bmatrix} \tag{1-43}$$

为了推导矩阵元素的修改公式，从计算接入链支后的网络电压分布入手。如果保持各节点注入电流不变，链支 z_{km} 的接入对网络原有部分的影响就在于把节点 k 和节点 m 的注入电流分别从 $\dot{I}_k$ 和 $\dot{I}_m$ 改变为 $\dot{I}_k-\dot{I}_{km}$ 和 $\dot{I}_m+\dot{I}_{km}$。这时网络中任一节点 i 的电压可以利用原有的阻抗矩阵元素写出，即

$$\dot{V}_i=Z_{i1}\dot{I}_1+Z_{i2}\dot{I}_2+\cdots+Z_{ik}(\dot{I}_k-\dot{I}_{km})+\cdots+Z_{im}(\dot{I}_m+\dot{I}_{km})+\cdots+Z_{ip}\dot{I}_p$$

$$=\sum_{j=1}^{p}Z_{ij}\dot{I}_j-(Z_{ik}-Z_{im})\dot{I}_{km} \tag{1-44}$$

现在要设法用节点注入电流来表示 $\dot{I}_{km}$，从而消去式（1-44）中的 $\dot{I}_{km}$，便可求得新的

阻抗矩阵元素的计算公式。式（1-44）对任何节点都成立，将它用于节点 k 和节点 m，便得

$$\begin{cases} \dot{V}_k = \sum_{j=1}^{p} Z_{kj}\dot{I}_j - (Z_{kk} - Z_{km})\dot{I}_{km} \\ \dot{V}_m = \sum_{j=1}^{p} Z_{mj}\dot{I}_j - (Z_{mk} - Z_{mm})\dot{I}_{km} \end{cases} \tag{1-45}$$

而阻抗为 z_{km} 的链支的电压方程为

$$\dot{V}_k - \dot{V}_m = z_{km}\dot{I}_{km} \tag{1-46}$$

将 $\dot{V}_k$ 和 $\dot{V}_m$ 的表达式代入式（1-46），便可解出

$$\dot{I}_{km} = \frac{1}{Z_{kk} + Z_{mm} - 2Z_{km} + z_{km}} \sum_{j=1}^{p} (Z_{kj} - Z_{mj})\dot{I}_j \tag{1-47}$$

将式（1-47）代入式（1-44），经过整理便得

$$\dot{V}_i = \sum_{j=1}^{p} \left[Z_{ij} - \frac{(Z_{ik} - Z_{im})(Z_{kj} - Z_{mj})}{Z_{kk} + Z_{mm} - 2Z_{km} + z_{km}} \right] \dot{I}_j = \sum_{j=1}^{p} Z'_{ij}\dot{I}_j \tag{1-48}$$

于是有

$$Z'_{ij} = Z_{ij} - \frac{(Z_{ik} - Z_{im})(Z_{kj} - Z_{mj})}{Z_{kk} + Z_{mm} - 2Z_{km} + z_{km}} \qquad (i, \ j = 1, \ 2, \ \cdots, \ p) \tag{1-49}$$

这就是追加链支后阻抗矩阵元素的计算公式，其中 z_{ij}（$i, \ j = 1, \ 2, \ \cdots, \ p$）为链支接入前的原有值。

如果链支所接的节点中有一个是零电位点，例如 m 为接地点，则称该链支为接地链支，设其阻抗为 z_{k0}，式（1-49）将变为

$$Z'_{ij} = Z_{ij} - \frac{Z_{ik}Z_{kj}}{Z_{kk} + z_{k0}} \tag{1-50}$$

这里顺便讨论一种情况：如果在节点 k、m 之间接入阻抗为零的链支，相当于把节点 k、m 合并为一个节点。根据式（1-49），第 k 列和第 m 列的元素将分别为

$$Z'_{ik} = Z_{ik} - \frac{(Z_{ik} - Z_{im})(Z_{kk} - Z_{mk})}{Z_{kk} + Z_{mm} - 2Z_{km}} \tag{1-51}$$

$$Z'_{im} = Z_{im} - \frac{(Z_{ik} - Z_{im})(Z_{km} - Z_{mm})}{Z_{kk} + Z_{mm} - 2Z_{km}} \qquad (i = 1, \ 2, \ \cdots, \ p) \tag{1-52}$$

可以证明，$Z'_{ik} = Z'_{im}$，同样地，$Z'_{ki} = Z'_{mi}$。

上述关系说明，如将 k、m 两节点短接，经过修改后，第 k 行（列）和第 m 行（列）的对应元素完全相同。只要将原来这两个节点的注入电流合并到其中的一个节点，另一个节点即可取消并删去阻抗矩阵中对应的行和列，使矩阵降低一阶。

从上面的推导可以看出，追加树支时阻抗矩阵修正的运算量很小，但追加链支时原阻抗矩阵的所有元素都必须按式（1-49）修正，运算量很大。因此，采用支路追加法形成阻抗矩阵时，其速度主要取决于追加链支所需的运算量。支路追加的顺序对运算量有很大的影响。如图1-8（a）所示网络，采用图1-8的追加顺序，追加链支 z_{23} 需要对四阶矩阵元素进行修正，若采用后一种追加顺序，则只需要对三阶矩阵元素进行修正。因此，为了减少追加链支过程的运算量，必须合理安排支路追加的顺序，应尽可能在矩阵阶数较小（即节点较

少）的情况下追加链支。

3. 追加变压器支路

电力网络中包含有许多变压器。在追加变压器支路时，也可以分为追加树支和追加链支两种情况。变压器一般用一个等值阻抗同一个理想变压器相串联的支路来表示。

假定在已有 p 个节点的网络中的节点 k 接一变压器树支，并引出新节点 q，如图 1-11（a）所示。这时阻抗矩阵将扩大一阶。因为新接支路没有电流，它的接入不会改变网络原有部分的电压分布状况，因此，阻抗矩阵原有部分的元素将保持不变。

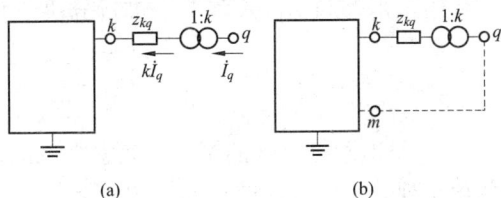

图 1-11 追加变压器树支和链支
（a）树支；（b）链支

新增一行（列）元素的求解方法如下：

当网络中任一节点 i 单独注入单位电流 $\dot{I}_i = 1$，而其他所有节点的注入电流都为零时，有

$$\dot{V}_q = k\dot{V}_k \qquad (1-53)$$

因而

$$z_{qi} = kz_{ki} \quad (i=1,\ 2,\ \cdots,\ p) \qquad (1-54)$$

另外，当节点 q 单独注入单位电流 $\dot{I}_q = 1$ 时，从网络原有部分来看，相当于从节点 k 注入电流 $k\dot{I}_q$，故有

$$Z_{iq} = kZ_{ik} \quad (i=1,\ 2,\ \cdots,\ p) \qquad (1-55)$$

这时，节点 q 的电压将为

$$\dot{V}_q = (\dot{V}_k + z_{kq}k\dot{I}_q)k = (Z_{kk}k\dot{I}_q + z_{kq}k\dot{I}_q)k = Z_{qq}\dot{I}_q$$

由此可得

$$Z_{qq} = (Z_{kk} + z_{kq})k^2 \qquad (1-56)$$

在网络的已有节点 k、m 之间追加变压器链支时，阻抗矩阵的阶次不变，但要修改它的全部元素。矩阵元素计算公式的推导可以分两步进行，如图 1-11（b）所示。第一步是从节点 k 追加变压器树支，引出新节点 q，将阻抗矩阵扩大一阶，并按照式（1-54）～式（1-56）计算新增加第 q 行和第 q 列的元素；第二步在节点 q 和节点 m 之间追加阻抗为零的链支，应用式（1-49）修改第一步所得矩阵中除第 q 行和第 q 列以外的全部元素，并将第 q 行和第 q 列舍去。按照上述步骤可以推导得出追加变压器链支后阻抗矩阵的元素计算式为

$$z'_{ij} = z_{ij} - \frac{(kz_{ik} - z_{im})(kz_{kj} - z_{mj})}{(z_{kk} + z_{km})k^2 + z_{mm} - 2z_{km}} \quad (i,\ j=1,\ 2,\ \cdots,\ p) \qquad (1-57)$$

三、用线性方程直接解法对导纳矩阵求逆

节点导纳矩阵同节点阻抗矩阵互为逆矩阵。导纳矩阵很容易形成，因此，在电力系统计算中常采用对导纳矩阵求逆的方法来得到阻抗矩阵。矩阵求逆有各种不同的算法，这里只介绍解线性方程组的求逆法。

记单位矩阵为 **1**，将 **YZ**＝**1** 展开为

$$\begin{bmatrix} Y_{11} & Y_{12} & \cdots & Y_{1n} \\ Y_{21} & Y_{22} & \cdots & Y_{2n} \\ \vdots & \vdots & \ddots & \vdots \\ Y_{n1} & Y_{n2} & \cdots & Y_{nn} \end{bmatrix} \begin{bmatrix} Z_{11} & Z_{12} & \cdots & Z_{1n} \\ Z_{21} & Z_{22} & \cdots & Z_{2n} \\ \vdots & \vdots & \ddots & \vdots \\ Z_{n1} & Z_{n2} & \cdots & Z_{nn} \end{bmatrix} = \begin{bmatrix} 1 & & & \\ & 1 & & \\ & & \ddots & \\ & & & 1 \end{bmatrix} \qquad (1-58)$$

将阻抗矩阵和单位矩阵按列进行分块，并记

$$\boldsymbol{Z}_j = \begin{bmatrix} Z_{1j} & Z_{2j} & \cdots & Z_{nj} \end{bmatrix}^{\mathrm{T}} \qquad (1-59)$$

$$\boldsymbol{e}_j = \begin{bmatrix} 0 & \cdots & 0 & \underset{\text{第} j \text{个}}{1} & 0 & \cdots & 0 \end{bmatrix}^{\mathrm{T}} \qquad (1-60)$$

式中：$\boldsymbol{Z}_j$ 是由阻抗矩阵的第 j 列元素组成的列向量，$\boldsymbol{e}_j$ 是第 j 个元素为 1、其余所有元素为零的单位列向量。因此解线性方程组

$$\boldsymbol{Y}\boldsymbol{Z}_j = \boldsymbol{e}_j \qquad (1-61)$$

即可求出阻抗矩阵第 j 列元素 $\boldsymbol{Z}_j$。顺次令 $j=1,2,\cdots,n$，解式（1-61）即可按列求出阻抗矩阵的全部元素。

方程组（1-61）具有明确的物理意义：若把 $\boldsymbol{e}_j$ 当作节点注入电流的列向量，$\boldsymbol{Z}_j$ 就是节点电压的列向量，当只有节点 j 注入单位电流、其余节点的电流都等于零时，网络各节点的电压在数值上就同阻抗矩阵的第 j 列的对应元素相等。

由于在逐列求阻抗矩阵元素时，式（1-61）只有常数项 $\boldsymbol{e}_j$ 在改变，而系数矩阵 $\boldsymbol{Y}$ 并不变化，因此，采用三角分解法（见本章第四节相关内容）求解更为有效。导纳矩阵是对称矩阵，可将其分解为

$$\boldsymbol{Y} = \boldsymbol{L}\boldsymbol{D}\boldsymbol{L}^{\mathrm{T}} \qquad (1-62)$$

式中：$\boldsymbol{L}$ 为单位下三角矩阵；$\boldsymbol{D}$ 为对角矩阵；$\boldsymbol{L}$、$\boldsymbol{D}$ 中各元素的值可由三角分解法求得［具体见式（1-104）］。

于是式（1-61）可写成

$$\boldsymbol{L}\boldsymbol{D}\boldsymbol{L}^{\mathrm{T}}\boldsymbol{Z}_j = \boldsymbol{e}_j \qquad (1-63)$$

式（1-63）可以分解为三个方程组

$$\boldsymbol{L}\boldsymbol{X}_j = \boldsymbol{e}_j \qquad (1-64)$$

$$\boldsymbol{D}\boldsymbol{W}_j = \boldsymbol{X}_j \qquad (1-65)$$

$$\boldsymbol{L}^{\mathrm{T}}\boldsymbol{Z}_j = \boldsymbol{W}_j \qquad (1-66)$$

于是式（1-63）的求解可分为以下三步：

（1）解方程 $\boldsymbol{L}\boldsymbol{X}_j = \boldsymbol{e}_j$，求得 $\boldsymbol{X}_j$。将该方程展开

$$\begin{bmatrix} 1 & & & & & & & \\ l_{21} & 1 & & & & & & \\ l_{31} & l_{32} & 1 & & & & & \\ \vdots & \vdots & \vdots & \ddots & & & & \\ l_{j1} & l_{j2} & \cdots & l_{j,\,j-1} & 1 & & & \\ \vdots & \vdots & \vdots & & \vdots & \ddots & & \\ l_{n1} & l_{n2} & \cdots & l_{nj} & \cdots & l_{n,\,n-1} & 1 \end{bmatrix} \begin{bmatrix} x_1 \\ x_2 \\ x_3 \\ \vdots \\ x_j \\ \vdots \\ x_n \end{bmatrix} = \begin{bmatrix} 0 \\ 0 \\ 0 \\ \vdots \\ 1 \\ 0 \\ \vdots \end{bmatrix} \qquad (1-67)$$

由式（1-67）进行前代（消去）运算，即可顺序求出 x_1、x_2、$\cdots$、x_n，计算公式为

$$x_i = \begin{cases} 0 & i < j \\ 1 & i = j \\ -\sum\limits_{k=j}^{i-1} l_{ik} x_k & i > j \end{cases} \tag{1-68}$$

（2）解方程 $\mathbf{DW}_j = \mathbf{X}_j$，求 $\mathbf{W}_j$。把方程展开

$$\begin{bmatrix} d_{11} & & & & & & \\ & d_{22} & & & & & \\ & & d_{33} & & & & \\ & & & \ddots & & & \\ & & & & d_{jj} & & \\ & & & & & \ddots & \\ & & & & & & d_{nn} \end{bmatrix} \begin{bmatrix} w_1 \\ w_2 \\ w_3 \\ \vdots \\ w_j \\ \vdots \\ w_n \end{bmatrix} = \begin{bmatrix} x_1 \\ x_2 \\ x_3 \\ \vdots \\ x_j \\ \vdots \\ x_n \end{bmatrix} \tag{1-69}$$

这就是规格化过程，由式（1-69）可顺序求出 w_1、w_2、$\cdots$、w_n，计算公式为

$$w_i = \begin{cases} 0 & i < j \\ x_i / d_{ii} & i \geqslant j \end{cases} \tag{1-70}$$

（3）解方程 $\mathbf{L}^{\mathrm{T}} \mathbf{Z}_j = \mathbf{W}_j$，求 $\mathbf{Z}_j$。把方程展开

$$\begin{bmatrix} 1 & l_{21} & l_{31} & \cdots & l_{j1} & \cdots & l_{n1} \\ & 1 & l_{32} & \cdots & l_{j2} & \cdots & l_{n2} \\ & & \ddots & \vdots & \vdots & \vdots & \vdots \\ & & & 1 & \cdots & \cdots & l_{nj} \\ & & & & \ddots & \vdots & \vdots \\ & & & & & 1 & l_{n,\,n-1} \\ & & & & & & 1 \end{bmatrix} \begin{bmatrix} Z_{1j} \\ Z_{2j} \\ \vdots \\ Z_{jj} \\ \vdots \\ Z_{n-1,\,j} \\ Z_{nj} \end{bmatrix} = \begin{bmatrix} w_1 \\ w_2 \\ \vdots \\ w_j \\ \vdots \\ w_{n-1} \\ w_n \end{bmatrix} \tag{1-71}$$

由式（1-71）进行回代运算，可自下而上地求出 Z_{nj}、$Z_{n-1,j}$、$\cdots$、Z_{1j}，计算公式为

$$Z_{ij} = w_i - \sum_{k=i+1}^{n} l_{ki} Z_{kj} \qquad (i = n,\ n-1,\ \cdots,\ 1) \tag{1-72}$$

必须注意，由于节点导纳矩阵的元素是复数，三角分解所得的因子矩阵的元素也是复数，因此在应用上述公式时，都要作复数运算。

应用式（1-68）、式（1-70）和式（1-72），对列标 j 依次取 n，$n-1$，$\cdots$，1，就可以求得阻抗矩阵的全部元素。在实际计算中也可以根据需要只计算某一列或几列的元素。这种求取节点阻抗矩阵元素的方法，灵活方便，演算迅速，很有实用价值。

随着计算机技术的发展，现在很多程序设计语言都具有强大的矩阵运算功能，可以直接根据矩阵求逆语句求出一个矩阵的逆矩阵，如 Matlab 矩阵求逆语句为 inv，可以用 $\mathbf{Z} = \mathrm{inv}\,(\mathbf{Y})$ 直接求出阻抗矩阵。如将例 1-1 求得的导纳矩阵求逆可得阻抗矩阵为

$$\mathbf{Z} = \begin{bmatrix} 0.0401 - \mathrm{j}2.6150 & -0.0127 - \mathrm{j}2.8314 & -0.0265 - \mathrm{j}2.9084 & -0.0286 - \mathrm{j}2.7879 & 0.0053 - \mathrm{j}2.7834 \\ -0.0127 - \mathrm{j}2.8314 & 0.0425 - \mathrm{j}2.6054 & -0.0024 - \mathrm{j}2.8150 & -0.0054 - \mathrm{j}2.6984 & -0.0025 - \mathrm{j}2.8899 \\ -0.0265 - \mathrm{j}2.9084 & -0.0024 - \mathrm{j}2.8150 & 0.0382 - \mathrm{j}2.6164 & 0.0338 - \mathrm{j}2.5081 & -0.0180 - \mathrm{j}2.8668 \\ -0.0286 - \mathrm{j}2.7879 & -0.0054 - \mathrm{j}2.6984 & 0.0338 - \mathrm{j}2.5081 & 0.0581 - \mathrm{j}2.1784 & -0.0204 - \mathrm{j}2.7481 \\ 0.0053 - \mathrm{j}2.7834 & -0.0225 - \mathrm{j}2.8899 & -0.0180 - \mathrm{j}2.8668 & -0.0204 - \mathrm{j}2.7481 & 0.0413 - \mathrm{j}2.5992 \end{bmatrix}$$

第四节　电力网络方程的求解方法

一、高斯消去法

高斯消去法是求解电力网络方程的主要方法，其特点是演算迅速且不存在收敛性问题。它求解线性方程组由消去（前代）运算和回代运算两部分组成，消去和回代运算可以按行进行，也可以按列进行，从而形成不同计算格式的高斯消去法。各种计算格式并无实质性的不同，下面介绍常用的按列消元按行回代算法。

设有 n 阶线性方程组

$$\begin{cases} a_{11}x_1 + a_{12}x_2 + \cdots + a_{1n}x_n = b_1 \\ a_{21}x_1 + a_{22}x_2 + \cdots + a_{2n}x_n = b_2 \\ \vdots \qquad\qquad \vdots \qquad\qquad \vdots \\ a_{n1}x_1 + a_{n2}x_2 + \cdots + a_{nn}x_n = b_n \end{cases} \tag{1-73}$$

缩记为

$$\boldsymbol{AX} = \boldsymbol{B} \tag{1-74}$$

为了叙述方便，把 $\boldsymbol{B}$ 作为 $\boldsymbol{A}$ 的第 $n+1$ 列，形成 $n \times (n+1)$ 阶增广矩阵

$$\boldsymbol{A}' = \begin{bmatrix} a_{11} & a_{12} & \cdots & a_{1n} & b_1 \\ a_{21} & a_{22} & \cdots & a_{2n} & b_2 \\ \vdots & \vdots & \ddots & \vdots & \vdots \\ a_{n1} & a_{n2} & \cdots & a_{nn} & b_n \end{bmatrix} = \begin{bmatrix} a_{11} & a_{12} & \cdots & a_{1n} & a_{1,\,n+1} \\ a_{21} & a_{22} & \cdots & a_{2n} & a_{2,\,n+1} \\ \vdots & \vdots & \ddots & \vdots & \vdots \\ a_{n1} & a_{n2} & \cdots & a_{nn} & a_{n,\,n+1} \end{bmatrix} \tag{1-75}$$

求解的具体步骤如下：

（1）消去第 1 列。首先，将增广矩阵 $\boldsymbol{A}'$ 第 1 行规格化为

$$1 \quad a_{12}^{(1)} \quad a_{13}^{(1)} \quad \cdots \quad a_{1n}^{(1)} \quad a_{1,\,n+1}^{(1)} \tag{1-76}$$

其中 $a_{1j}^{(1)} = a_{1j}/a_{11}$，$j = 2, 3, \cdots, n+1$。上标"（1）"表示该元素的第一次运算结果，以下类同。

然后，用式（1-76）表示的行消去 $\boldsymbol{A}'$ 的第 1 列（从第 2 行开始），即消去 a_{21}、a_{31}、$\cdots$、a_{n1}，使 $\boldsymbol{A}'$ 变为 $\boldsymbol{A}'_1$，即

$$\boldsymbol{A}'_1 = \begin{bmatrix} 1 & a_{12}^{(1)} & \cdots & a_{1n}^{(1)} & a_{1,\,n+1}^{(1)} \\ & a_{22}^{(1)} & \cdots & a_{2n}^{(1)} & a_{2,\,n+1}^{(1)} \\ & \vdots & \ddots & \vdots & \vdots \\ & a_{n2}^{(1)} & \cdots & a_{nn}^{(1)} & a_{n,\,n+1}^{(1)} \end{bmatrix} \tag{1-77}$$

其中

$$a_{ij}^{(1)} = a_{ij} - a_{i1}a_{1j}^{(1)} \quad (j = 2, 3, \cdots, n+1;\ i = 2, 3, \cdots, n) \tag{1-78}$$

（2）消去第 2 列。首先，将增广矩阵 $\boldsymbol{A}'_1$ 第 2 行规格化为

$$0 \quad 1 \quad a_{23}^{(2)} \quad \cdots \quad a_{2n}^{(2)} \quad a_{2,\,n+1}^{(2)} \tag{1-79}$$

其中

$$a_{2j}^{(2)} = a_{2j}^{(1)}/a_{22}^{(1)} \quad (j = 3, 4, \cdots, n+1) \tag{1-80}$$

然后，用式（1-79）表示的行消去 $\boldsymbol{A}'_1$ 的第 2 列（从第 3 行开始），即消去 $a_{32}^{(1)}$、$a_{42}^{(1)}$、

$\cdots$、$a_{n2}^{(1)}$，使 $\boldsymbol{A}_1'$ 变为 $\boldsymbol{A}_2'$

$$\boldsymbol{A}_2' = \begin{bmatrix} 1 & a_{12}^{(1)} & a_{13}^{(1)} & \cdots & a_{1n}^{(1)} & a_{1,\,n+1}^{(1)} \\ & 1 & a_{23}^{(2)} & \cdots & a_{2n}^{(2)} & a_{2,\,n+1}^{(2)} \\ & & a_{33}^{(2)} & \cdots & a_{3n}^{(2)} & a_{3,\,n+1}^{(2)} \\ & & \vdots & \ddots & \vdots & \vdots \\ & & a_{n3}^{(2)} & & a_{nm}^{(2)} & a_{n,\,n+1}^{(2)} \end{bmatrix} \tag{1-81}$$

其中

$$a_{ij}^{(2)} = a_{ij}^{(1)} - a_{i2}a_{2j}^{(2)} \quad (j=3,\,4,\,\cdots,\,n+1;\ i=3,\,4,\,\cdots,\,n) \tag{1-82}$$

一般地，第 k 次消元运算（消去第 k 列）的计算通式为

$$a_{kj}^{(k)} = a_{kj}^{(k-1)}/a_{kk}^{(k-1)} \quad (j=k+1,\,\cdots,\,n+1) \tag{1-83}$$

$$a_{ij}^{(k)} = a_{ij}^{(k-1)} - a_{ik}^{(k-1)}a_{kj}^{(k)} \quad (j=k+1,\,\cdots,\,n+1;\ i=k+1,\,\cdots,\,n) \tag{1-84}$$

对增广矩阵 $\boldsymbol{A}'$ 进行 n 次消元后，即式（1-83）、式（1-84）中 k 从 1 依次取到 n，矩阵 $\boldsymbol{A}$ 对角线以下元素全部化为零，从而得到增广矩阵

$$\boldsymbol{A}_n' = \begin{bmatrix} 1 & a_{12}^{(1)} & a_{13}^{(1)} & \cdots & a_{1,\,n-1}^{(1)} & a_{1n}^{(1)} & a_{1,\,n+1}^{(1)} \\ & 1 & a_{23}^{(2)} & \cdots & a_{2,\,n-1}^{(2)} & a_{2n}^{(2)} & a_{2,\,n+1}^{(2)} \\ & & 1 & \cdots & a_{3,\,n-1}^{(3)} & a_{3n}^{(3)} & a_{3,\,n+1}^{(3)} \\ & & & \ddots & \vdots & \vdots & \vdots \\ & & & & 1 & a_{n-1,\,n+1}^{(n-1)} & a_{n-1,\,n+1}^{(n-1)} \\ & & & & & 1 & a_{n,\,n+1}^{(n)} \end{bmatrix} \tag{1-85}$$

与之对应的方程组为

$$\begin{cases} x_1 + a_{12}^{(1)}x_2 + a_{13}^{(1)}x_3 + \cdots + a_{1,\,n-1}^{(1)}x_{n-1} + a_{1n}^{(1)}x_n = a_{1,\,n+1}^{(1)} = b_1^{(1)} \\ x_2 + a_{23}^{(2)}x_3 + \cdots + a_{2,\,n-1}^{(2)}x_{n-1} + a_{2n}^{(2)}x_n = a_{2,\,n+1}^{(2)} = b_2^{(2)} \\ x_3 + \cdots + a_{3,\,n-1}^{(3)}x_{n-1} + a_{3n}^{(3)}x_n = a_{3,\,n+1}^{(3)} = b_3^{(3)} \\ \quad\quad\vdots \\ x_{n-1} + a_{n-1,\,n}^{(n-1)}x_n = a_{n-1,\,n+1}^{(n-1)} = b_{n-1}^{(n-1)} \\ x_n = a_{n,\,n+1}^{(n)} = b_n^{(n)} \end{cases} \tag{1-86}$$

下面进行按行回代。对于方程组式（1-86），回代运算自下而上进行。首先由第 n 个方程可知

$$x_n = a_{n,\,n+1}^{(n)} \tag{1-87}$$

然后将 x_n 代入第 $n-1$ 个方程，解出

$$x_{n-1} = a_{n-1,\,n+1}^{(n-1)} - a_{n-1,\,n}^{(n-1)}x_n \tag{1-88}$$

再将 x_{n-1} 和 x_n 代入第 $n-2$ 个方程，可解出 x_{n-2}。一般地，把已求出的 x_{i+1}，x_{i+2}，$\cdots$，x_n 代入第 i 个方程，即可求出

$$x_i = a_{i,\,n+1}^{(i)} - \sum_{j=i+1}^{n} a_{ij}^{(i)}x_j = b_i^{(i)} - \sum_{j=i+1}^{n} a_{ij}^{(i)}x_j \quad (i=n,\,n-1,\,\cdots,\,2,\,1) \tag{1-89}$$

式（1-89）即为按行回代的通用公式。

二、三角分解法

利用三角分解法求解线性方程组时，首先应将方程组式（1-74）的系数矩阵 $\boldsymbol{A}$ 进行三

角分解。现将电力系统计算中常用的几种三角分解法分别介绍如下。

1. 系数矩阵 A 的三角分解

（1）将 A 分解为单位下三角矩阵 L 和上三角矩阵 R 的乘积。对于三角分解有这样的结论：如果方阵 A 的前 $n-1$ 阶主子式都不等于零，则可把它唯一地分解为单位下三角矩阵 L 和上三角矩阵 R 的乘积，即

$$A = LR \tag{1-90}$$

设矩阵

$$L = \begin{bmatrix} 1 & & & & \\ l_{21} & 1 & & & \\ l_{31} & l_{32} & 1 & & \\ \vdots & \vdots & \vdots & \ddots & \\ l_{n1} & l_{n2} & \cdots & l_{n,\,n-1} & 1 \end{bmatrix}, \quad R = \begin{bmatrix} r_{11} & r_{12} & r_{13} & \cdots & r_{1n} \\ & r_{22} & r_{23} & \cdots & r_{2n} \\ & & \ddots & \vdots & \vdots \\ & & & r_{n-1,\,n-1} & r_{n-1,\,n} \\ & & & & r_{nn} \end{bmatrix}$$

则

$$\begin{bmatrix} a_{11} & a_{12} & a_{13} & \cdots & a_{1n} \\ a_{21} & a_{22} & a_{23} & \cdots & a_{2n} \\ a_{31} & a_{32} & a_{33} & \cdots & a_{3n} \\ \vdots & \vdots & \vdots & \vdots & \vdots \\ a_{n1} & a_{n2} & a_{n3} & \cdots & a_{nn} \end{bmatrix} = \begin{bmatrix} 1 & & & & \\ l_{21} & 1 & & & \\ l_{31} & l_{32} & 1 & & \\ \vdots & \vdots & \vdots & \ddots & \\ l_{n1} & l_{n2} & \cdots & l_{n,\,n-1} & 1 \end{bmatrix} \begin{bmatrix} r_{11} & r_{12} & r_{13} & \cdots & r_{1n} \\ & r_{22} & r_{23} & \cdots & r_{2n} \\ & & \ddots & \vdots & \vdots \\ & & & r_{n-1,\,n-1} & r_{n-1,\,n} \\ & & & & r_{nn} \end{bmatrix} \tag{1-91}$$

将式（1-91）右端展开，比较两边左上角第一个元素可得

$$r_{11} = a_{11} \quad (\boldsymbol{R} \text{ 的第 1 列}) \tag{1-92}$$

比较两边第二行第一个元素以及第二列前两个元素可得

$$a_{21} = l_{21} r_{11}$$

$$a_{12} = r_{12}$$

$$a_{22} = l_{21} r_{12} + r_{22}$$

如果 $r_{11} \neq 0$，即 A 的一阶主子式 $\Delta_1 = a_{11} \neq 0$，则

$$l_{21} = a_{21} / r_{11} \quad (\boldsymbol{L} \text{ 的第 2 行}) \tag{1-93}$$

$$\begin{cases} r_{12} = a_{12} \\ r_{22} = a_{22} - l_{21} r_{12} \end{cases} \quad (\boldsymbol{R} \text{ 的第 2 列}) \tag{1-94}$$

这样，就有如下的分解式

$$\begin{bmatrix} a_{11} & a_{12} \\ a_{21} & a_{22} \end{bmatrix} = \begin{bmatrix} 1 & \\ l_{21} & 1 \end{bmatrix} \begin{bmatrix} r_{11} & r_{12} \\ & r_{22} \end{bmatrix} \tag{1-95}$$

如果 $r_{22} \neq 0$，即 A 的二阶主子式 $\Delta_2 = r_{11} r_{22} \neq 0$，则用同样的方法可求得 L 的第 3 行和 R 的第 3 列元素。

依此类推，如果求出了 L 的前 $k-1$ 行和 R 的前 $k-1$ 列元素，则有如下的分解式

$$\begin{bmatrix} a_{11} & a_{12} & \cdots & a_{1,k-1} \\ a_{21} & a_{22} & \cdots & a_{2,k-1} \\ \vdots & \vdots & \vdots & \vdots \\ a_{k-1,1} & a_{k-1,2} & \vdots & a_{k-1,k-1} \end{bmatrix} = \begin{bmatrix} 1 & & & \\ l_{21} & 1 & & \\ \vdots & \vdots & \ddots & \\ l_{k-1,1} & l_{k-1,2} & \cdots & 1 \end{bmatrix} \begin{bmatrix} r_{11} & r_{12} & \cdots & r_{1,k-1} \\ & r_{22} & \cdots & r_{2,k-1} \\ & & \ddots & \vdots \\ & & & r_{k-1,k-1} \end{bmatrix}$$

$$(1-96)$$

再逐个比较式（1-91）两边第 k 行的前 $k-1$ 个元素和第 k 列的前 k 个元素，即可求得 L 的第 k 行和 R 的第 k 列元素为

$$\begin{cases} l_{kj} = \left(a_{kj} - \sum_{p=1}^{j-1} l_{kp}r_{pj}\right)/r_{jj} & (j=1,2,\cdots,k-1) \\ r_{ik} = a_{ik} - \sum_{p=1}^{i-1} l_{ip}r_{pk} & (i=1,2,\cdots,k) \end{cases}$$

$$(1-97)$$

这是一个递推公式，当 k 从 1 依次取到 n 时，可用它求得三角分解式 $A=LR$。

从 l_{kj} 的计算公式可见，r_{jj} 都作为除数出现，要使分解得以进行下去，必须有 $r_{jj} \neq 0$。即要求矩阵 A 的各阶主子式都不等于零。如果矩阵 A 非奇异，通过对它的行（或列）的次序的适当调整，这个条件是能满足的。

（2）将 A 分解为单位下三角矩阵 L、对角线矩阵 D 和单位上三角矩阵 U 的乘积。如果 A 非奇异，则上三角矩阵 R 的对角线元素都不等于零。矩阵 R 又可分解为对角线矩阵 D 和单位上三角矩阵 U 的乘积，即 $R=DU$，或展开写成

$$\begin{bmatrix} r_{11} & r_{12} & \cdots & r_{1n} \\ & r_{22} & \cdots & r_{2n} \\ & & \ddots & \vdots \\ & & & r_{nn} \end{bmatrix} = \begin{bmatrix} d_{11} & & & \\ & d_{22} & & \\ & & \ddots & \\ & & & d_{nn} \end{bmatrix} \begin{bmatrix} 1 & u_{12} & \cdots & u_{1n} \\ & 1 & \cdots & u_{2n} \\ & & \ddots & \vdots \\ & & & 1 \end{bmatrix}$$

$$(1-98)$$

比较式（1-98）两边的对应元素可得

$$\begin{cases} d_{ii} = r_{ii} \\ u_{ij} = r_{ij}/d_{ii} \end{cases} (i=1,2,\cdots,n; j=i+1,\cdots,n)$$

$$(1-99)$$

由此可知

$$\begin{cases} d_{ii} = a_{ii}^{(i-1)} \\ u_{ij} = a_{ij}^{(i)} \end{cases}$$

$$(1-100)$$

可得

$$A = LDU \tag{1-101}$$

这种分解称为方阵 A 的一种 LDU 分解。若 A 的各阶主子式均不为零，则这种分解是唯一的。

利用式（1-97）并计及式（1-99），可得各因子矩阵的元素表达如下

$$\begin{cases} d_{ii} = a_{ii} - \sum_{k=1}^{i-1} l_{ik} u_{ki} d_{kk} & (i = 1, 2, \cdots, n) \\ u_{ij} = (a_{ij} - \sum_{k=1}^{i-1} l_{ik} u_{kj} d_{kk})/d_{ii} & \begin{pmatrix} i = 1, 2, \cdots, n-1 \\ j = i+1, \cdots, n \end{pmatrix} \\ l_{ij} = (a_{ij} - \sum_{k=1}^{i-1} l_{ik} u_{kj} d_{kk})/d_{jj} & \begin{pmatrix} i = 2, 3, \cdots, n \\ j = 1, 2, \cdots, i-1 \end{pmatrix} \end{cases} \tag{1-102}$$

若 A 为对称矩阵，则应有

$$A^{\mathrm{T}} = A = LDU = (LDU)^{\mathrm{T}} = U^{\mathrm{T}} D^{\mathrm{T}} L^{\mathrm{T}}$$

当 A 的各阶主子式均不为零时，根据分解的唯一性，应有 $L^{\mathrm{T}} = U$ 或 $U^{\mathrm{T}} = L$。因此

$$A = LDL^{\mathrm{T}} = U^{\mathrm{T}} DU \tag{1-103}$$

利用式（1-102），计及 $u_{ij} = l_{ji}$，便得各因子矩阵元素表达式为

$$\begin{cases} d_{ii} = a_{ii} - \sum_{k=1}^{i-1} l_{ik}^2 d_{kk} = a_{ii} - \sum_{k=1}^{i-1} u_{ki}^2 d_{kk} & (i = 1, 2, \cdots, n) \\ u_{ij} = (a_{ij} - \sum_{k=1}^{i-1} u_{ki} u_{kj} d_{kk})/d_{ii} & \begin{pmatrix} i = 1, 2, \cdots, n-1 \\ j = i+1, \cdots, n \end{pmatrix} \\ l_{ij} = (a_{ij} - \sum_{k=1}^{i-1} l_{ik} l_{jk} d_{kk})/d_{jj} & \begin{pmatrix} i = 2, 3, \cdots, n \\ j = 1, 2, \cdots, i-1 \end{pmatrix} \end{cases} \tag{1-104}$$

由于三角矩阵 U 和 L 互为转置，只需计算其中一个即可。

（3）将非奇异方阵 A 分解为下三角矩阵 C 和单位上三角矩阵 U 的乘积。若令 $LD = C$，则矩阵 C 仍为下三角矩阵，其元素为

$$\begin{cases} c_{ii} = d_{ii} & (i = 1, 2, \cdots, n) \\ c_{ij} = l_{ij} d_{jj} & \begin{pmatrix} i = 2, 3, \cdots, n \\ j = 1, 2, \cdots, i-1 \end{pmatrix} \end{cases} \tag{1-105}$$

可得

$$A = CU \tag{1-106}$$

这种分解亦称为 Crout 分解。利用式（1-102），计及式（1-105），可得因子矩阵元素表达式如下

$$\begin{cases} c_{ij} = a_{ij} - \sum_{k=1}^{i-1} c_{ik} u_{kj} & \begin{pmatrix} i = 1, 2, \cdots, n \\ j = 1, 2, \cdots, i \end{pmatrix} \\ u_{ij} = (a_{ij} - \sum_{k=1}^{i-1} c_{ik} u_{kj})/c_{ii} & \begin{pmatrix} i = 1, 2, \cdots, n-1 \\ j = i+1, \cdots, n \end{pmatrix} \end{cases} \tag{1-107}$$

不难验证

$$c_{ij} = a_{ij}^{(j-1)}, \quad u_{ij} = a_{ij}^{(i)}$$

2. 利用三角分解求解线性方程组 $AX = B$

（1）若 A 分解为 $A = LR$。此时 $AX = B$ 可分解为 $LRX = B$，这个方程又可以分解为以下两个方程

$$\begin{cases} LF = B \\ RX = F \end{cases} \tag{1-108}$$

或者展开写成

$$\begin{bmatrix} 1 & & & & \\ l_{21} & 1 & & & \\ l_{31} & l_{32} & 1 & & \\ \vdots & \vdots & \vdots & \ddots & \\ l_{n1} & l_{n2} & l_{n3} & \cdots & 1 \end{bmatrix} \begin{bmatrix} f_1 \\ f_2 \\ f_3 \\ \vdots \\ f_n \end{bmatrix} = \begin{bmatrix} b_1 \\ b_2 \\ b_3 \\ \vdots \\ b_n \end{bmatrix} \qquad (1-109)$$

$$\begin{bmatrix} r_{11} & r_{12} & \cdots & r_{1n} \\ & r_{22} & \cdots & r_{2n} \\ & & \ddots & \vdots \\ & & & r_{nn} \end{bmatrix} \begin{bmatrix} x_1 \\ x_2 \\ \vdots \\ x_n \end{bmatrix} = \begin{bmatrix} f_1 \\ f_2 \\ \vdots \\ f_n \end{bmatrix} \qquad (1-110)$$

这两组方程式的系数矩阵都是三角形矩阵，其求解极为方便。先由方程组式（1-109）自上而下地依次计算出 f_1，f_2，$\cdots$，f_n，其计算通式为

$$f_i = b_i - \sum_{j=1}^{i-1} l_{ij} f_j \quad (i=1, 2, \cdots, n) \qquad (1-111)$$

这一步演算相当于消元过程中对原方程式右端常数向量所作的变换，只需用到下三角因子矩阵。容易看出，$f_i = b_i^{(i-1)}$。然后将 f 代入方程组式（1-110）求 x_1，x_2，$\cdots$，x_n，这一步求解属于回代过程，只需用到上三角因子矩阵以及经过消元变换的右端常数向量。

（2）若 A 分解为 $A=LDU$。此时 $AX=B$ 可分解为 $LDUX=B$，这个方程又可分解为以下三个方程组

$$\begin{cases} LF=B \\ DH=F \\ UX=H \end{cases} \qquad (1-112)$$

方程 $LF=B$ 展开后即为式（1-109），其解法如前所述。这组方程的求解相当于消元运算中对常数向量进行变换。

方程组 $DH=F$ 可展开为

$$\begin{bmatrix} d_{11} & & & \\ & d_{22} & & \\ & & \ddots & \\ & & & d_{nn} \end{bmatrix} \begin{bmatrix} h_1 \\ h_2 \\ \vdots \\ h_n \end{bmatrix} = \begin{bmatrix} f_1 \\ f_2 \\ \vdots \\ f_n \end{bmatrix} \qquad (1-113)$$

由此可得

$$h_i = f_i / d_{ii} \quad (i=1, 2, \cdots, n) \qquad (1-114)$$

求解这组方程相当于对经消元变换后的右端常数向量作一次规格化演算。

方程组 $UX=H$ 展开后即为式（1-86），其解法不再重复。

用 Crout 分解求解线性方程组的算法，相当于按行消元逐行规格化的高斯消去法。

三、因子表解法

在电力系统计算中，常有这样的情况，网络方程需要求解多次，每次只是改变方程右端的常数向量 B，而系数矩阵 A 不变。这时，为了提高计算速度，可以利用因子表求解。

因子表可以理解为高斯消去法解线性方程组的过程中对常数项 B 全部运算的一种记录表格。如前所述，高斯消去法分为消去过程和回代过程。回代过程的运算由对系数矩阵进行

消去运算后得到的上三角矩阵元素确定，见式（1-85）。为了对常数项进行消去运算，还必须记录消去过程运算所需要的运算因子。消去过程中的运算又分为规格化运算和消元运算。以按列消去过程为例，由式（1-83）和式（1-84）可知，消去过程中对常数项 $\boldsymbol{B}$ 中第 i 个元素 b_i 的运算包括

$$\begin{cases} b_i^{(i)} = b_i^{(i-1)}/a_{ii}^{(i-1)} & (i=1,2,\cdots n) \\ b_i^{(k)} = b_i^{(k-1)} - a_{ik}^{(k-1)} b_k^{(k)} & (k=1,2,\cdots,i-1) \end{cases} \tag{1-115}$$

将上式中运算因子 a_{i1}，$a_{i2}^{(1)}$，$\cdots$，$a_{i,i-1}^{(k-1)}$，$\cdots$，$a_{i,i-1}^{(i-2)}$ 及 $1/a_{ii}^{(i-1)}$ 逐行放在下三角部分和式（1-85）的上三角矩阵元素合在一起，就得到了因子表

$$\begin{bmatrix} \dfrac{1}{a_{11}} & a_{12}^{(1)} & a_{13}^{(1)} & a_{14}^{(1)} & \cdots & a_{1n}^{(1)} \\[2mm] a_{21} & \dfrac{1}{a_{22}^{(1)}} & a_{23}^{(2)} & a_{24}^{(2)} & \cdots & a_{2n}^{(2)} \\[2mm] a_{31} & a_{32}^{(1)} & \dfrac{1}{a_{33}^{(2)}} & a_{34}^{(3)} & \cdots & a_{3n}^{(3)} \\[2mm] a_{41} & a_{42}^{(1)} & a_{43}^{(2)} & \dfrac{1}{a_{44}^{(3)}} & \cdots & a_{4n}^{(4)} \\ \vdots & \vdots & \vdots & \vdots & \ddots & \vdots \\ a_{n1} & a_{n2}^{(1)} & a_{n3}^{(2)} & a_{n4}^{(3)} & \cdots & \dfrac{1}{a_{nn}^{(n-1)}} \end{bmatrix} \tag{1-116}$$

其中下三角及对角元素可用来对常数项 $\boldsymbol{B}$ 进行消去运算，上三角元素用来进行回代运算。因子表也可写为

$$\begin{bmatrix} d_{11} & u_{12} & u_{13} & u_{14} & \cdots & u_{1n} \\ l_{21} & d_{22} & u_{23} & u_{24} & \cdots & u_{2n} \\ l_{31} & l_{32} & d_{33} & u_{34} & \cdots & u_{3n} \\ l_{41} & l_{42} & l_{43} & d_{44} & \cdots & u_{4n} \\ \vdots & \vdots & \vdots & \vdots & \ddots & \vdots \\ l_{n1} & l_{n2} & l_{n3} & l_{n4} & \cdots & d_{nn} \end{bmatrix} \tag{1-117}$$

其中 $d_{ii} = \dfrac{1}{a_{ii}^{(i-1)}}$，$u_{ij} = a_{ij}^{(i)}$ $(i<j)$，$l_{ij} = a_{ij}^{(j-1)}$ $(j<i)$。

不难看出，因子表中下三角部分的元素就是系数矩阵在消去过程中曾出现的元素，因此只要把它们保留在原来的位置，并把对角元素取倒数就可以得到因子表的下三角部分。因子表上三角部分的元素就是系数矩阵在消去过程完成后的结果。对角元素取倒数是由于在计算过程中对角元素都是作为除数出现的，而计算机中乘法要比除法省时间。

对于系数矩阵 $\boldsymbol{A}$ 不变且需多次求解的线性方程组，首先对系数矩阵 $\boldsymbol{A}$ 进行消去运算，形成因子表，然后用因子表对不同的常数项 $\boldsymbol{B}$ 求解。计算公式为

消去运算

$$\begin{cases} b_i^{(i)} = b_i^{(i-1)} d_{ii}^{(i-1)} \\ b_i^{(k)} = b_i^{(k-1)} - l_{ik} b_k^{(k)} & (i=k+1,\cdots,n) \end{cases} \tag{1-118}$$

回代运算

$$\begin{cases} x_n = b_n^{(n)} \\ x_i = b_i^{(i)} - \displaystyle\sum_{j=i+1}^{n} u_{ij} x_j \end{cases} \qquad (1-119)$$

【例 1-3】 用因子表求解方程组 $AX = B$。其中

$$A = \begin{bmatrix} 2 & 3 & 1 \\ 4 & 1 & -2 \\ -2 & 5 & 4 \end{bmatrix}, \quad B = \begin{bmatrix} 4 \\ 1 \\ 3 \end{bmatrix}$$

解　以按列消去为例逐列形成因子表。形成第 1 列因子表时，首先需要对第 1 行元素进行规格化运算，然后用第 1 行消去第 2、第 3 行的第 1 列元素。规格化运算需用到 a_{11}，将其取倒数后放在原位置；第 2、第 3 行消去运算需用到 a_{21} 和 a_{31}，把它保留在原来的位置上。运算以后可以得到

$$\begin{bmatrix} \mathbf{1/2} & 3/2 & 1/2 \\ \mathbf{4} & -5 & -4 \\ \mathbf{-2} & 8 & 5 \end{bmatrix}$$

其中黑体数字为消去运算时的运算因子。

形成第 2 列因子表时，需要对第 2 行元素进行规格化运算，并用第 2 行消去第 3 行的第 2 列元素。规格化运算需用到 $a_{22}^{(1)}$，将其取倒数后放在原位置；第 3 行消去运算需用到 $a_{32}^{(1)}$，把它保留在原来的位置上。运算以后可以得到

$$\begin{bmatrix} \mathbf{1/2} & 3/2 & 1/2 \\ \mathbf{4} & \mathbf{-1/5} & 4/5 \\ \mathbf{-2} & 8 & -7/5 \end{bmatrix}$$

最后，对第 3 行元素进行规格化，将 $a_{33}^{(2)}$ 其取倒数后放在原位置，最终得到了因子表

$$\begin{bmatrix} \mathbf{1/2} & 3/2 & 1/2 \\ \mathbf{4} & \mathbf{-1/5} & 4/5 \\ \mathbf{-2} & \mathbf{8} & \mathbf{-5/7} \end{bmatrix} = \begin{bmatrix} d_{11} & u_{12} & u_{13} \\ l_{21} & d_{22} & u_{23} \\ l_{31} & l_{32} & d_{33} \end{bmatrix}$$

求出因子表以后，即可按列顺序取因子表下三角部分和上三角部分元素对常数项 B 进行消去和回代运算。

首先取 d_{11} 对 $b_1 = 4$ 进行规格化运算

$$b_1^{(1)} = b_1 d_{11} = 4 \times \frac{1}{2} = 2$$

然后取 l_{21}、l_{31} 按式（1-118）分别对 b_2、b_3 进行运算

$$b_2^{(1)} = b_2 - l_{21} b_1^{(1)} = 1 - 4 \times 2 = -7$$

$$b_3^{(1)} = b_3 - l_{31} b_1^{(1)} = 3 - (-2) \times 2 = 7$$

以上完成了第 1 列的消去运算，得到

$$B^{(1)} = \begin{bmatrix} 2 & -7 & 7 \end{bmatrix}^{\mathrm{T}}$$

再取 d_{22} 对 $b_2^{(1)} = -7$ 进行规格化运算

$$b_2^{(2)} = b_2^{(1)} d_{22} = -7 \times \left(-\frac{1}{5}\right) = \frac{7}{5}$$

按式（1-118）对 $b_3^{(1)}$ 进行运算

$$b_3^{(2)} = b_3^{(1)} - l_{32} b_2^{(2)} = 7 - 8 \times \frac{7}{5} = -\frac{21}{5}$$

以上完成了第 2 列的消去运算，得到

$$\boldsymbol{B}^{(2)} = \begin{bmatrix} 2 & 7/5 & -21/5 \end{bmatrix}^{\mathrm{T}}$$

最后再用 d_{33} 对 $b_3^{(2)} = -\dfrac{21}{5}$ 进行规格化运算

$$b_3^{(3)} = b_3^{(2)} d_{33} = -\frac{21}{5} \times \left(-\frac{5}{7}\right) = 3$$

以上完成了全部消去运算，得到

$$\boldsymbol{B}^{(3)} = \begin{bmatrix} 2 & 7/5 & 3 \end{bmatrix}^{\mathrm{T}}$$

下面根据式（1-119），利用因子表的上三角元素进行回代运算可逐个求得各变量的值

$$x_3 = b_3^{(3)} = 3$$

$$x_2 = b_2^{(2)} - u_{23} x_3 = \frac{7}{5} - \frac{4}{5} \times 3 = -1$$

$$x_1 = b_1^{(1)} - u_{12} x_2 - u_{13} x_3 = 2 - \frac{3}{2} \times (-1) - \frac{1}{2} \times 3 = 2$$

当线性方程组的系数矩阵 $\boldsymbol{A}$ 为对称矩阵时，由式（1-116）不难证明，因子表的上三角部分元素 u_{ij} 与对应的下三角部分元素 l_{ji} 有以下简单关系，即

$$l_{ji} = u_{ij} / d_{ii} \quad \text{或} \quad a_{ji}^{(i-1)} = a_{ij}^{(i)} / d_{ii} \tag{1-120}$$

因此，在利用计算机进行计算时，通常只形成和存储因子表的对角元素及上三角元素（或下三角元素）。

$$\begin{bmatrix} d_{11} & u_{12} & u_{13} & u_{14} & \cdots & u_{1n} \\ & d_{22} & u_{23} & u_{24} & \cdots & u_{2n} \\ & & d_{33} & u_{34} & \cdots & u_{3n} \\ & & & d_{44} & \cdots & u_{4n} \\ & & & & \ddots & \vdots \\ & & & & & d_{nn} \end{bmatrix} \tag{1-121}$$

在形成因子表的过程中，用到 l_{ji} 时，可通过式（1-120）求出。

【例 1-4】　用因子表求解对称系数方程组

$$\begin{cases} 2x_1 + 3x_2 + x_3 = 2 \\ 3x_1 + x_2 - 2x_3 = 3 \\ x_1 - 2x_2 + 5x_3 = 9 \end{cases}$$

解　当系数矩阵为对称矩阵时，为了节约内存，通常在计算机中只保留系数矩阵的上三角（或下三角部分），即

$$\begin{bmatrix} 2 & 3 & 1 \\ & 1 & -2 \\ & & 5 \end{bmatrix}$$

在形成第一列因子表时首先对第一行进行规格化运算

$$\begin{bmatrix} \mathbf{1/2} & 3/2 & 1/2 \\ & 1 & -2 \\ & & 5 \end{bmatrix}$$

然后用第 1 行和第 2 行、第 3 行相消，由式（1-84）可知，在这种情况下的具体运算为

$$a_{22}^{(1)} = a_{22} - a_{21} \times a_{12}^{(1)}$$
$$a_{23}^{(1)} = a_{23} - a_{21} \times a_{13}^{(1)}$$
$$a_{33}^{(1)} = a_{33} - a_{31} \times a_{13}^{(1)}$$

上式中运算因子 a_{21}、a_{31} 可利用式（1-120）求出

$$a_{21} = \frac{1}{d_{11}} a_{12}^{(1)} = \frac{1}{\frac{1}{2}} \times \frac{3}{2} = 3$$

$$a_{31} = \frac{1}{d_{11}} a_{13}^{(1)} = \frac{1}{\frac{1}{2}} \times \frac{1}{2} = 1$$

于是

$$a_{22}^{(1)} = 1 - 3 \times \frac{3}{2} = -\frac{7}{2}$$

$$a_{23}^{(1)} = -2 - 3 \times \frac{1}{2} = -\frac{7}{2}$$

$$a_{33}^{(1)} = 5 - 1 \times \frac{1}{2} = \frac{9}{2}$$

得到

$$\begin{bmatrix} \mathbf{1/2} & 3/2 & 1/2 \\ & -7/2 & -7/2 \\ & & 9/2 \end{bmatrix}$$

在形成第 2 列因子表时，首先对第 2 行进行规格化运算

$$\begin{bmatrix} \mathbf{1/2} & 3/2 & 1/2 \\ & \mathbf{-2/7} & 1 \\ & & 9/2 \end{bmatrix}$$

然后用第 2 行与第 3 行相消，此时需用到 $a_{32}^{(1)}$

$$a_{32}^{(1)} = \frac{1}{d_{22}} a_{23}^{(2)} = \frac{1}{-\frac{2}{7}} \times 1 = -\frac{7}{2}$$

$$a_{33}^{(2)} = \frac{9}{2} - \left(-\frac{7}{2}\right) \times 1 = 8$$

$$\begin{bmatrix} \mathbf{1/2} & 3/2 & 1/2 \\ & \mathbf{-2/7} & 1 \\ & & \mathbf{1/8} \end{bmatrix}$$

下面用形成的因子表对常数项 $\boldsymbol{B}$ 进行前代和回代运算。

　　由于对称系数方程式的因子表中不存储下三角部分，因此，对常数项进行前代运算时应首先利用式（1-120）求出相应的下三角元素。但是，这样在每次求 l_{ij} 时都增加一次除法运算。通过下面的分析可以看到，这些额外的除法运算是可以避免的。

　　由式（1-118）可知

$$b_2^{(1)} = b_2 - l_{21}b_1^{(1)} \tag{1-122}$$

　　由式（1-120）可知，$l_{21} = u_{12}/d_{11}$，且 $b_1^{(1)} = b_1 d_{11}$。将以上两式代入式（1-122）得到

$$b_2^{(1)} = b_2 - u_{12}b_1$$

　　同理可得

$$b_3^{(1)} = b_3 - l_{31}b_1^{(1)} = b_3 - u_{13}b_1$$
$$b_3^{(2)} = b_3^{(1)} - l_{32}b_2^{(2)} = b_3^{(1)} - u_{23}b_2^{(1)}$$

　　由以上分析可以看出，在前代过程中，式（1-118）的消去运算式

$$b_i^{(k)} = b_i^{(k-1)} - l_{ik}b_k^{(k)}$$

转变为 $b_i^{(k)} = b_i^{(k-1)} - u_{ki}b_k^{(k-1)}$（$k = 1, 2\cdots, i-1$）。

　　因而可以直接用上三角元素 u_{ki} 参与消去运算，完全避免了下三角元素 l_{ik} 的出现。但是应该注意，这时对常数项应暂时不进行规格化运算（即应保留 $b_i^{(i-1)}$ 的值），只有当用 $b_i^{(i-1)}$ 消完其他各行时，才可进行规格化的运算。

　　根据上面的分析，常数项 **B** 的前代过程为

$$\boldsymbol{B} = \begin{bmatrix} 2 \\ 3 \\ 9 \end{bmatrix} \xrightarrow{\text{取}u_{12}=\frac{3}{2}} \begin{bmatrix} 2 \\ 3-\dfrac{3}{2}\times 2=0 \\ 9 \end{bmatrix} \xrightarrow{\text{取}u_{13}=\frac{1}{2}} \begin{bmatrix} 2 \\ 0 \\ 9-\dfrac{1}{2}\times 2=8 \end{bmatrix} \xrightarrow{\text{取}d_{11}=\frac{1}{2}} \begin{bmatrix} 1 \\ 0 \\ 8 \end{bmatrix}$$

$$\xrightarrow{\text{取}u_{23}=1} \begin{bmatrix} 1 \\ 0 \\ 8-1\times 0=8 \end{bmatrix} \xrightarrow{\text{取}d_{22}=-\frac{2}{7}} \begin{bmatrix} 1 \\ 0 \\ 8 \end{bmatrix} \xrightarrow{\text{取}d_{33}=\frac{1}{8}} \begin{bmatrix} 1 \\ 0 \\ 1 \end{bmatrix}$$

　　回代过程如下

$$\xrightarrow{\text{取}u_{23}=1} \begin{bmatrix} 1 \\ 0-1\times 1=-1 \\ 1 \end{bmatrix} \xrightarrow{\text{取}u_{13}=\frac{1}{2}} \begin{bmatrix} 1-\dfrac{1}{2}\times 1=\dfrac{1}{2} \\ -1 \\ 1 \end{bmatrix} \xrightarrow{\text{取}u_{12}=\frac{3}{2}} \begin{bmatrix} \dfrac{1}{2}-\dfrac{3}{2}\times(-1)=2 \\ -1 \\ 1 \end{bmatrix}$$

　　因此得到

$$\begin{bmatrix} x_1 \\ x_2 \\ x_3 \end{bmatrix} = \begin{bmatrix} 2 \\ -1 \\ 1 \end{bmatrix}$$

四、稀疏技术

如前所述，导纳矩阵非对角线元素中含有不少零元素，是一个高度稀疏的矩阵。如在程

序设计中排除零元素的存储和运算，就可以大大节省存储单元和提高计算速度。另外，从式（1-118）和式（1-119）因子表解线性方程组的过程可以看到，如果因子表中某些元素（l 或 u）为零，则相应的乘加运算可以省略。所谓稀疏技术就是充分利用电力网络的稀疏特性，尽量节约内存、减少不必要的计算以提高求解的效率。下面用例题说明。

【例 1-5】　用因子表求解下列方程组

$$\begin{cases} x_1 + x_3 = 2 \\ x_1 + 3x_2 = 10 \\ x_2 + 2x_3 = 5 \end{cases}$$

解　系数矩阵为

$$\begin{bmatrix} 1 & 0 & 1 \\ 1 & 3 & 0 \\ 0 & 1 & 2 \end{bmatrix}$$

首先对第 1 行规格化及对第 1 列消去。这里只有一次规格化运算和一次消去运算，本身应有两次消去运算，由于 a_{31} 为零，因此相应的这次消去运算可以省略。并且由于 $a_{12}^{(1)}$ 为零，因此对 a_{22} 的消去运算也可以省略。a_{23} 虽然为零，但消去运算后，$a_{23}^{(1)}$ 不再为零。本次消去运算只需做

$$a_{23}^{(1)} = a_{23} - a_{21} \times a_{13}^{(1)} = 0 - 1 \times 1 = -1$$

于是得到

$$\begin{bmatrix} \mathbf{1} & 0 & 1 \\ \mathbf{1} & 3 & -1 \\ 0 & 1 & 2 \end{bmatrix}$$

其中黑体字为本次运算用到的因子，以下同。

然后对第 2 行规格化及对第 2 列消去。本次运算涉及的因子均不为零，因此，本次运算有一次规格化运算和一次消去运算，没有任何运算量的节省。经过运算后得到

$$\begin{bmatrix} \mathbf{1} & 0 & 1 \\ \mathbf{1} & \mathbf{1/3} & -1/3 \\ 0 & \mathbf{1} & 7/3 \end{bmatrix}$$

最后对第 3 行规格化得到因子表

$$\begin{bmatrix} \mathbf{1} & 0 & 1 \\ \mathbf{1} & \mathbf{1/3} & -1/3 \\ 0 & \mathbf{1} & \mathbf{3/7} \end{bmatrix}$$

由此可以看到，系数矩阵的稀疏性减少了形成因子表的运算量。

下面用因子表对常数项进行运算。因子表有九个元素，求解过程共有九次乘加运算。但由于上述因子表中含有两个零元素，因此将减少两次乘加运算。具体求解过程如下

$$\xrightarrow{\text{取 } d_{11}=1} \begin{bmatrix} 2 \\ 10 \\ 5 \end{bmatrix} \xrightarrow{\text{取 } l_{21}=1} \begin{bmatrix} 2 \\ 10-1\times2=8 \\ 5 \end{bmatrix} \xrightarrow{\text{取 } d_{22}=\frac{1}{3}} \begin{bmatrix} 2 \\ 8\times\frac{1}{3}=\frac{8}{3} \\ 5 \end{bmatrix}$$

$$\xrightarrow{\text{取} l_{32}=1}
\begin{bmatrix}
2 & & \\
& \dfrac{8}{3} & \\
& & 5-1\times\dfrac{8}{3}=\dfrac{7}{3}
\end{bmatrix}
\xrightarrow{\text{取} d_{33}=\dfrac{3}{7}}
\begin{bmatrix}
2 & & \\
& \dfrac{8}{3} & \\
& & \dfrac{7}{3}\times\dfrac{3}{7}=1
\end{bmatrix}$$

回代

$$\xrightarrow{\text{取} u_{23}=-\dfrac{1}{3}}
\begin{bmatrix}
2 \\
\dfrac{8}{3}-\left(-\dfrac{1}{3}\right)\times 1=3 \\
1
\end{bmatrix}
\xrightarrow{\text{取} u_{13}=1}
\begin{bmatrix}
2-1\times 1=1 \\
3 \\
1
\end{bmatrix}$$

因此得到

$$\begin{bmatrix} x_1 \\ x_2 \\ x_3 \end{bmatrix}=\begin{bmatrix} 1 \\ 3 \\ 1 \end{bmatrix}$$

从［例1-5］可以看出，当线性方程组的稀疏性得到充分利用时，不仅在形成因子表的过程中减少了计算量，更重要的是减少了求解方程组时前代和回代的计算量。因子表中有多少零元素，就减少多少乘加的运算量。因此，在因子表中保持尽可能多的零元素是提高算法效率的关键。

第五节　节点编号顺序的优化

目前电力系统计算程序中，对网络方程 $\dot{\boldsymbol{I}}=\boldsymbol{Y}\dot{\boldsymbol{V}}$ 的求解大多常用前面介绍的直接法。为了对网络方程反复求解，往往首先对导纳矩阵进行三角分解，然后用来对不同的右端常数项进行前代和回代运算，从而得到网络方程的解。节点导纳矩阵是高度稀疏矩阵，含有很多零元素。这些零元素无需存储，也不必参加运算。对导纳矩阵进行三角分解所得到的因子矩阵一般也是稀疏矩阵，但其稀疏性与导纳矩阵并不一致，这是因为在消去或分解过程中会产生新的非零元素，即注入元素。如前所述，三角分解所得到的因子矩阵稀疏性越高，对常数项进行前代和回代运算的计算量就越小。因此，如何保持导纳矩阵在三角分解过程中的稀疏性是一个值得研究的问题。

消去过程中产生注入元素的原因可以直观地用电路的星网变换来解释。如图1-12（a）所示，此时，y_{23}、y_{24} 均为零，消去节点1，即消去导纳矩阵的第一行时，根据星网变换，节点2、3、4之间出现了新的支路，如图1-12（b）所示，在新网络的导纳矩阵中，y_{23}、y_{24} 不再为零，这样在消去第一行的过程中就出现了两个非零元素。

一般地，一个有 k 条支路的星形电路的中心节点被消去时，所形成的网形网络的支路数应等于从 k 个节点中任意取两个节点的组合，即将在原星形电路的 k 个顶点之间出现 $\dfrac{1}{2}k(k-$

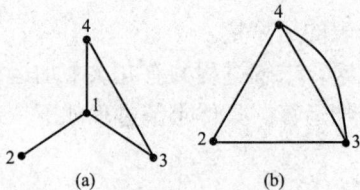

图1-12　高斯消去法与星网变换的关系
（a）y_{23}、y_{24} 均为零；
（b）消去节点1，y_{23}、y_{24} 不再为零

1）条支路。如果这 k 个节点之间，原来已存在 d 条支路，那么新增加的支路数，也就是非零注入元素的数目将为

$$\Delta p = \frac{1}{2}k(k-1) - d \qquad (1-123)$$

注入元素的多少与消去的顺序或节点编号的顺序有关。下面对图 1-13 所示简单电力网络采用三种不同的编号方案，分析导纳矩阵三角分解时非零元素的注入情况。导纳矩阵只存放上三角部分，以"·"表示它的非零元素，以"×"表示消元结束后所得上三角矩阵中的非零注入元素。显然，不同的节点编号方案所得到的注入元素的数目是不同的。

节点的编号反映了高斯消去法的消元次序，也代表了星网变换时的节点消去次序。在图 1-13 所示的三种节点编号下，导纳矩阵上三角部分都有两个零元素。图 1-13（a）的节点编号与图 1-12 相同。由前面分析可知，消去节点 1 时所作的星网变换使节点 2、3 间，节点 2、4 间和节点 3、4 间都出现了新支路。节点 3、4 间的新支路可同原有支路合并，而节点 2、3 间和节点 2、4 间原来是没有支路的，这两条新增支路便构成了三角分解中的非零注入元素。因此，图 1-13（a）的节点编号将产生两个非零注入元素。如果采用图 1-13（b）的节点编号，将只出现一个非零注入元素，它相当于消去节点 2 时在节点 3、4 间出现的新支路。而在图 1-13（c）的节点编号下，通过星网变换可知，将不会产生非零注入元素。由此可见，在三角分解中非零注入元素的数目同节点编号有密切的关系。为了减少注入元素的数目，应该尽量避免先消节点出现大量新增支路的情况。

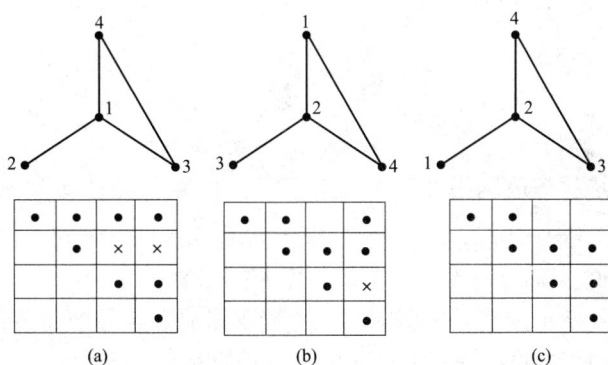

图 1-13　节点编号对注入元素的影响
（a）节点编号方式 1；（b）节点编号方式 2；（c）节点编号方式 3

所谓节点编号顺序的优化，就是要寻求一种使注入元素数目最少的节点编号方式。为此，可以比较各种不同的节点编号方案在三角分解中出现的注入元素数目，从中选出注入元素数目最少的编号方案。但这样做需要分析非常多的方案，对 n 个节点的电力网络，可能的节点编号方案就有 $n!$ 个，工作量非常大。因此，实际计算时，往往采取一些简化方法求出相对较优的节点编号方案。目前，节点编号顺序的优化方法大致有以下三类。

1. 静态优化法

这种方法静态地按最少出线支路数编号。在编号以前，首先统计电力网络各节点的出线支路数，然后，按出线支路数由少到多的节点顺序编号，当有 n 个节点的出线支路数相同时，则可按任意顺序对这 n 个节点编号。

这种编号方法的根据是，在导纳矩阵中，出线支路数最少的节点所对应的行中非零元素也最少，因此在消去过程中产生注入元素的可能性也比较小。这种方法非常简单，适用于接线方式比较简单，即环路比较少的电力网络。

2. 半动态优化法

这种方法动态地按最少出线支路数编号。静态优化法中，各节点的出线支路数是按原始网络统计出来的，在编号过程中认为固定不变。事实上，在节点消去过程中，每消去一个节点以后，与该节点相连的各节点的出线支路数都可能发生变化。因此，如果在每消去一个节点以后，立即修正尚未编号节点的出线支路数，然后选其中出线支路数最少的一个节点进行编号，就可以预期得到更好的效果。半动态优化法的特点就是在按出线最少原则编号时考虑了消去过程中各节点出线数目的变动情况。

3. 动态优化法

这种方法动态地按增加出线数最少编号。用前两种方法编号，只能使消去过程中出现新支路的可能性减小，但并不一定能保证在消去这些节点时出现的新支路最少。比较严格的方法应该是按消去节点后增加出线数最少的原则编号。

首先按式（1-123）分别统计消去各节点时增加的出线数，选其中增加出线数最少的被消节点编为第1号节点；确定了第1号节点后，即可消去此节点，相应地修改其余节点的出线数目；然后对网络中其余节点重复上述过程，顺序编出第2号、第3号节点……，一直到编完为止。显然，动态地按新增支路数量最少的原则进行节点编号，效果最佳，但程序也最为复杂。

习 题

1-1 某电力系统的等值网络如图1-14所示。已知各元件参数的标幺值如下：$z_{12} = 0.10 + j0.41$，$z_{13} = 0.08 + j0.42$，$z_{23} = 0.12 + j0.51$，$z_{24} = 0.16 + j0.75$，$y_{130} = y_{310} = j0.022$，$y_{230} = y_{320} = j0.019$，$k = 1.1$。试求节点导纳矩阵。

1-2 对图1-14所示网络，试就下列三种情况修改节点导纳矩阵：（1）变比k由1.1变为0.95；（2）支路12断开；（3）节点3发生三相短路。

1-3 在图1-15所示网络中，已给出各支路阻抗标幺值和节点编号，试用支路追加法求节点阻抗矩阵。

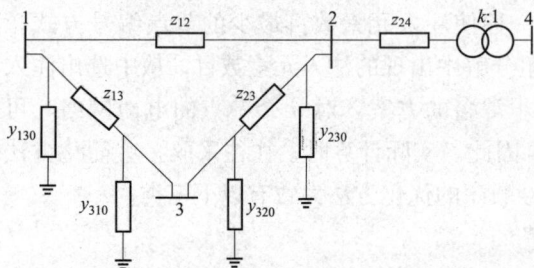

图1-14 题1-1和题1-2图

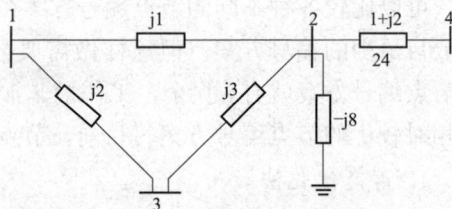

图1-15 题1-3图

1-4 图1-16所示为一个5节点网络，已知各支路阻抗标幺值和节点编号。试求：

（1）形成节点导纳矩阵 Y；（2）对导纳矩阵 Y 进行 LDU 分解；（3）计算与节点 4 对应的一列阻抗矩阵元素。

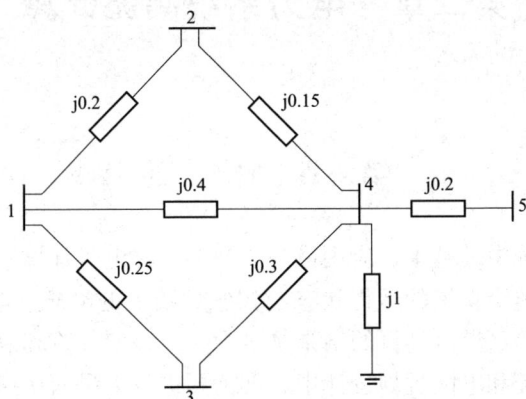

图 1-16　题 1-4 图

1-5　求下列系数矩阵 A 的因子表，并利用所求得的因子表求解方程式 $AX = B$ 当常数矩阵 B 分别为 B_1、B_2 时的解。

$$A = \begin{bmatrix} 2 & 3 & 1 \\ 3 & 7 & -1 \\ 5 & -4 & 2 \end{bmatrix} \quad B_1 = \begin{bmatrix} 12 \\ 13 \\ 5 \end{bmatrix} \quad B_2 = \begin{bmatrix} 6 \\ 9 \\ 3 \end{bmatrix}$$

1-6　用因子表法求解下列对称系数矩阵方程组

$$\begin{cases} 2x_1 + x_2 + 2x_3 = 5 \\ x_1 + 3x_2 + 2x_3 = 6 \\ 2x_1 + 2x_2 + 4x_3 = 8 \end{cases}$$

1-7　对如图 1-17 所示网络，试选择一种使非零注入元素最少的节点编号顺序，并作出导纳矩阵元素和非零注入元素的分布图。

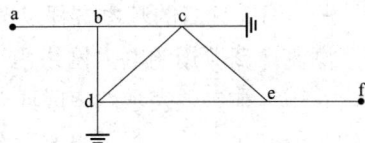

图 1-17　题 1-7 图

第二章　电力系统潮流计算

第一节　概　　述

　　潮流计算是电力系统中最基本、应用最为广泛的一种电气计算。它的任务是对给定的运行条件和网络结构确定整个系统的运行状态，如各母线上的电压（幅值及相角）、网络中的功率分布以及功率损耗等。潮流计算的结果是电力系统稳定计算和故障分析的基础。在电力系统运行状态的实时监控和电网规划设计中，都需要进行大量而快速的潮流计算。本章讨论以计算机为工具的电力系统稳态潮流计算。利用计算机进行电力系统潮流计算从 20 世纪 50 年代中期就已开始，此后，发展了各种不同的潮流算法。对计算机潮流算法的要求主要有：算法的可靠性或收敛性；计算速度和内存占用量；计算的方便性和灵活性等。计算机潮流算法很多，本章主要介绍经典的牛顿-拉夫逊法（简称牛顿法）和 P-Q 分解法（也称快速解耦法）。如无特别的声明，本章所有各量都用标幺值表示。

第二节　潮流计算的数学模型

一、潮流计算的基本方程及节点分类

　　潮流计算所用的电力网络由变压器、输电线路、电容器、电抗器等静止线性元件所构成，并用集中参数表示的串联或并联等值支路来模拟。对这样的线性网络进行分析，一般采用的是节点法，第一章导出的以节点导纳矩阵表示的网络方程式为

$$\dot{I} = Y\dot{V}$$

其展开式为

$$\dot{I}_i = \sum_{j=1}^{n} Y_{ij}\dot{V}_j \quad (i=1,\ 2,\ \cdots,\ n) \tag{2-1}$$

式中：$\dot{I}$ 为节点注入电流相量；$\dot{V}$ 为节点电压相量；Y 为节点导纳矩阵；n 为网络节点数。

　　这就是潮流计算的基础方程式。在电力工程实际中，已知的节点注入量往往不是节点电流而是节点功率，如发电机输出的功率和负荷吸收的功率。为此将节点电流用节点功率和电压表示为

$$\dot{I}_i = \frac{\overset{*}{S}_i}{\overset{*}{V}_i} = \frac{P_i - \mathrm{j}Q_i}{\overset{*}{V}_i} \tag{2-2}$$

将式（2-2）代入式（2-1），便得

$$\frac{P_i - \mathrm{j}Q_i}{\overset{*}{V}_i} = \sum_{j=1}^{n} Y_{ij}\dot{V}_j \quad (i=1,\ 2,\ \cdots,\ n) \tag{2-3}$$

或

$$P_i + \mathrm{j}Q_i = \dot{V}_i \sum_{j=1}^{n} \overset{*}{Y}_{ij} \overset{*}{V}_j \quad (i=1, 2, \cdots, n) \tag{2-4}$$

这就是 n 个节点电力系统的潮流方程。

下面以图 2-1（a）所示的三节点简单电力系统为例建立潮流计算的数学模型，其等值电路如图 2-1（b）所示。各发电功率 $S_{\mathrm{G}i}$、负荷功率 $S_{\mathrm{LD}i}$ 和元件导纳分别标于图中。

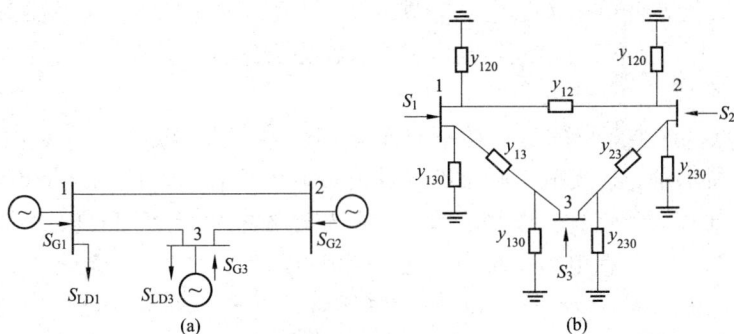

图 2-1　简单电力系统及其等值电路

（a）简单电力系统；（b）等值电路

由图 2-1（b）可得网络导纳矩阵为

$$\mathbf{Y} = \begin{bmatrix} Y_{11} & Y_{12} & Y_{13} \\ Y_{21} & Y_{22} & Y_{23} \\ Y_{31} & Y_{32} & Y_{33} \end{bmatrix} \tag{2-5}$$

其中

$$Y_{11} = y_{12} + y_{120} + y_{13} + y_{130}, \ Y_{12} = Y_{21} = -y_{12}$$
$$Y_{22} = y_{12} + y_{120} + y_{23} + y_{230}, \ Y_{13} = Y_{31} = -y_{13}$$
$$Y_{33} = y_{13} + y_{130} + y_{23} + y_{230}, \ Y_{23} = Y_{32} = -y_{23}$$

各节点注入功率为

$$S_1 = S_{\mathrm{G1}} - S_{\mathrm{LD1}} = (P_{\mathrm{G1}} - P_{\mathrm{LD1}}) + \mathrm{j}(Q_{\mathrm{G1}} - Q_{\mathrm{LD1}}) = P_1 + \mathrm{j}Q_1$$
$$S_2 = S_{\mathrm{G2}} = P_{\mathrm{G2}} + \mathrm{j}Q_{\mathrm{G2}} = P_2 + \mathrm{j}Q_2 \tag{2-6}$$
$$S_3 = S_{\mathrm{G3}} - S_{\mathrm{LD3}} = (P_{\mathrm{G3}} - P_{\mathrm{LD3}}) + \mathrm{j}(Q_{\mathrm{G3}} - Q_{\mathrm{LD3}}) = P_3 + \mathrm{j}Q_3$$

于是可得图 2-1 所示系统的潮流计算的数学模型

$$\begin{cases} P_1 + \mathrm{j}Q_1 = \dot{V}_1(Y^*_{11}V^*_1 + Y^*_{12}V^*_2 + Y^*_{13}V^*_3) \\ P_2 + \mathrm{j}Q_2 = \dot{V}_2(Y^*_{21}V^*_1 + Y^*_{22}V^*_2 + Y^*_{23}V^*_3) \\ P_3 + \mathrm{j}Q_3 = \dot{V}_3(Y^*_{31}V^*_1 + Y^*_{32}V^*_2 + Y^*_{33}V^*_3) \end{cases} \tag{2-7}$$

很显然，这是一组复数方程式，而且是关于节点电压 $\dot{V}$ 的非线性方程组。将复数潮流方程式的实部和虚部分开，对每一节点可得两个实数方程，但是每一个节点都有 4 个变量：注入节点的有功功率 P 和无功功率 Q，以及节点电压的幅值 V 和相位角 θ（或对应于某一选定参考直角坐标的实部和虚部）。因此，对于 n 个节点的网络，可列写 $2n$ 个实数方程，但是却有 $4n$ 个变量，必须给定其中的两个作为已知条件，而留下两个作为待求变量，方程组才可以求解。根据电力系统的实际运行条件，按给定变量的不同，一般将节点分为以下三种类型。

（1） PQ 节点。这类节点的有功功率 P 和无功功率 Q 是给定的，节点电压幅值 V 和相位角 θ 是待求量。通常变电站都是这一类型的节点，在一些情况下，系统中某些发电厂送出的功率在一定时间内为固定时，该发电厂母线也作为 PQ 节点。因此，电力系统中的绝大多数节点属于这一类型。

（2） PV 节点。这类节点的有功功率 P 和电压幅值 V 是给定的，节点的无功功率 Q 和电压相位角 θ 是待求量。这类节点必须有足够的可调无功容量，用以维持给定的电压幅值，因而又称之为电压控制节点。一般是选择有一定无功储备的发电厂和具有可调无功电源设备的变电站作为 PV 节点。在电力系统中，这一类节点的数目很少。

（3）平衡节点。在潮流分布算出以前，网络中的功率损耗是未知的，因此，网络中至少有一个节点的有功功率 P 不能给定，这个节点承担了系统的有功功率平衡，故称之为平衡节点。另外必须选定一个节点，指定其电压相位角为零，作为计算各节点电压相位角的参考，这个节点称为基准节点。基准节点的电压幅值也是给定的。为了计算上的方便，常将平衡节点和基准节点选为同一个节点，习惯上称之为平衡节点。平衡节点只有一个，它的电压幅值 V 和相位角 θ 已给定，其有功功率 P 和无功功率 Q 是待求量。

一般选择主调频发电厂为平衡节点比较合理，但在进行潮流计算时也可以按照别的原则来选择。例如，为了提高导纳矩阵法潮流程序的收敛性，也可以选择出线最多的发电厂作为平衡节点。

从以上的讨论中可以看到，尽管网络方程是线性方程，但是由于在定解条件中不能给定节点电流，只能给出节点功率，从而使潮流方程变为非线性方程。非线性方程一般采用数值计算方法、通过迭代来求解。由于平衡节点的电压已经给定，所以平衡节点的方程不必参与迭代。

二、节点功率方程

潮流方程式（2-4）是一组复数方程，下面将节点电压相量分别用直角坐标和极坐标表示，相应地得到直角坐标和极坐标形式的节点功率方程。

采用直角坐标时，节点电压可表示为

$$\dot{V}_i = e_i + \mathrm{j}f_i \tag{2-8}$$

式中： $e_i = V_i\cos\theta_i$ ， $f_i = V_i\sin\theta_i$ ，分别为节点电压相量 $\dot{V}_i$ 的实部和虚部。

导纳矩阵元素为

$$Y_{ij} = G_{ij} + \mathrm{j}B_{ij} \tag{2-9}$$

将式（2-8）和式（2-9）代入式（2-4）的右端得

$$P_i + \mathrm{j}Q_i = (e_i + \mathrm{j}f_i)\sum_{j=1}^{n}(G_{ij} - \mathrm{j}B_{ij})(e_j - \mathrm{j}f_j) \quad (i=1, 2, \cdots, n)$$

展开并分出实部和虚部，便得

$$\begin{cases} P_i = e_i \sum_{j=1}^{n}(G_{ij}e_j - B_{ij}f_j) + f_i \sum_{j=1}^{n}(G_{ij}f_j + B_{ij}e_j) \\ Q_i = f_i \sum_{j=1}^{n}(G_{ij}e_j - B_{ij}f_j) - e_i \sum_{j=1}^{n}(G_{ij}f_j + B_{ij}e_j) \end{cases} \qquad (2-10)$$

采用极坐标时，节点电压表示为

$$\dot{V}_i = V_i \mathrm{e}^{\mathrm{j}\theta_i} = V_i(\cos\theta_i + \mathrm{j}\sin\theta_i) \qquad (2-11)$$

同理，将式（2-11）和式（2-9）代入式（2-4）的右端，可得

$$\begin{cases} P_i = V_i \sum_{j=1}^{n} V_j(G_{ij}\cos\theta_{ij} + B_{ij}\sin\theta_{ij}) \\ Q_i = V_i \sum_{j=1}^{n} V_j(G_{ij}\sin\theta_{ij} - B_{ij}\cos\theta_{ij}) \end{cases} \qquad (2-12)$$

其中，$\theta_{ij} = \theta_i - \theta_j$，是 i、j 两节点电压的相位角差。

式（2-10）和式（2-12）分别为直角坐标和极坐标形式的节点功率方程。

三、潮流计算的约束条件

采用求解非线性方程式的方法求解式（2-10）或式（2-12）可以得到潮流方程的解，这组解仅仅代表潮流方程在数学上的一组解答，这组解答所反映的系统运行状态在工程上是否具有实际意义还需要进行检验。因为电力系统运行必须满足一定技术上和经济上的要求。这些要求构成了潮流问题中某些变量的约束条件，常用的约束条件有：

（1）所有节点电压幅值必须满足

$$V_{i\min} \leqslant V_i \leqslant V_{i\max} \quad (i=1,\ 2,\ \cdots,\ n) \qquad (2-13)$$

从保证电能质量和供电安全的要求来看，电力系统的所有电气设备都必须运行在其额定电压附近。PV 节点的电压幅值必须按上述条件给定。因此，这一约束主要是对 PQ 节点而言的。

（2）所有电源节点的有功功率和无功功率必须满足

$$\begin{cases} P_{Gi\min} \leqslant P_{Gi} \leqslant P_{Gi\max} \\ Q_{Gi\min} \leqslant Q_{Gi} \leqslant Q_{Gi\max} \end{cases} \qquad (2-14)$$

PQ 节点的有功功率和无功功率以及 PV 节点的有功功率，在给定时就必须满足这一条件。因此，对平衡节点的 P 和 Q 以及 PV 节点的 Q 应按上述条件进行检验。

（3）某些节点之间电压的相位角差满足

$$|\theta_i - \theta_j| < |\theta_i - \theta_j|_{\max} \qquad (2-15)$$

为了保证系统运行的稳定性，要求某些输电线路两端的电压相位角差不超过一定的数值。

如上所述，潮流计算可以归结为求解一组非线性方程组，并使其解答满足一定的约束条件。如果不能满足，则应修改某些变量的给定值，甚至修改系统的运行方式，重新进行计算。

第三节　迭代法潮流计算

一、雅可比迭代法

设有 n 个联立的非线性代数方程

$$\begin{cases} f_1(x_1,\ x_2,\ \cdots,\ x_n)=0 \\ f_2(x_1,\ x_2,\ \cdots,\ x_n)=0 \\ \qquad\qquad \vdots \\ f_n(x_1,\ x_2,\ \cdots,\ x_n)=0 \end{cases} \tag{2-16}$$

从第 i 个方程解出 x_i，可将上述方程组改写成

$$\begin{cases} x_1=g_1(x_1,\ x_2,\ \cdots,\ x_n) \\ x_2=g_2(x_1,\ x_2,\ \cdots,\ x_n) \\ \qquad\qquad \vdots \\ x_n=g_n(x_1,\ x_2,\ \cdots,\ x_n) \end{cases} \tag{2-17}$$

若已经求得各变量的第 k 次迭代值 $x_1^{(k)},\ x_2^{(k)},\ \cdots,\ x_n^{(k)}$，则将这些值代入方程组式（2-17）的右端，便可求得这组变量的新值，即第 $k+1$ 次的迭代值

$$\begin{cases} x_1^{(k+1)}=g_1(x_1^{(k)},\ x_2^{(k)},\ \cdots,\ x_n^{(k)}) \\ x_2^{(k+1)}=g_2(x_1^{(k)},\ x_2^{(k)},\ \cdots,\ x_n^{(k)}) \\ \qquad\qquad \vdots \\ x_n^{(k+1)}=g_n(x_1^{(k)},\ x_2^{(k)},\ \cdots,\ x_n^{(k)}) \end{cases} \tag{2-18}$$

或者缩写为

$$x_i^{(k+1)}=g_i(x_1^{(k)},\ x_2^{(k)},\ \cdots,\ x_n^{(k)}) \qquad (i=1,\ 2,\ \cdots,\ n) \tag{2-19}$$

因此，只要给出变量的初值 $x_1^{(0)},\ x_2^{(0)},\ \cdots,\ x_n^{(0)}$，就可以开始迭代，并按式（2-18）的格式不断地进行下去，一直到所有的变量都满足下列条件为止。

$$|x_i^{(k+1)}-x_i^{(k)}|<\varepsilon \tag{2-20}$$

式中：ε 为预先给定的小正数。若满足式（2-20）的条件，则迭代是收敛的，第 $k+1$ 次的迭代值即可当作是方程组式（2-16）的解。显然，ε 取得愈小，$x_i^{(k+1)}$ 就愈接近于方程的真解。

这种方法的优点是简单，但收敛性较差。为了加快收敛，常引入一加速系数。具体的做法是，将式（2-18）算出的新值经过修正以后才用于下一次的迭代计算，其计算式为

$$\left.\begin{aligned} x_i^{(k+1)}&=g_i(x_1'^{(k)},\ x_2'^{(k)},\ \cdots,\ x_n'^{(k)}) \\ x_i'^{(k+1)}&=x_i'^{(k)}+\alpha(x_i^{(k+1)}-x_i'^{(k)}) \qquad (i=1,\ 2,\ \cdots,\ n) \end{aligned}\right\} \tag{2-21}$$

式中：α 称为加速系数，它是大于 1 的实数。

二、高斯—塞德尔迭代法

提高迭代收敛速度的另一种方法是对迭代计算式作如下的改进

$$\begin{cases} x_1^{(k+1)}=g_1(x_1^{(k)},\ x_2^{(k)},\ \cdots,\ x_n^{(k)}) \\ x_2^{(k+1)}=g_2(x_1^{(k+1)},\ x_2^{(k)},\ \cdots,\ x_n^{(k)}) \\ \qquad\qquad \vdots \\ x_n^{(k+1)}=g_n(x_1^{(k+1)},\ x_2^{(k+1)},\ \cdots,\ x_{n-1}^{(k+1)},\ x_n^{(k)}) \end{cases} \tag{2-22}$$

或者缩写为

$$x_i^{(k+1)}=g_i(x_1^{(k+1)},\ \cdots,\ x_{i-1}^{(k+1)},\ x_i^{(k)},\ \cdots,\ x_n^{(k)}) \quad (i=1,\ 2,\ \cdots,\ n) \tag{2-23}$$

这种方法的要点是，把迭代计算所求得的最新值 $x_1^{(k+1)},\ x_2^{(k+2)},\ \cdots,\ x_{i-1}^{(k+1)}$ 立即用于计算下一个变量的新值 $x_i^{(k+1)}$，而不是等到这一轮迭代结束之后。

这种方法称为高斯—塞德尔迭代法。采用这种算法，也可以引入加速系数。

三、高斯—塞德尔法潮流计算

这里只介绍以节点导纳矩阵为基础的潮流计算。设系统中有 n 个节点，其中有 m 个 PQ 节点、$n-(m+1)$ 个 PV 节点和 1 个平衡节点。平衡节点不参加迭代。

从式（2-4）可以解出

$$\dot{V}_i = \frac{1}{Y_{ii}} \left(\frac{P_i - jQ_i}{\dot{V}_i^*} - \sum_{\substack{j=1 \\ j \neq i}}^{n} Y_{ij} \dot{V}_j \right) \tag{2-24}$$

再将上式改写成高斯—塞德尔法的迭代格式

$$\dot{V}_i^{(k+1)} = \frac{1}{Y_{ii}} \left(\frac{P_i - jQ_i}{\dot{V}_i^{*(k)}} - \sum_{j=1}^{i-1} Y_{ij} \dot{V}_j^{(k+1)} - \sum_{j=i+1}^{n} Y_{ij} \dot{V}_j^{(k)} \right) \tag{2-25}$$

在应用上述迭代公式时，PQ 节点的功率是给定的，因此只要给出节点电压的初值 $\dot{V}_i^{(0)}$，就可以进行迭代计算。

对于 PV 节点，节点有功功率 P_i 和电压幅值 V_i 是给定的，但是节点的无功功率只在迭代开始时给出初值 $Q_i^{(0)}$，此后的迭代值必须在迭代过程中逐次计算。因此，在每一次迭代中，对于 PV 节点，必须作以下几项计算。

（1）修正节点电压。由式（2-25）求得的节点电压，其幅值不一定等于给定的电压幅值 V_{is}。为满足这个给定条件，只保留节点电压的相位角 $\theta_i^{(k)}$，而把其幅值直接取为给定值 V_{is}，即令

$$\dot{V}_i^{(k)} = V_{is} \angle \theta_i^{(k)} \tag{2-26}$$

（2）计算节点无功功率。节点无功功率可按下式计算

$$Q_i^{(k)} = \mathrm{Im}\left[\dot{V}_i^{(k)} \overset{*}{I}_i^{(k)} \right] = \mathrm{Im}\left[\dot{V}_i^{(k)} \left(\sum_{j=1}^{i-1} \overset{*}{Y}_{ij} \overset{*}{V}_j^{(k+1)} + \sum_{j=i}^{n} \overset{*}{Y}_{ij} \overset{*}{V}_j^{(k)} \right) \right] \tag{2-27}$$

（3）无功功率越限检查。对由上式算出的无功功率必须按以下不等式进行越限检验

$$Q_{i\min} < Q_i^{(k)} < Q_{i\max} \tag{2-28}$$

如果 $Q_i^{(k)} > Q_{i\max}$，则令 $Q_i^{(k)} = Q_{i\max}$；如果 $Q_i^{(k)} < Q_{i\min}$，则令 $Q_i^{(k)} = Q_{i\min}$。

作完上述三项计算以后，才应用式（2-25）计算节点电压的新值。

迭代收敛的判据为

$$\max\{ |\dot{V}_i^{(k+1)} - \dot{V}_i^{(k)}| \} < \varepsilon \tag{2-29}$$

迭代结束后，还要计算平衡节点的功率和网络中的功率分布。如图 2-2 所示，输电线路功率的计算公式如下

$$S_{ij} = P_{ij} + jQ_{ij} = \dot{V}_i \overset{*}{I}_{ij} = V_i^2 \overset{*}{y}_{i0} + \dot{V}_i (\overset{*}{V}_i - \overset{*}{V}_j) \overset{*}{y}_{ij} \tag{2-30}$$

图 2-3 为高斯—塞德尔法潮流计算的流程框图。

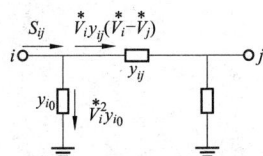

图 2-2　支路功率计算

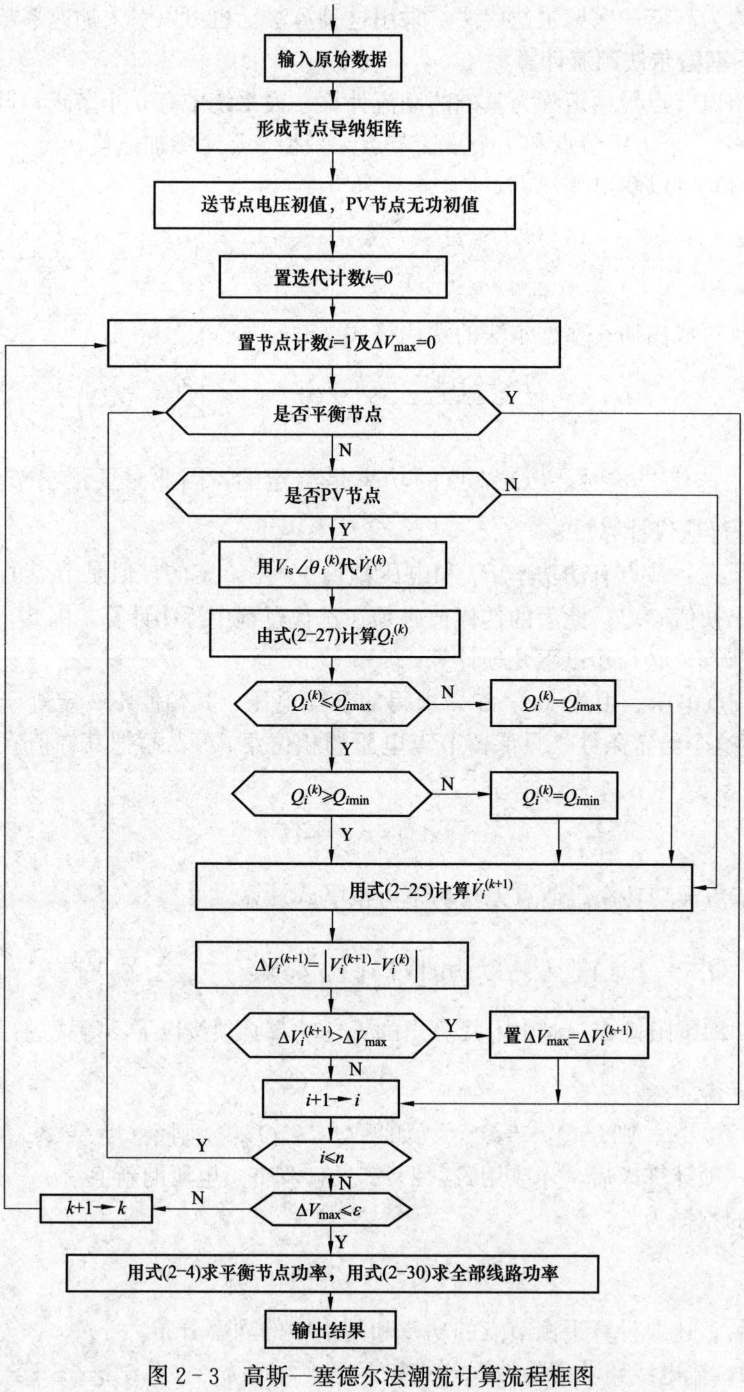

图 2-3　高斯—塞德尔法潮流计算流程框图

第四节　牛顿法潮流计算

一、牛顿法的基本原理

设有单变量非线性方程

$$f(x) = 0 \tag{2-31}$$

求解此方程时，先给出解的近似值 $x^{(0)}$，它与真解的误差为 $\Delta x^{(0)}$，则 $x = x^{(0)} + \Delta x^{(0)}$ 将满足方程（2-31），即

$$f(x^{(0)} + \Delta x^{(0)}) = 0 \tag{2-32}$$

将式（2-32）左边的函数在 $x^{(0)}$ 附近展开成泰勒级数，于是得

$$f(x^{(0)} + \Delta x^{(0)}) = f(x^{(0)}) + f'(x^{(0)})\Delta x^{(0)} + f''(x^{(0)})\frac{(\Delta x^{(0)})^2}{2!} + \cdots$$

$$+ f^{(n)}(x^{(0)})\frac{(\Delta x^{(0)})^n}{n!} + \cdots \tag{2-33}$$

式中：$f'(x^{(0)})$，$\cdots$，$f^{(n)}(x^{(0)})$ 分别为函数 $f(x)$ 在 $x^{(0)}$ 处的一阶导数，$\cdots$，n 阶导数。

如果差值 $\Delta x^{(0)}$ 很小，式（2-33）右端 $\Delta x^{(0)}$ 的二次及以上阶次的各项均可略去。于是式（2-32）便简化成

$$f(x^{(0)} + \Delta x^{(0)}) = f(x^{(0)}) + f'(x^{(0)})\Delta x^{(0)} = 0 \tag{2-34}$$

这是对于变量的修正量 $\Delta x^{(0)}$ 的线性方程式，亦称修正方程式。解此方程可得修正量

$$\Delta x^{(0)} = -\frac{f(x^{(0)})}{f'(x^{(0)})} \tag{2-35}$$

用所求得的 $\Delta x^{(0)}$ 去修正近似解，便得

$$x^{(1)} = x^{(0)} + \Delta x^{(0)} = x^{(0)} - \frac{f(x^{(0)})}{f'(x^{(0)})} \tag{2-36}$$

由于式（2-34）是略去了高次项的简化式，因此所解出的修正量 $\Delta x^{(0)}$ 也只是近似值。修正后的近似解 $x^{(1)}$ 同真解仍然有误差。但是，这样的迭代计算可以反复进行下去，迭代计算的通式为

$$x^{(k+1)} = x^{(k)} - \frac{f(x^{(k)})}{f'(x^{(k)})} \tag{2-37}$$

迭代过程的收敛判据为

$$|f(x^{(k)})| < \varepsilon_1 \tag{2-38}$$

或

$$|\Delta x^{(k)}| < \varepsilon_2 \tag{2-39}$$

式中：ε_1 和 ε_2 为预先给定的任意小的正数。

这种解法的几何意义可以从图 2-4 得到说明。函数 $y = f(x)$ 为图中的曲线，$f(x) = 0$ 的解相当于曲线与 x 轴的交点。如果第 k 次迭代中得到 $x^{(k)}$，则过 $[x^{(k)}$，$y^{(k)} = f(x^{(k)})]$ 点作一切线，此切线同 x 轴的交点便确定了下一个近似解 $x^{(k+1)}$。由此可见，牛顿法实质上就是切线法，是一种逐步线性化的方法。

应用牛顿法求解多变量非线性方程式（2-16）时，假定已给出各变量的初值 $x_1^{(0)}$，$x_2^{(0)}$，$\cdots$，$x_n^{(0)}$，令 $\Delta x_1^{(0)}$，$\Delta x_2^{(0)}$，$\cdots$，$\Delta x_n^{(0)}$ 分别为各变量的修正量，使其满足方程式（2-16），即

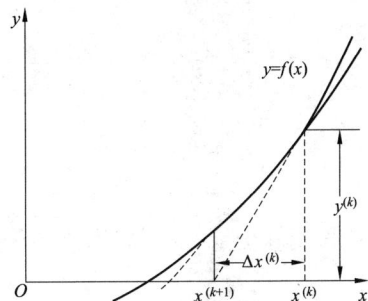

图 2-4　牛顿法的几何解释

$$
\begin{cases}
f_1(x_1^{(0)} + \Delta x_1^{(0)}, \ x_2^{(0)} + \Delta x_2^{(0)}, \ \cdots, \ x_n^{(0)} + \Delta x_n^{(0)}) = 0 \\
f_2(x_1^{(0)} + \Delta x_1^{(0)}, \ x_2^{(0)} + \Delta x_2^{(0)}, \ \cdots, \ x_n^{(0)} + \Delta x_n^{(0)}) = 0 \\
\qquad\qquad\vdots \\
f_n(x_1^{(0)} + \Delta x_1^{(0)}, \ x_2^{(0)} + \Delta x_2^{(0)}, \ \cdots, \ x_n^{(0)} + \Delta x_n^{(0)}) = 0
\end{cases}
\tag{2-40}
$$

将上式中的 n 个多元函数在初始值附近分别展开成泰勒级数，并略去含有 $\Delta x_1^{(0)}$，$\Delta x_2^{(0)}$，$\cdots$，$\Delta x_n^{(0)}$ 的二次及以上阶次的各项，便得

$$
\begin{cases}
f_1(x_1^{(0)}, \ x_2^{(0)}, \ \cdots, \ x_n^{(0)}) + \dfrac{\partial f_1}{\partial x_1}\bigg|_0 \Delta x_1^{(0)} + \dfrac{\partial f_1}{\partial x_2}\bigg|_0 \Delta x_2^{(0)} + \cdots + \dfrac{\partial f_1}{\partial x_n}\bigg|_0 \Delta x_n^{(0)} = 0 \\[2mm]
f_2(x_1^{(0)}, \ x_2^{(0)}, \ \cdots, \ x_n^{(0)}) + \dfrac{\partial f_2}{\partial x_1}\bigg|_0 \Delta x_1^{(0)} + \dfrac{\partial f_2}{\partial x_2}\bigg|_0 \Delta x_2^{(0)} + \cdots + \dfrac{\partial f_2}{\partial x_n}\bigg|_0 \Delta x_n^{(0)} = 0 \\[2mm]
\qquad\qquad\vdots \\
f_n(x_1^{(0)}, \ x_2^{(0)}, \ \cdots, \ x_n^{(0)}) + \dfrac{\partial f_n}{\partial x_1}\bigg|_0 \Delta x_1^{(0)} + \dfrac{\partial f_n}{\partial x_2}\bigg|_0 \Delta x_2^{(0)} + \cdots + \dfrac{\partial f_n}{\partial x_n}\bigg|_0 \Delta x_n^{(0)} = 0
\end{cases}
\tag{2-41}
$$

方程式（2-41）也可以写成矩阵形式

$$
\begin{bmatrix}
f_1(x_1^{(0)}, \ x_2^{(0)}, \ \cdots, \ x_n^{(0)}) \\
f_2(x_1^{(0)}, \ x_2^{(0)}, \ \cdots, \ x_n^{(0)}) \\
\vdots \\
f_n(x_1^{(0)}, \ x_2^{(0)}, \ \cdots, \ x_n^{(0)})
\end{bmatrix}
= -
\begin{bmatrix}
\dfrac{\partial f_1}{\partial x_1}\bigg|_0 & \dfrac{\partial f_1}{\partial x_2}\bigg|_0 & \cdots \dfrac{\partial f_1}{\partial x_n}\bigg|_0 \\[2mm]
\dfrac{\partial f_2}{\partial x_1}\bigg|_0 & \dfrac{\partial f_2}{\partial x_2}\bigg|_0 & \cdots \dfrac{\partial f_2}{\partial x_n}\bigg|_0 \\[2mm]
\vdots \\
\dfrac{\partial f_n}{\partial x_1}\bigg|_0 & \dfrac{\partial f_n}{\partial x_2}\bigg|_0 & \cdots \dfrac{\partial f_n}{\partial x_n}\bigg|_0
\end{bmatrix}
\begin{bmatrix}
\Delta x_1^{(0)} \\
\Delta x_2^{(0)} \\
\vdots \\
\Delta x_n^{(0)}
\end{bmatrix}
\tag{2-42}
$$

方程式（2-42）是对于修正量 $\Delta x_1^{(0)}$，$\Delta x_2^{(0)}$，$\cdots$，$\Delta x_n^{(0)}$ 的线性方程组，称为牛顿法的修正方程式。利用高斯消去法或三角分解法可以解出修正量 $\Delta x_1^{(0)}$，$\Delta x_2^{(0)}$，$\cdots$，$\Delta x_n^{(0)}$。然后对初始近似解进行修正

$$
x_i^{(1)} = x_i^{(0)} + \Delta x_i^{(0)} \quad (i = 1, \ 2, \ \cdots, \ n)
\tag{2-43}
$$

如此反复迭代，在进行第 $k+1$ 次迭代时，求解修正方程

$$
\begin{bmatrix}
f_1(x_1^{(k)}, \ x_2^{(k)}, \ \cdots, \ x_n^{(k)}) \\
f_2(x_1^{(k)}, \ x_2^{(k)}, \ \cdots, \ x_n^{(k)}) \\
\vdots \\
f_n(x_1^{(k)}, \ x_2^{(k)}, \ \cdots, \ x_n^{(k)})
\end{bmatrix}
= -
\begin{bmatrix}
\dfrac{\partial f_1}{\partial x_1}\bigg|_k & \dfrac{\partial f_1}{\partial x_2}\bigg|_k & \cdots \dfrac{\partial f_1}{\partial x_n}\bigg|_k \\[2mm]
\dfrac{\partial f_2}{\partial x_1}\bigg|_k & \dfrac{\partial f_2}{\partial x_2}\bigg|_k & \cdots \dfrac{\partial f_2}{\partial x_n}\bigg|_k \\[2mm]
\vdots \\
\dfrac{\partial f_n}{\partial x_1}\bigg|_k & \dfrac{\partial f_n}{\partial x_2}\bigg|_k & \cdots \dfrac{\partial f_n}{\partial x_n}\bigg|_k
\end{bmatrix}
\begin{bmatrix}
\Delta x_1^{(k)} \\
\Delta x_2^{(k)} \\
\vdots \\
\Delta x_n^{(k)}
\end{bmatrix}
\tag{2-44}
$$

得到修正量 $\Delta x_1^{(k)}$，$\Delta x_2^{(k)}$，$\cdots$，$\Delta x_n^{(k)}$，并对各变量进行修正

$$
x_i^{(k+1)} = x_i^{(k)} + \Delta x_i^{(k)} \qquad (i = 1, \ 2, \ \cdots, \ n)
\tag{2-45}
$$

式（2-44）和式（2-45）也可以缩写为

$$
\boldsymbol{F}(\boldsymbol{X}^{(k)}) = -\boldsymbol{J}^{(k)} \Delta \boldsymbol{X}^{(k)}
\tag{2-46}
$$

和

$$
\boldsymbol{X}^{(k+1)} = \boldsymbol{X}^{(k)} + \Delta \boldsymbol{X}^{(k)}
\tag{2-47}
$$

式中：$\boldsymbol{X}$ 和 $\Delta\boldsymbol{X}$ 分别是由 n 个变量和修正量组成的 n 维列向量；$\boldsymbol{F}(\boldsymbol{X})$ 是由 n 个多元函数组成的 n 维列向量；$\boldsymbol{J}(k)$ 是 $n\times n$ 阶方阵，称为雅可比矩阵，其第 i 行、第 j 列的元素 $J_{ij}=\dfrac{\partial f_i}{\partial x_j}$ 是第 i 个函数 $f_i(x_1,x_2,\cdots,x_n)$ 对第 j 个变量 x_j 的偏导数；上角标"(k)"表示 $\boldsymbol{J}$ 阵的每一个元素都在点 $(x_1^{(k)},x_2^{(k)},\cdots,x_n^{(k)})$ 处取值。

迭代过程一直进行到满足收敛判据

$$\max\{|f_i(x_1^{(k)},x_2^{(k)},\cdots,x_n^{(k)})|\}<\varepsilon_1 \tag{2-48}$$

或

$$\max\{|\Delta x_i^{(k)}|\}<\varepsilon_2 \tag{2-49}$$

为止。ε_1 和 ε_2 为预先给定的任意小的正数。

将牛顿法用于潮流计算，要求将潮流方程写成形如方程式（2-16）的形式。由于节点功率方程有直角坐标和极坐标形式，相应地，牛顿法潮流计算也有直角坐标形式和极坐标形式两种。

二、直角坐标形式的牛顿法潮流计算

直角坐标形式的节点功率方程（潮流方程）为

$$\begin{cases}P_i=e_i\sum_{j=1}^n(G_{ij}e_j-B_{ij}f_j)+f_i\sum_{j=1}^n(G_{ij}f_j+B_{ij}e_j)\\ Q_i=f_i\sum_{j=1}^n(G_{ij}e_j-B_{ij}f_j)-e_i\sum_{j=1}^n(G_{ij}f_j+B_{ij}e_j)\end{cases} \tag{2-50}$$

用牛顿法求解时，首先构造 $\boldsymbol{f}(\boldsymbol{x})=0$ 的形式。假定系统有 n 个节点，其中第 1，2，$\cdots$，m 号节点为 PQ 节点，第 $m+1$，$m+2$，$\cdots$，$n-1$ 号节点为 PV 节点，第 n 号节点为平衡节点。则对第 i 个 PQ 节点有

$$\begin{cases}\Delta P_i=P_{is}-P_i=P_{is}-e_i\sum_{j=1}^n(G_{ij}e_j-B_{ij}f_j)-f_i\sum_{j=1}^n(G_{ij}f_j+B_{ij}e_j)=0\\ \Delta Q_i=Q_{is}-Q_i=Q_{is}-f_i\sum_{i=1}^n(G_{ij}e_j-B_{ij}f_j)+e_i\sum_{j=1}^n(G_{ij}f_j+B_{ij}e_j)=0\end{cases} \tag{2-51}$$
$$(i=1,2,\cdots,m)$$

对第 i 个 PV 节点有

$$\begin{cases}\Delta P_i=P_{is}-P_i=P_{is}-e_i\sum_{j=1}^n(G_{ij}e_j-B_{ij}f_j)-f_i\sum_{j=1}^n(G_{ij}f_j+B_{ij}e_j)=0\\ \Delta V_i^2=V_{is}^2-V_i^2=V_{is}^2-(e_i^2+f_i^2)=0\end{cases} \tag{2-52}$$
$$(i=m+1,m+2,\cdots,n-1)$$

式中：P_{is}、Q_{is} 和 V_{is} 分别为第 i 个节点有功功率、无功功率和电压幅值的给定值。

平衡节点电压是给定的，故不参加迭代。

式（2-51）和式（2-52）已经具备了 $\boldsymbol{f}(\boldsymbol{x})=0$ 的形式，可以用牛顿法求解。式（2-51）和式（2-52）共包含了 $2(n-1)$ 个方程，待求变量有 e_1，f_1，e_2，f_2，$\cdots$，e_{n-1}，f_{n-1}，也是 $2(n-1)$ 个。根据式（2-44）或式（2-46）可直接写出如下的修正方程式

$$\Delta\boldsymbol{W}=-\boldsymbol{J}\,\Delta\boldsymbol{V} \tag{2-53}$$

其中

$$\Delta\boldsymbol{W}=\begin{bmatrix}\Delta P_1 & \Delta Q_1 & \cdots & \Delta P_m & \Delta Q_m & \Delta P_{m+1} & \Delta V_{m+1}^2 & \cdots & \Delta P_{n-1} & \Delta V_{n-1}^2\end{bmatrix}^{\mathrm{T}}$$

$$\Delta \boldsymbol{V} = \begin{bmatrix} \Delta e_1 & \Delta f_1 & \cdots & \Delta e_m & \Delta f_m & \Delta e_{m+1} & \Delta f_{m+1} & \cdots & \Delta e_{n-1} & \Delta f_{n-1} \end{bmatrix}^{\mathrm{T}}$$

$$\boldsymbol{J} = \begin{bmatrix}
\dfrac{\partial \Delta P_1}{\partial e_1} & \dfrac{\partial \Delta P_1}{\partial f_1} & \cdots & \dfrac{\partial \Delta P_1}{\partial e_m} & \dfrac{\partial \Delta P_1}{\partial f_m} & \dfrac{\partial \Delta P_1}{\partial e_{m+1}} & \dfrac{\partial \Delta P_1}{\partial f_{m+1}} & \cdots & \dfrac{\partial \Delta P_1}{\partial e_{n-1}} & \dfrac{\partial \Delta P_1}{\partial f_{n-1}} \\[2mm]
\dfrac{\partial \Delta Q_1}{\partial e_1} & \dfrac{\partial \Delta Q_1}{\partial f_1} & \cdots & \dfrac{\partial \Delta Q_1}{\partial e_m} & \dfrac{\partial \Delta Q_1}{\partial f_m} & \dfrac{\partial \Delta Q_1}{\partial e_{m+1}} & \dfrac{\partial \Delta Q_1}{\partial f_{m+1}} & \cdots & \dfrac{\partial \Delta Q_1}{\partial e_{n-1}} & \dfrac{\partial \Delta Q_1}{\partial f_{n-1}} \\[2mm]
\vdots & \vdots & \vdots & \vdots & \vdots & \vdots & \vdots & \vdots & \vdots & \vdots \\[2mm]
\dfrac{\partial \Delta P_m}{\partial e_1} & \dfrac{\partial \Delta P_m}{\partial f_1} & \cdots & \dfrac{\partial \Delta P_m}{\partial e_m} & \dfrac{\partial \Delta P_m}{\partial f_m} & \dfrac{\partial \Delta P_m}{\partial e_{m+1}} & \dfrac{\partial \Delta P_m}{\partial f_{m+1}} & \cdots & \dfrac{\partial \Delta P_m}{\partial e_{n-1}} & \dfrac{\partial \Delta P_m}{\partial f_{n-1}} \\[2mm]
\dfrac{\partial \Delta Q_m}{\partial e_1} & \dfrac{\partial \Delta Q_m}{\partial f_1} & \cdots & \dfrac{\partial \Delta Q_m}{\partial e_m} & \dfrac{\partial \Delta Q_m}{\partial f_m} & \dfrac{\partial \Delta Q_m}{\partial e_{m+1}} & \dfrac{\partial \Delta Q_m}{\partial f_{m+1}} & \cdots & \dfrac{\partial \Delta Q_m}{\partial e_{n-1}} & \dfrac{\partial \Delta Q_m}{\partial f_{n-1}} \\[2mm]
\dfrac{\partial \Delta P_{m+1}}{\partial e_1} & \dfrac{\partial \Delta P_{m+1}}{\partial f_1} & \cdots & \dfrac{\partial \Delta P_{m+1}}{\partial e_m} & \dfrac{\partial \Delta P_{m+1}}{\partial f_m} & \dfrac{\partial \Delta P_{m+1}}{\partial e_{m+1}} & \dfrac{\partial \Delta P_{m+1}}{\partial f_{m+1}} & \cdots & \dfrac{\partial \Delta P_{m+1}}{\partial e_{n-1}} & \dfrac{\partial \Delta P_{m+1}}{\partial f_{n-1}} \\[2mm]
\dfrac{\partial \Delta V_{m+1}^2}{\partial e_1} & \dfrac{\partial \Delta V_{m+1}^2}{\partial f_1} & \cdots & \dfrac{\partial \Delta V_{m+1}^2}{\partial e_m} & \dfrac{\partial \Delta V_{m+1}^2}{\partial f_m} & \dfrac{\partial \Delta V_{m+1}^2}{\partial e_{m+1}} & \dfrac{\partial \Delta V_{m+1}^2}{\partial f_{m+1}} & \cdots & \dfrac{\partial \Delta V_{m+1}^2}{\partial e_{n-1}} & \dfrac{\partial \Delta V_{m+1}^2}{\partial f_{n-1}} \\[2mm]
\vdots & \vdots & \vdots & \vdots & \vdots & \vdots & \vdots & \vdots & \vdots & \vdots \\[2mm]
\dfrac{\partial \Delta P_{n-1}}{\partial e_1} & \dfrac{\partial \Delta P_{n-1}}{\partial f_1} & \cdots & \dfrac{\partial \Delta P_{n-1}}{\partial e_m} & \dfrac{\partial \Delta P_{n-1}}{\partial f_m} & \dfrac{\partial \Delta P_{n-1}}{\partial e_{m+1}} & \dfrac{\partial \Delta P_{n-1}}{\partial f_{m+1}} & \cdots & \dfrac{\partial \Delta P_{n-1}}{\partial e_{n-1}} & \dfrac{\partial \Delta P_{n-1}}{\partial f_{n-1}} \\[2mm]
\dfrac{\partial \Delta V_{n-1}^2}{\partial e_1} & \dfrac{\partial \Delta V_{n-1}^2}{\partial f_1} & \cdots & \dfrac{\partial \Delta V_{n-1}^2}{\partial e_m} & \dfrac{\partial \Delta V_{n-1}^2}{\partial f_m} & \dfrac{\partial \Delta V_{n-1}^2}{\partial e_{m+1}} & \dfrac{\partial \Delta V_{n-1}^2}{\partial f_{m+1}} & \cdots & \dfrac{\partial \Delta V_{n-1}^2}{\partial e_{n-1}} & \dfrac{\partial \Delta V_{n-1}^2}{\partial f_{n-1}}
\end{bmatrix}$$

雅可比矩阵 $\boldsymbol{J}$ 的各元素，可以根据式（2-51）和式（2-52）求偏导数获得。

当 $i \neq j$ 时

$$\begin{cases}
\dfrac{\partial \Delta P_i}{\partial e_j} = -\dfrac{\partial \Delta Q_i}{\partial f_j} = -(G_{ij}e_i + B_{ij}f_i) \\[3mm]
\dfrac{\partial \Delta P_i}{\partial f_j} = \dfrac{\partial \Delta Q_i}{\partial e_j} = B_{ij}e_i - G_{ij}f_i \\[3mm]
\dfrac{\partial \Delta V_i^2}{\partial e_j} = \dfrac{\partial \Delta V_i^2}{\partial f_j} = 0
\end{cases} \tag{2-54}$$

当 $j = i$ 时

$$\begin{cases}
\dfrac{\partial \Delta P_i}{\partial e_i} = -\sum_{j=1}^{n}(G_{ij}e_j - B_{ij}f_j) - G_{ii}e_i - B_{ii}f_i \\[3mm]
\dfrac{\partial \Delta P_i}{\partial f_i} = -\sum_{j=1}^{n}(G_{ij}f_j + B_{ij}e_j) + B_{ii}e_i - G_{ii}f_i \\[3mm]
\dfrac{\partial \Delta Q_i}{\partial e_i} = \sum_{j=1}^{n}(G_{ij}f_j + B_{ij}e_j) + B_{ii}e_i - G_{ii}f_i \\[3mm]
\dfrac{\partial \Delta Q_i}{\partial f_i} = -\sum_{j=1}^{n}(G_{ij}e_j - B_{ij}f_j) + G_{ii}e_i + B_{ii}f_i \\[3mm]
\dfrac{\partial \Delta V_i^2}{\partial e_i} = -2e_i \\[3mm]
\dfrac{\partial \Delta V_i^2}{\partial f_i} = -2f_i
\end{cases} \tag{2-55}$$

修正方程式（2-53）还可以按节点缩写成分块矩阵的形式

$$\begin{bmatrix} \Delta W_1 \\ \Delta W_2 \\ \vdots \\ \Delta W_{n-1} \end{bmatrix} = - \begin{bmatrix} J_{11} & J_{12} & \cdots & J_{1,\,n-1} \\ J_{21} & J_{22} & \cdots & J_{2,\,n-1} \\ \vdots & \vdots & & \vdots \\ J_{n-1,\,1} & J_{n-1,\,2} & \cdots & J_{n-1,\,n-1} \end{bmatrix} \begin{bmatrix} \Delta V_1 \\ \Delta V_2 \\ \vdots \\ \Delta V_{n-1} \end{bmatrix} \qquad (2-56)$$

式中：ΔW_i 和 ΔV_i 都是二维列向量；J_{ij} 是 2×2 阶方阵，且

$$\Delta V_i = \begin{bmatrix} \Delta e_i \\ \Delta f_i \end{bmatrix} \qquad (2-57)$$

对于 PQ 节点

$$\Delta W_i = \begin{bmatrix} \Delta P_i \\ \Delta Q_i \end{bmatrix} \qquad (2-58)$$

$$J_{ij} = \begin{bmatrix} \dfrac{\partial \Delta P_i}{\partial e_j} & \dfrac{\partial \Delta P_i}{\partial f_j} \\[2ex] \dfrac{\partial \Delta Q_i}{\partial e_j} & \dfrac{\partial \Delta Q_i}{\partial f_j} \end{bmatrix} \qquad (2-59)$$

对于 PV 节点

$$\Delta W_i = \begin{bmatrix} \Delta P_i \\ \Delta V_i^2 \end{bmatrix} \qquad (2-60)$$

$$J_{ij} = \begin{bmatrix} \dfrac{\partial \Delta P_i}{\partial e_j} & \dfrac{\partial \Delta P_i}{\partial f_j} \\[2ex] \dfrac{\partial \Delta V_i^2}{\partial e_j} & \dfrac{\partial \Delta V_i^2}{\partial f_j} \end{bmatrix} \qquad (2-61)$$

综上所述可以看到，雅可比矩阵有以下特点：

（1）雅可比矩阵各元素都是节点电压的函数，它们的数值在迭代过程中将不断地改变。

（2）雅可比矩阵的子块 J_{ij} 中的元素的表达式只用到导纳矩阵中的对应元素 Y_{ij}。若 $Y_{ij}=0$，则必有 $J_{ij}=0$。因此，式（2-56）中分块形式的雅可比矩阵同节点导纳矩阵一样稀疏，修正方程的求解同样可以应用稀疏矩阵的求解技巧。

（3）无论在式（2-53）或式（2-56）中雅可比矩阵的元素或子块都不具有对称性。

牛顿法潮流计算流程框图如图 2-5 所示。首先要输入网络的原始数据以及各节点的给定值并形成节点导纳矩阵。输入节点电压初值 $e_i^{(0)}$ 和 $f_i^{(0)}$，置迭代计数 $k=0$。然后开始进入牛顿法的迭代过程。在进行第 $k+1$ 次迭代时，其计算步骤如下：

（1）按上一次迭代算出的节点电压值 $e^{(k)}$ 和 $f^{(k)}$（当 $k=0$ 时即为给定的初值），利用式（2-51）和式（2-52）计算各类节点的不平衡量 $\Delta P_i^{(k)}$、$\Delta Q_i^{(k)}$ 和 $\Delta V_i^{2(k)}$。

（2）按式（2-48）校验收敛，即

$$\max\{|\Delta P_i^{(k)},\ \Delta Q_i^{(k)},\ \Delta V_i^{2(k)}|\} < \varepsilon \qquad (2-62)$$

如果收敛，迭代到此结束，转入计算各线路潮流和平衡节点的功率，并打印输出计算结果。不收敛则继续计算。

（3）利用式（2-54）和式（2-55）计算雅可比矩阵的各元素。

（4）解修正方程式（2-53）求节点电压的修正量 $\Delta e_i^{(k)}$ 和 $\Delta f_i^{(k)}$。

（5）按式（2-47）修正各节点的电压，即

$$e_i^{(k+1)} = e_i^{(k)} + \Delta e_i^{(k)}, \quad f_i^{(k+1)} = f_i^{(k+1)} + \Delta f_i^{(k)} \tag{2-63}$$

（6）迭代计数加1，返回第一步继续迭代过程。

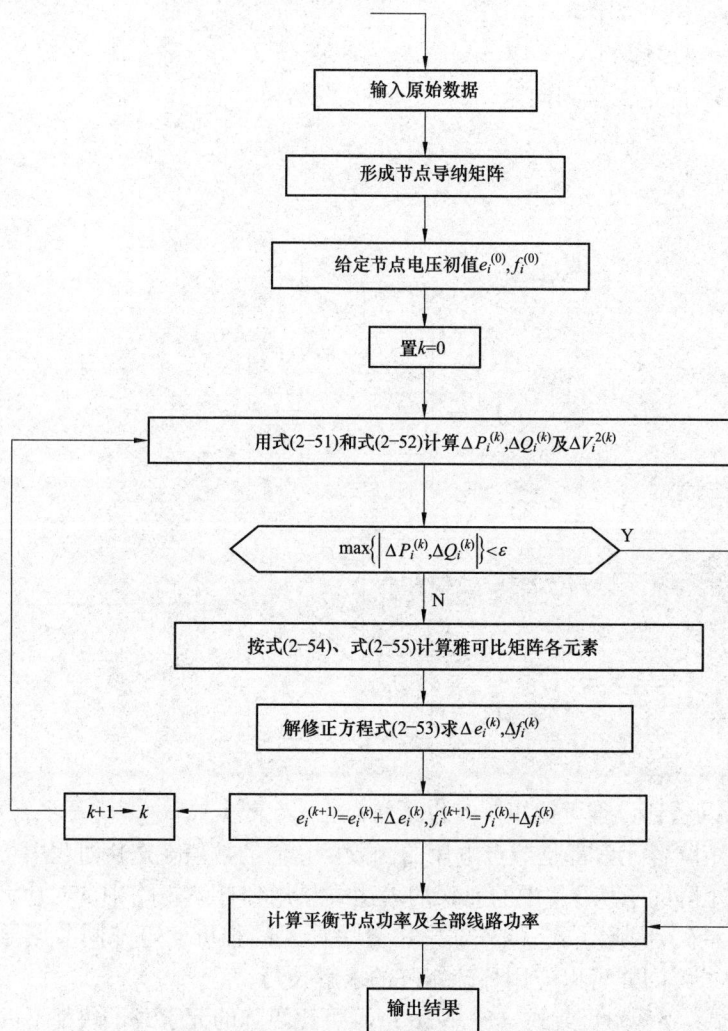

```
┌─────────────────────┐
│      输入原始数据      │
└─────────────────────┘
           ↓
┌─────────────────────┐
│     形成节点导纳矩阵     │
└─────────────────────┘
           ↓
┌─────────────────────────┐
│ 给定节点电压初值 e_i^(0),f_i^(0) │
└─────────────────────────┘
           ↓
     ┌──────────┐
     │  置 k=0   │
     └──────────┘
           ↓
┌──────────────────────────────────────────┐
│ 用式(2-51)和式(2-52)计算 ΔP_i^(k),ΔQ_i^(k)及ΔV_i^2(k) │  ←──────┐
└──────────────────────────────────────────┘          │
           ↓                                           │
    ⟨ max{|ΔP_i^(k),ΔQ_i^(k)|} < ε ⟩ ──Y──┐            │
           │ N                            │            │
           ↓                              │            │
┌──────────────────────────────────┐      │            │
│ 按式(2-54)、式(2-55)计算雅可比矩阵各元素 │      │            │
└──────────────────────────────────┘      │            │
           ↓                              │            │
┌──────────────────────────────────┐      │            │
│ 解修正方程式(2-53)求 Δe_i^(k),Δf_i^(k)   │      │            │
└──────────────────────────────────┘      │            │
           ↓                              │            │
┌─────────┐  ┌──────────────────────────────────────────┐
│ k+1→k   │←─│ e_i^(k+1)=e_i^(k)+Δe_i^(k),f_i^(k+1)=f_i^(k)+Δf_i^(k) │
└─────────┘  └──────────────────────────────────────────┘
           ↓                              │
┌──────────────────────────┐              │
│   计算平衡节点功率及全部线路功率   │  ←───────────┘
└──────────────────────────┘
           ↓
     ┌──────────┐
     │  输出结果  │
     └──────────┘
```

图 2-5　牛顿法潮流计算流程框图

【例 2-1】 在图 2-6 所示的简单电力系统中，网络各元件参数的标幺值如下：$z_{12}=0.145+j0.581$，$z_{23}=0.104+j0.518$，$z_{15}=0.082+j0.427$，$z_{35}=0.163+j0.754$，$z_{43}=0.031+j0.248$，$y_{120}=y_{210}=j0.021$，$y_{230}=y_{320}=j0.018$，$y_{150}=y_{510}=j0.028$，$y_{350}=y_{530}=j0.014$，$y_C=j0.04$，$k_{43}=0.95$。

系统中节点1、2、3为 PQ 节点，节点4为 PV 节点，节点5为平衡节点，已给定：$P_{1s}+jQ_{1s}=-0.22-j0.14$，$P_{2s}+jQ_{2s}=-0.18-j0.09$，$P_{3s}+jQ_{3s}=-0.27-j0.13$，$P_{4s}=0.35$，$V_{4s}=1.0$，$V_{5s}=1.05\angle 0°$

容许误差 $\varepsilon=10^{-5}$。试用牛顿法计算潮流分布。

解　（1）按已知网络参数形成节点导纳矩阵如下

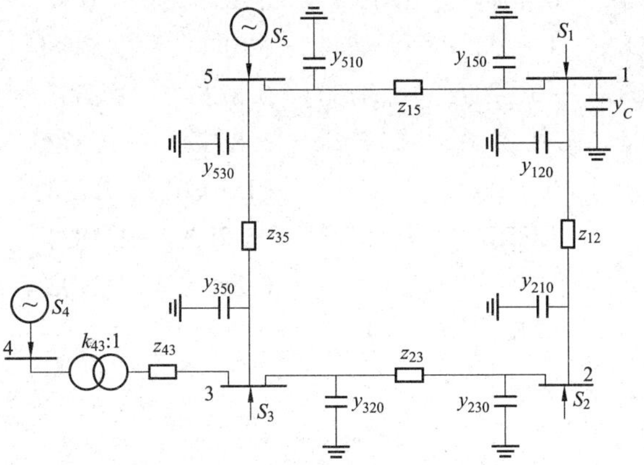

图 2 - 6　［例 2 - 1］的电力系统

$$Y = \begin{bmatrix} 0.8381-j3.7899 & -0.4044+j1.6203 & 0 & 0 & -0.4337+j2.2586 \\ -0.4044+j1.6203 & 0.7769-j3.4370 & -0.3726+j1.8557 & 0 & 0 \\ 0 & -0.3726+j1.8557 & 1.1428-j7.0610 & -0.5224+j4.1792 & -0.2739+j1.2670 \\ 0 & 0 & -0.5224+j4.1792 & 0.5499-j4.3991 & 0 \\ -0.4337+j2.2586 & 0 & -0.2739+j1.2670 & 0 & 0.7077-j3.4837 \end{bmatrix}$$

（2）给定节点电压初值

$e_1^{(0)}=e_2^{(0)}=e_3^{(0)}=e_4^{(0)}=1.0$，$f_1^{(0)}=f_2^{(0)}=f_3^{(0)}=f_4^{(0)}=0$，$e_5^{(0)}=1.05$，$f_5^{(0)}=0$

（3）按式（2 - 51）和式（2 - 52）计算 ΔP_i、ΔQ_i 和 ΔV_i^2

$$\Delta P_1^{(0)}=P_{1s}-P_1^{(0)}=P_{1s}-\left[e_1^{(0)}\sum_{j=1}^{5}(G_{1j}e_j^{(0)}-B_{1j}f_j^{(0)})+f_1^{(0)}\sum_{j=1}^{5}(G_{1j}f_j^{(0)}+B_{1j}e_j^{(0)})\right]$$

$$=-0.22-(-0.0217)=-0.1983$$

$$\Delta Q_1^{(0)}=Q_{1s}-Q_1^{(0)}=Q_{1s}-\left[f_1^{(0)}\sum_{j=1}^{5}(G_{1j}e_j^{(0)}-B_{1j}f_j^{(0)})-e_1^{(0)}\sum_{j=1}^{5}(G_{1j}f_j^{(0)}+B_{1j}e_j^{(0)})\right]$$

$$=-0.14-(-0.2019)=0.0619$$

同样地，可以计算出

$$\Delta P_2^{(0)}=P_{2s}-P_2^{(0)}=-0.18-(-0.0001)=-0.1799$$

$$\Delta Q_2^{(0)}=Q_{2s}-Q_2^{(0)}=-0.09-(-0.0390)=0.0510$$

$$\Delta P_3^{(0)}=P_{3s}-P_3^{(0)}=-0.27-(-0.0398)=-0.2302$$

$$\Delta Q_3^{(0)}=Q_{3s}-Q_3^{(0)}=-0.13-(-0.3042)=0.1742$$

$$\Delta P_4^{(0)}=P_{4s}-P_4^{(0)}=0.35-0.0275=0.3225$$

$$\Delta V_4^{2(0)}=|V_{4s}|^2-|V_4^{(0)}|^2=0$$

根据给定的容许误差 $\varepsilon=10^{-5}$，按式（2 - 62）校验是否收敛，各节点的不平衡量都未满足收敛条件，于是继续以下计算。

（4）按式（2 - 54）和式（2 - 55）计算雅可比矩阵各元素，形成雅可比矩阵，得修正方程式如下

$$
-\begin{bmatrix}
-0.8164 & -3.9918 & 0.4044 & 1.6203 & 0 & 0 & 0 & 0 \\
-3.5880 & 0.8598 & 1.6203 & -0.4044 & 0 & 0 & 0 & 0 \\
0.4044 & 1.6203 & -0.7769 & -3.4760 & 0.3726 & 1.8557 & 0 & 0 \\
1.6203 & -0.4044 & -3.3980 & 0.7770 & 1.8557 & -0.3726 & 0 & 0 \\
0 & 0 & 0.3726 & 1.8557 & -1.1030 & -7.3653 & 0.5224 & 4.1792 \\
0 & 0 & 1.8557 & -0.3726 & -6.7568 & 1.1826 & 4.1792 & -0.5224 \\
0 & 0 & 0 & 0 & 0.5224 & 4.1792 & -0.5774 & -4.1792 \\
0 & 0 & 0 & 0 & 0 & 0 & -2.0000 & 0
\end{bmatrix}
$$

$$
\times\begin{bmatrix}
\Delta e_1^{(0)} \\
\Delta f_1^{(0)} \\
\Delta e_2^{(0)} \\
\Delta f_2^{(0)} \\
\Delta e_3^{(0)} \\
\Delta f_3^{(0)} \\
\Delta e_4^{(0)} \\
\Delta f_4^{(0)}
\end{bmatrix}=\begin{bmatrix}
\Delta P_1^{(0)} \\
\Delta Q_1^{(0)} \\
\Delta P_2^{(0)} \\
\Delta Q_2^{(0)} \\
\Delta P_3^{(0)} \\
\Delta Q_3^{(0)} \\
\Delta P_4^{(0)} \\
\Delta V_4^{2(0)}
\end{bmatrix}
$$

从上述方程中看到，每行元素中绝对值最大的都不在对角线上。为了减少计算过程中的舍入误差，可对上述方程进行适当的调整。把第 1 行和第 2 行、第 3 行和第 4 行、第 5 行和第 6 行、第 7 行和第 8 行分别相互对调，便得如下方程

$$
-\begin{bmatrix}
-3.5879 & 0.8598 & 1.6203 & -0.4044 & 0 & 0 & 0 & 0 \\
-0.8164 & -3.9918 & 0.4044 & 1.6203 & 0 & 0 & 0 & 0 \\
1.6203 & -0.4044 & -3.3980 & 0.7770 & 1.8557 & -0.3726 & 0 & 0 \\
0.4044 & 1.6203 & -0.7769 & -3.4760 & 0.3726 & 1.8557 & 0 & 0 \\
0 & 0 & 1.8557 & -0.3726 & -6.7568 & 1.1826 & 4.1792 & -0.5224 \\
0 & 0 & 0.3726 & 1.8557 & -1.1030 & -7.3653 & 0.5224 & 4.1792 \\
0 & 0 & 0 & 0 & 0 & 0 & -2.0000 & 0 \\
0 & 0 & 0 & 0 & 0.5224 & 4.1792 & -0.5774 & -4.1792
\end{bmatrix}
$$

$$
\times\begin{bmatrix}
\Delta e_1^{(0)} \\
\Delta f_1^{(0)} \\
\Delta e_2^{(0)} \\
\Delta f_2^{(0)} \\
\Delta e_3^{(0)} \\
\Delta f_3^{(0)} \\
\Delta e_4^{(0)} \\
\Delta f_4^{(0)}
\end{bmatrix}=\begin{bmatrix}
\Delta Q_1^{(0)} \\
\Delta P_1^{(0)} \\
\Delta Q_2^{(0)} \\
\Delta P_2^{(0)} \\
\Delta Q_3^{(0)} \\
\Delta P_3^{(0)} \\
\Delta V_4^{2(0)} \\
\Delta P_4^{(0)}
\end{bmatrix}
$$

（5）求解修正方程，得

$$
\begin{bmatrix}
\Delta e_1^{(0)} \\
\Delta f_1^{(0)} \\
\Delta e_2^{(0)} \\
\Delta f_2^{(0)} \\
\Delta e_3^{(0)} \\
\Delta f_3^{(0)} \\
\Delta e_4^{(0)} \\
\Delta f_4^{(0)}
\end{bmatrix}
=
\begin{bmatrix}
0.0002 \\
-0.0979 \\
-0.0155 \\
-0.1151 \\
0.0175 \\
-0.0431 \\
0.0000 \\
0.0363
\end{bmatrix}
$$

（6）按式（2-63）计算节点电压的第一次近似值

$$e_1^{(1)} = e_1^{(0)} + \Delta e_1^{(0)} = 0.9998, \quad f_1^{(1)} = f_1^{(0)} + \Delta f_1^{(0)} = -0.0979$$

$$e_2^{(1)} = e_2^{(0)} + \Delta e_2^{(0)} = 0.9845, \quad f_2^{(1)} = f_2^{(0)} + \Delta f_2^{(0)} = -0.1151$$

$$e_3^{(1)} = e_3^{(0)} + \Delta e_3^{(0)} = 1.0175, \quad f_3^{(1)} = f_3^{(0)} + \Delta f_3^{(0)} = -0.0431$$

$$e_4^{(1)} = e_4^{(0)} + \Delta e_4^{(0)} = 1.0000, \quad f_4^{(1)} = f_4^{(0)} + \Delta f_4^{(0)} = 0.0363$$

结束了一轮迭代。然后返回第（3）步重复上述计算直到迭代收敛。迭代结束后，计算平衡节点的功率和线路潮流分布。迭代过程中节点不平衡功率和电压的变化情况分别列于表2-1和表2-2中。

表2-1　　　　　　　　　　　迭代过程中节点不平衡量的变化情况

迭代次数 k	节点不平衡量							
	ΔP_1	ΔQ_1	ΔP_2	ΔQ_2	ΔP_3	ΔQ_3	ΔP_4	ΔV_4^2
0	-1.9831×10^{-1}	6.1930×10^{-2}	-1.7990×10^{-1}	-5.1000×10^{-2}	-2.3021×10^{-1}	1.7425×10^{-1}	3.2250×10^{-1}	0
1	-5.8905×10^{-3}	-1.7469×10^{-2}	3.2254×10^{-3}	-2.0983×10^{-2}	-3.8629×10^{-3}	-1.2439×10^{-2}	-4.2025×10^{-3}	-1.3178×10^{-3}
2	-9.6511×10^{-5}	-2.3619×10^{-4}	8.7919×10^{-5}	-3.3515×10^{-4}	-1.2044×10^{-4}	-9.9702×10^{-5}	-2.2758×10^{-5}	-1.6271×10^{-5}
3	-3.5399×10^{-7}	-4.7826×10^{-8}	1.9297×10^{-6}	-8.0137×10^{-8}	-2.2244×10^{-6}	-1.5972×10^{-8}	9.3321×10^{-7}	-2.9070×10^{-9}

表2-2　　　　　　　　　　　迭代过程中节点电压的变化情况

迭代次数 k	节点电压			
	$\dot{V}_1 = e_1 + jf_1$	$\dot{V}_2 = e_2 + jf_2$	$\dot{V}_3 = e_3 + jf_3$	$\dot{V}_4 = e_4 + jf_4$
1	$0.9998 - j0.0979$	$0.9845 - j0.1151$	$1.0175 - j0.0431$	$1.0000 + j0.0363$
2	$0.9880 - j0.0983$	$0.9695 - j0.1145$	$1.0112 - j0.0457$	$0.9995 + j0.0323$
3	$0.9878 - j0.0983$	$0.9693 - j0.1144$	$1.0111 - j0.0457$	$0.9995 + j0.0322$

由表2-1可见，经过3次迭代计算即已满足收敛条件。收敛后，节点电压用极坐标表示可得

$$\dot{V}_1 = 0.9927 \angle -5.6821°$$

$$\dot{V}_2 = 0.9760 \angle -6.7327°$$

$$\dot{V}_3 = 1.0121 \angle -2.5893°$$

$$\dot{V}_4 = 1.0 \angle 1.8479°$$

（7）按式（2-50）计算平衡节点功率，得

$$P_5 + jQ_5 = 0.3335 + j0.0951$$

线路功率分布的计算结果见 [例2-2]。

三、极坐标形式的牛顿法潮流计算

极坐标形式的节点功率方程为

$$\begin{cases} P_i = V_i \sum_{j=1}^{n} V_j (G_{ij}\cos\theta_{ij} + B_{ij}\sin\theta_{ij}) \\ Q_i = V_i \sum_{j=1}^{n} V_j (G_{ij}\sin\theta_{ij} - B_{ij}\cos\theta_{ij}) \end{cases} \tag{2-64}$$

方程式（2-64）把节点功率表示为节点电压幅值和相位角的函数，这就是极坐标形式的潮流方程。在有 n 个节点的系统中，假定第 1，2，…，m 号节点为 PQ 节点，第 $m+1$，$m+2$，…，$n-1$ 号节点为 PV 节点，第 n 号节点为平衡节点。由于 PV 节点的电压幅值 V_{m+1}，V_{m+2}，…，V_{n-1} 和平衡节点的电压是给定的，因此，方程式（2-64）只有 $n-1$ 个节点的电压相位角 θ_1，θ_2，…，θ_{n-1} 和 m 个 PQ 节点的电压幅值 V_1，V_2，…，V_m 是未知量，即共有 $n-1+m$ 个未知量。

实际上，对于每一个 PQ 节点或每一个 PV 节点都可以列写一个有功功率不平衡量方程式

$$\Delta P_i = P_{is} - P_i = P_{is} - V_i \sum_{j=1}^{n} V_j (G_{ij}\cos\theta_{ij} + B_{ij}\sin\theta_{ij}) = 0 \quad (i=1,2,\cdots,n-1) \tag{2-65}$$

而对于每一个 PQ 节点还可以再列写一个无功功率不平衡量方程式

$$\Delta Q_i = Q_{is} - Q_i = Q_{is} - V_i \sum_{j=1}^{n} V_j (G_{ij}\sin\theta_{ij} - B_{ij}\cos\theta_{ij}) = 0 \quad (i=1,2,\cdots,m) \tag{2-66}$$

式（2-65）和式（2-66）一共包含了 $n-1+m$ 个方程式，正好同未知量的数目相等。比直角坐标形式的方程式少了 $n-1-m$ 个。

用牛顿法求解方程式（2-65）和式（2-66）时，可以写出修正方程式如下

$$\begin{bmatrix} \Delta P \\ \Delta Q \end{bmatrix} = - \begin{bmatrix} H & N \\ K & L \end{bmatrix} \begin{bmatrix} \Delta\theta \\ V_{D2}^{-1}\Delta V \end{bmatrix} \tag{2-67}$$

其中

$$\begin{cases} \Delta P = \begin{bmatrix} \Delta P_1 \\ \Delta P_2 \\ \vdots \\ \Delta P_{n-1} \end{bmatrix}, \ \Delta Q = \begin{bmatrix} \Delta Q_1 \\ \Delta Q_2 \\ \vdots \\ \Delta Q_m \end{bmatrix}; \quad \Delta\theta = \begin{bmatrix} \Delta\theta_1 \\ \Delta\theta_2 \\ \vdots \\ \Delta\theta_{n-1} \end{bmatrix} \\ \Delta V = \begin{bmatrix} \Delta V_1 \\ \Delta V_2 \\ \vdots \\ \Delta V_m \end{bmatrix}, \quad V_{D2} = \begin{bmatrix} V_1 & & & \\ & V_2 & & \\ & & \ddots & \\ & & & V_m \end{bmatrix} \end{cases} \tag{2-68}$$

式中：H 是 $(n-1)\times(n-1)$ 阶方阵，其元素为 $H_{ij}=\dfrac{\partial \Delta P_i}{\partial \theta_j}$；$N$ 是 $(n-1)\times m$ 阶矩阵，其元素为 $N_{ij}=V_j\dfrac{\partial \Delta P_i}{\partial V_j}$；$K$ 是 $m\times(n-1)$ 阶矩阵，其元素为 $K_{ij}=\dfrac{\partial \Delta Q_i}{\partial \theta_j}$；$L$ 是 $m\times m$ 阶方阵，其元素为 $L_{ij}=V_j\dfrac{\partial \Delta Q_i}{\partial V_j}$。

这里把节点不平衡功率对节点电压幅值的偏导数都乘以该节点电压，相应地把节点电压的修正量都除以该节点的电压幅值，这样，雅可比矩阵元素的表达式就具有比较整齐的形式。

根据式（2-65）和式（2-66）求偏导数，可以得到雅可比矩阵元素的表达式如下

当 $i\neq j$ 时

$$\begin{cases} H_{ij}=-V_iV_j(G_{ij}\sin\theta_{ij}-B_{ij}\cos\theta_{ij}) \\ N_{ij}=-V_iV_j(G_{ij}\cos\theta_{ij}+B_{ij}\sin\theta_{ij}) \\ K_{ij}=V_iV_j(G_{ij}\cos\theta_{ij}+B_{ij}\sin\theta_{ij}) \\ L_{ij}=-V_iV_j(G_{ij}\sin\theta_{ij}-B_{ij}\cos\theta_{ij}) \end{cases} \tag{2-69}$$

当 $i=j$ 时

$$\begin{cases} H_{ii}=V_i^2B_{ii}+Q_i \\ N_{ii}=-V_i^2G_{ii}-P_i \\ K_{ii}=V_i^2G_{ii}-P_i \\ L_{ii}=V_i^2B_{ii}-Q_i \end{cases} \tag{2-70}$$

计算的步骤和程序框图与直角坐标形式相似。

【例 2-2】 节点电压用极坐标表示，对［例2-1］的电力系统作牛顿法潮流计算。网络参数和给定条件同［例2-1］。

解 节点导纳矩阵与［例2-1］的相同。

（1）给定节点电压初值
$$\dot{V}_1^{(0)}=\dot{V}_2^{(0)}=\dot{V}_3^{(0)}=\dot{V}_4^{(0)}=1.0\angle 0°$$

（2）利用式（2-65）和式（2-66）计算节点功率的不平衡量
$$\Delta P_1^{(0)}=P_{1s}-P_1^{(0)}=-0.22-(-0.0217)=-0.1983$$
$$\Delta P_2^{(0)}=P_{2s}-P_2^{(0)}=-0.18-(-0.0001)=-0.1799$$
$$\Delta P_3^{(0)}=P_{3s}-P_3^{(0)}=-0.27-(-0.0398)=-0.2302$$
$$\Delta P_4^{(0)}=P_{4s}-P_4^{(0)}=-0.35-0.0275=0.3225$$
$$\Delta Q_1^{(0)}=Q_{1s}-Q_1^{(0)}=-0.14-(-0.2019)=-0.0619$$
$$\Delta Q_2^{(0)}=Q_{2s}-Q_2^{(0)}=-0.09-(-0.0390)=-0.0510$$
$$\Delta Q_3^{(0)}=Q_{3s}-Q_3^{(0)}=-0.13-(-0.3042)=0.1742$$

（3）用式（2-69）和式（2-70）计算雅可比矩阵的元素，可得

$$\boldsymbol{J}^{(0)} = \begin{bmatrix} 3.9918 & -1.6203 & 0 & 0 & 0.8164 & -0.4044 & 0 \\ -1.6203 & 3.4760 & -1.8557 & 0 & -0.4044 & 0.7768 & -0.3762 \\ 0 & -1.8557 & 7.3653 & -4.1792 & 0 & -0.3726 & 1.1030 \\ 0 & 0 & -4.1792 & 4.1792 & 0 & 0 & -0.5224 \\ -0.8598 & 0.4044 & 0 & 0 & 3.5880 & -1.6203 & 0 \\ 0.4044 & -0.7770 & 0.3726 & 0 & -1.6203 & 3.3980 & -1.8557 \\ 0 & 0.3726 & -1.1826 & 0.5224 & 0 & -1.8557 & 6.7568 \end{bmatrix}$$

（4）求解修正方程式（2-67）得节点电压的修正量为

$$\Delta\theta_1^{(0)} = -5.6098°, \quad \Delta\theta_2^{(0)} = -6.5930°, \quad \Delta\theta_3^{(0)} = -2.4671°, \quad \Delta\theta_4^{(0)} = 2.0799°$$

$$\Delta V_1^{(0)} = -0.0002, \quad \Delta V_2^{(0)} = -0.0155, \quad \Delta V_3^{(0)} = 0.0175$$

（5）对节点电压进行修正

$$\theta_1^{(1)} = \theta_1^{(0)} + \Delta\theta_1^{(0)} = -5.6098°, \quad \theta_2^{(1)} = \theta_2^{(0)} + \Delta\theta_2^{(0)} = -6.5930°$$

$$\theta_3^{(1)} = \theta_3^{(0)} + \Delta\theta_3^{(0)} = -2.4671°, \quad \theta_4^{(1)} = \theta_4^{(0)} + \Delta\theta_4^{(0)} = 2.0799°$$

$$V_1^{(1)} = V_1^{(0)} + \Delta V_1^{(0)} = 0.9998$$

$$V_2^{(1)} = V_2^{(0)} + \Delta V_2^{(0)} = 0.9845$$

$$V_3^{(1)} = V_3^{(0)} + \Delta V_3^{(0)} = 0.0175$$

然后返回第（2）步作下一轮的迭代计算。取 $\varepsilon = 10^{-5}$，经过 4 次迭代，即满足收敛条件。迭代过程中节点功率不平衡量和电压的变化情况列于表 2-3 和表 2-4 中。

节点电压的计算结果同［例 2-1］的结果相吻合。

表 2-3　　　　　　　　　　**节点功率不平衡量变化情况**

选代次数 k	节点功率不平衡量						
	ΔP_1	ΔP_2	ΔP_3	ΔP_4	ΔQ_1	ΔQ_2	ΔQ_3
0	-1.9831×10^{-1}	-1.7990×10^{-1}	-2.3021×10^{-1}	3.2250×10^{-1}	6.1930×10^{-2}	-5.1000×10^{-2}	1.7425×10^{-1}
1	-2.2219×10^{-3}	-1.6244×10^{-3}	2.9616×10^{-3}	-7.1371×10^{-3}	-1.1613×10^{-2}	-6.2895×10^{-3}	-2.3005×10^{-2}
2	-5.9676×10^{-5}	7.8157×10^{-5}	-1.0392×10^{-4}	-2.5168×10^{-5}	-3.0249×10^{-7}	5.3729×10^{-7}	-1.0383×10^{-6}
3	8.1550×10^{-7}	-2.8284×10^{-7}	-1.0586×10^{-6}	3.0594×10^{-7}	3.9524×10^{-6}	-2.8674×10^{-6}	-8.3291×10^{-6}
4	-1.6097×10^{-8}	3.2889×10^{-8}	-2.6470×10^{-8}	3.8157×10^{-9}	-7.2705×10^{-8}	1.6476×10^{-7}	-2.0892×10^{-7}

表 2-4　　　　　　　　　　**节点电压的变化情况**

选代次数 k	节点电压幅值和相角						
	θ_1	θ_2	θ_3	θ_4	V_1	V_2	V_3
1	$-5.609845°$	$-6.593038°$	$-2.467144°$	$2.079887°$	0.999781	0.984528	1.017542
2	$-5.681197°$	$-6.730624°$	$-2.587683°$	$1.850191°$	0.992752	0.975982	1.012254
3	$-5.682054°$	$-6.732657°$	$-2.589273°$	$1.847916°$	0.992695	0.976046	1.012125
4	$-5.682055°$	$-6.732658°$	$-2.589273°$	$1.847915°$	0.992696	0.976045	1.012123

（6）按式（2-64）计算平衡节点的功率

$$P_5 + jQ_5 = 0.3335 + j0.0951$$

（7）按式（2-30）计算全部线路功率，结果如下

$$S_{12} = 0.0355 - j0.0008, \quad S_{15} = -0.2555 - j0.0997$$
$$S_{21} = -0.0353 - j0.0389, \quad S_{23} = -0.1446 - j0.0511$$
$$S_{32} = 0.1470 + j0.0275, \quad S_{34} = -0.3460 - j0.1092$$
$$S_{35} = -0.0710 - j0.0484, \quad S_{43} = 0.3500 + j0.1411$$

四、牛顿潮流算法的性能分析

牛顿法突出的优点是收敛速度快，若初值选择较好，算法将具有平方收敛特性，一般迭代 4～5 次便可以收敛到一个非常精确的解，而且其迭代次数与所计算的网络规模基本无关。同时，牛顿法具有良好的收敛可靠性，对于呈病态的系统，牛顿法均能可靠地收敛。牛顿法的缺点是每次迭代的计算量和所需的内存量较大。这是因为雅可比矩阵元素的数目约为 $2(n-1) \times 2(n-1)$ 个（直角坐标），且其数值在迭代过程中不断变化。不过，内存占用量及每次迭代所需的时间与程序设计技巧密切相关。

牛顿法的可靠收敛取决于有一个良好的迭代初值，如果初值选择不当，算法有可能根本不收敛或收敛到一个无法运行的节点上。对于正常运行的系统，各节点电压一般均在额定值附近，偏移不会太大，并且各节点间的相角差也不大，所以对各节点可以采用统一的电压初值，如

$$V_i^{(0)} = 1, \quad \theta_i^{(0)} = 0$$
$$e_i^{(0)} = 1, \quad f_i^{(0)} = 0 \quad (i = 1, 2, \cdots, n-1)$$

第五节　$P\text{-}Q$ 分解法潮流计算

一、$P\text{-}Q$ 分解法的基本原理

为了改进牛顿法在内存占用量及计算速度方面的不足，$P\text{-}Q$ 分解法根据电力系统实际运行状态的物理特点，对极坐标形式的牛顿法修正方程式进行了合理的简化。无论在内存占用量还是计算速度方面，$P\text{-}Q$ 分解法都比牛顿法有较大的改进，是目前计算速度最快的潮流算法。

在交流高压电网中，输电线路的电抗要比电阻大得多，系统中母线有功功率的变化主要受电压相位的影响，无功功率的变化则主要受母线电压幅值变化的影响。在修正方程式 (2-67) 的系数矩阵中，偏导数 $\dfrac{\partial \Delta P}{\partial V}$ 和 $\dfrac{\partial \Delta Q}{\partial \theta}$ 的数值相对于偏导数 $\dfrac{\partial \Delta P}{\partial \theta}$ 和 $\dfrac{\partial \Delta Q}{\partial V}$ 是相当小的。作为简化的第一步，可以将方程式 (2-67) 中的子块 N 和 K 略去不计，即认为它们的元素都等于零。这样，$n-1+m$ 阶的方程式 (2-67) 便分解为一个 $n-1$ 阶和一个 m 阶的方程，即

$$\Delta P = -H \Delta \theta \tag{2-71}$$

$$\Delta Q = -L V_{D2}^{-1} \Delta V \tag{2-72}$$

上述简化大大地节省了机器内存和求解时间。方程式 (2-71) 和式 (2-72) 表明，节点的有功功率不平衡量只用于修正电压的相位角，节点的无功功率不平衡量只用于修正电压的幅值。这两组方程分别轮流进行迭代，这就是所谓的有功—无功功率分解法，也称为快速解耦法。

但是，矩阵 $\boldsymbol{H}$ 和 $\boldsymbol{L}$ 的元素都是节点电压幅值和相位角差的函数，其数值在迭代过程中仍然是不断变化的。算法最关键的一步简化就在于把系数矩阵 $\boldsymbol{H}$ 和 $\boldsymbol{L}$ 化简成常数对称矩阵。其根据如下：

（1）一般情况下，线路两端电压的相位角差不大（不超过 $10°\sim20°$），因此可以认为

$$\cos\theta_{ij}\approx1,\ G_{ij}\sin\theta_{ij}\ll B_{ij} \tag{2-73}$$

（2）与系统各节点无功功率相对应的导纳 Q_i/V_i^2 通常远小于该节点自导纳的虚部 B_{ii}，即

$$\frac{Q_i}{V_i^2}\ll B_{ii}\ 或 Q_i\ll V_i^2 B_{ii} \tag{2-74}$$

计及式（2-73）和式（2-74）的关系，矩阵 $\boldsymbol{H}$ 和 $\boldsymbol{L}$ 各元素的表达式可简化成

$$H_{ij}=V_i V_j B_{ij} \qquad (i,\ j=1,\ 2,\ \cdots,\ n-1) \tag{2-75}$$

$$L_{ij}=V_i V_j B_{ij} \qquad (i,\ j=1,\ 2,\ \cdots,\ m) \tag{2-76}$$

而系数矩阵 $\boldsymbol{H}$ 和 $\boldsymbol{L}$ 则可以分别写成

$$\boldsymbol{H}=\begin{bmatrix} V_1 B_{11} V_1 & V_1 B_{12} V_2 & \cdots & V_1 B_{1,\,n-1} V_{n-1} \\ V_2 B_{21} V_1 & V_2 B_{22} V_2 & \cdots & V_2 B_{2,\,n-1} V_{n-1} \\ \vdots & \vdots & \ddots & \vdots \\ V_{n-1} B_{n-1,\,1} V_1 & V_{n-1} B_{n-1,\,2} V_2 & \cdots & V_{n-1} B_{n-1,\,n-1} V_{n-1} \end{bmatrix}$$

$$=\begin{bmatrix} V_1 & & & \\ & V_2 & & \\ & & \ddots & \\ & & & V_{n-1} \end{bmatrix} \begin{bmatrix} B_{11} & B_{12} & \cdots & B_{1,\,n-1} \\ B_{21} & B_{22} & \cdots & B_{2,\,n-1} \\ \vdots & \vdots & \ddots & \vdots \\ B_{n-1,\,1} & B_{n-1,\,2} & \cdots & B_{n-1,\,n-1} \end{bmatrix} \begin{bmatrix} V_1 & & & \\ & V_2 & & \\ & & \ddots & \\ & & & V_{n-1} \end{bmatrix}$$

$$=\boldsymbol{V}_{\mathrm{D1}}\boldsymbol{B}'\boldsymbol{V}_{\mathrm{D1}} \tag{2-77}$$

$$\boldsymbol{L}=\begin{bmatrix} V_1 B_{11} V_1 & V_1 B_{12} V_2 & \cdots & V_1 B_{1m} V_m \\ V_2 B_{21} V_1 & V_2 B_{22} V_2 & \cdots & V_2 B_{2m} V_m \\ \vdots & \vdots & \ddots & \vdots \\ V_m B_{m1} V_1 & V_m B_{m2} V_2 & \cdots & V_m B_{mn} V_m \end{bmatrix}$$

$$=\begin{bmatrix} V_1 & & & \\ & V_2 & & \\ & & \ddots & \\ & & & V_m \end{bmatrix} \begin{bmatrix} B_{11} & B_{12} & \cdots & B_{1m} \\ B_{21} & B_{22} & \cdots & B_{2m} \\ \vdots & \vdots & \ddots & \vdots \\ B_{m1} & B_{m2} & \cdots & B_{mm} \end{bmatrix} \begin{bmatrix} V_1 & & & \\ & V_2 & & \\ & & \ddots & \\ & & & V_m \end{bmatrix}=\boldsymbol{V}_{\mathrm{D2}}\boldsymbol{B}''\boldsymbol{V}_{\mathrm{D2}}$$

$$\tag{2-78}$$

将式（2-77）和式（2-78）分别代入式（2-71）和式（2-72），便得到

$$\Delta\boldsymbol{P}=-\boldsymbol{V}_{\mathrm{D1}}\boldsymbol{B}'\boldsymbol{V}_{\mathrm{D1}}\Delta\boldsymbol{\theta}$$

$$\Delta\boldsymbol{Q}=-\boldsymbol{V}_{\mathrm{D2}}\boldsymbol{B}''\Delta\boldsymbol{V}$$

用 $\boldsymbol{V}_{\mathrm{D1}}^{-1}$ 和 $\boldsymbol{V}_{\mathrm{D2}}^{-1}$ 分别左乘以上两式便得

$$\boldsymbol{V}_{\mathrm{D1}}^{-1}\Delta\boldsymbol{P}=-\boldsymbol{B}'\boldsymbol{V}_{\mathrm{D1}}\Delta\boldsymbol{\theta} \tag{2-79}$$

$$\boldsymbol{V}_{\mathrm{D2}}^{-1}\Delta\boldsymbol{Q}=-\boldsymbol{B}''\Delta\boldsymbol{V} \tag{2-80}$$

这就是简化了的修正方程式，也可展开写成

$$\begin{bmatrix} \dfrac{\Delta P_1}{V_1} \\ \dfrac{\Delta P_2}{V_2} \\ \vdots \\ \dfrac{\Delta P_{n-1}}{V_{n-1}} \end{bmatrix} = - \begin{bmatrix} B_{11} & B_{12} & \cdots & B_{1,\,n-1} \\ B_{21} & B_{22} & \cdots & B_{2,\,n-1} \\ \vdots & \vdots & \ddots & \vdots \\ B_{n-1,\,1} & B_{n-1,\,2} & \cdots & B_{n-1,\,n-1} \end{bmatrix} \begin{bmatrix} V_1 \Delta\theta_1 \\ V_2 \Delta\theta_2 \\ \vdots \\ V_{n-1}\Delta\theta_{n-1} \end{bmatrix} \tag{2-81}$$

$$\begin{bmatrix} \dfrac{\Delta Q_1}{V_1} \\ \dfrac{\Delta Q_2}{V_2} \\ \vdots \\ \dfrac{\Delta Q_m}{V_m} \end{bmatrix} = - \begin{bmatrix} B_{11} & B_{12} & \cdots & B_{1m} \\ B_{21} & B_{22} & \cdots & B_{2m} \\ \vdots & \vdots & \ddots & \vdots \\ B_{m1} & B_{m2} & \cdots & B_{mn} \end{bmatrix} \begin{bmatrix} \Delta V_1 \\ \Delta V_2 \\ \vdots \\ \Delta V_m \end{bmatrix} \tag{2-82}$$

在上述两个修正方程式中，系数矩阵都由节点导纳矩阵的虚部构成，只是阶次不同，矩阵 $\boldsymbol{B}'$ 为 $n-1$ 阶，不含平衡节点对应的行和列，矩阵 $\boldsymbol{B}''$ 为 m 阶，不含平衡节点和 PV 节点所对应的行和列。由于修正方程的系数矩阵为常数矩阵，只要作一次三角分解，即可反复使用，结合采用稀疏技巧，还可进一步地节省机器内存和计算时间。

在实际 P-Q 分解法程序中，为了提高收敛速度，对 $\boldsymbol{B}'$ 与 $\boldsymbol{B}''$ 的构成作下面一些修改：

（1）在 $\boldsymbol{B}'$ 中尽量去掉那些对有功功率及电压相位角影响较小的因素，如略去变压器非标准变比和输电线路充电电容的影响；在 $\boldsymbol{B}''$ 中尽量去掉那些对无功功率及电压幅值影响较小的因素，如略去输电线路电阻的影响。

（2）为了减少在迭代过程中无功功率及节点电压幅值对有功迭代的影响，将式（2-79）右端 V 的各元素均置为标幺值 1.0，也即令 V 为单位矩阵。

（3）当潮流程序要求考虑负荷静态特性时，$\boldsymbol{B}''$ 中对角元素除导纳矩阵对角元素的虚部以外，还要附加反映负荷静态特性的部分，而 $\boldsymbol{B}'$ 中各元素和潮流程序是否考虑负荷静态特性无关（见本章第六节）。

于是，目前通用的 P-Q 分解法的修正方程式为

$$\Delta \boldsymbol{P}/\boldsymbol{V} = \boldsymbol{B}' \Delta \boldsymbol{\theta} \tag{2-83}$$

$$\Delta \boldsymbol{Q}/\boldsymbol{V} = \boldsymbol{B}'' \Delta \boldsymbol{V} \tag{2-84}$$

其中 $\boldsymbol{B}'$ 和 $\boldsymbol{B}''$ 的非对角元素和对角元素分别按下式计算

$$\begin{cases} B'_{ij} = -\dfrac{X_{ij}}{R_{ij}^2 + X_{ij}^2} \\ B'_{ii} = \displaystyle\sum_{\substack{j\in i \\ j\neq i}} \dfrac{X_{ij}}{R_{ij}^2 + X_{ij}^2} \end{cases} \tag{2-85}$$

$$\begin{cases} B''_{ij} = -\dfrac{1}{X_{ij}} \\ B''_{ii} = \displaystyle\sum_{\substack{j\in i \\ j\neq i}} \dfrac{1}{X_{ij}} - b_{i0} \end{cases} \tag{2-86}$$

式中：R_{ij} 和 X_{ij} 分别为 ij 支路的电阻和电抗；b_{i0} 为节点 i 接地支路的电纳。

　　P-Q 分解法潮流计算框图如图 2-7 所示。图中，K_P、K_Q 分别为有功和无功迭代收敛标志。当有功功率迭代收敛时 $K_P=0$，不收敛时 $K_P=1$；当无功功率迭代收敛时 $K_Q=0$，不收敛时 $K_Q=1$。ε 为收敛精度。$\max|\Delta P_i^{(k)}|$ 和 $\max|\Delta Q_i^{(k)}|$ 分别为第 k 次迭代的最大有功

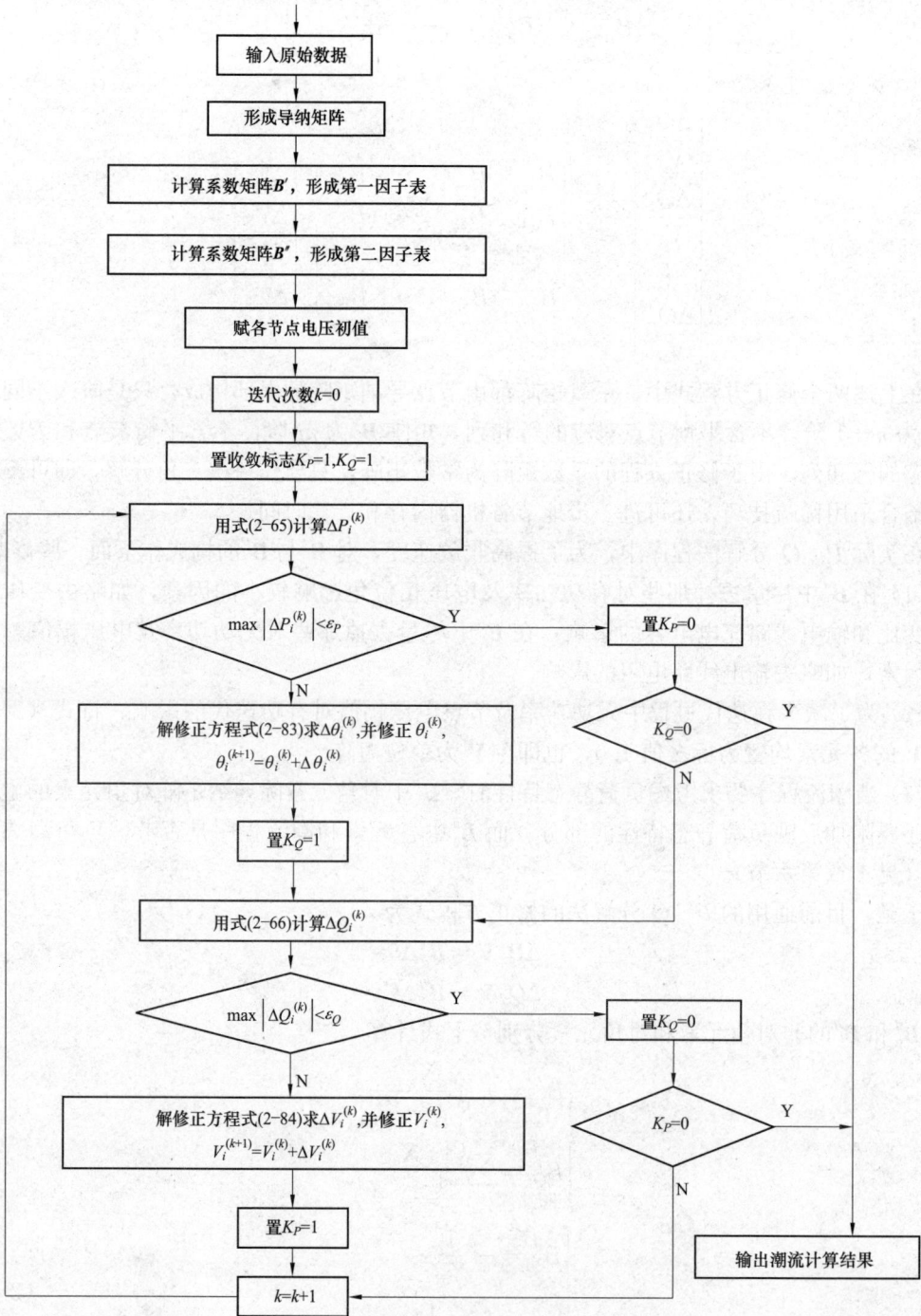

图 2-7　P-Q 分解法潮流计算流程框图

功率误差和无功功率误差绝对值。P - Q 分解法第 $k+1$ 次迭代的步骤大致是：

（1）根据第 k 次迭代计算出的节点电压相位角和、电压幅值 $\theta_i^{(k)}$、$V_i^{(k)}$（当 $k=0$ 时即为给定的初值），利用式（2 - 65）计算各节点有功功率误差 $\Delta P_i^{(k)}$；并求出 $\Delta P_i^{(k)}/V_i^{(k)}$。

（2）解修正方程式（2 - 83），求出各节点电压相位角的修正量 $\Delta\theta_i^{(k)}$。

（3）修正各节点电压相位角 $\theta_i^{(k)}$

$$\theta_i^{(k+1)}=\theta_i^{(k)}+\Delta\theta_i^{(k)}$$

（4）根据式（2 - 66）计算各节点无功功率误差 $\Delta Q_i^{(k)}$，并求出 $\Delta Q_i^{(k)}/V_i^{(k)}$。

（5）解修正方程式（2 - 84），求出各节点电压幅值的修正量 $\Delta V_i^{(k)}$。

（6）修正各节点电压幅值 $V_i^{(k)}$

$$V_i^{(k+1)}=V_i^{(k)}+\Delta V_i^{(k)}$$

（7）返回第（1）步继续迭代，直到节点功率误差满足收敛条件

$$\max\{|\Delta P_i^{(k)}|\}<\varepsilon_{\mathrm{P}},\qquad\max\{|\Delta Q_i^{(k)}|\}<\varepsilon_{\mathrm{Q}}$$

二、P - Q 分解法的特点和性能分析

1. P - Q 分解法修正方程式的特点

P - Q 分解法与牛顿法潮流程序的主要差别表现在它们的修正方程式上。P - Q 分解法的修正方程式（2 - 79）和式（2 - 80）与牛顿法修正方程式（2 - 67）相比，有以下三个特点：

（1）用一个 $n-1$ 阶和一个 m 阶的线性方程组代替了一个 $n-1+m$ 阶线性方程组。

（2）系数矩阵 $\boldsymbol{B}'$ 和 $\boldsymbol{B}''$ 为常数矩阵。

（3）系数矩阵是对称矩阵。

第（1）个特点可以提高计算速度，减少内存占用量；第（2）个特点首先使 P - Q 分解法在迭代过程中不必像牛顿法那样进行形成雅可比矩阵的计算，不仅减少了运算量，而且大大简化了程序。其次，由于系数矩阵 $\boldsymbol{B}'$ 和 $\boldsymbol{B}''$ 在迭代过程中维持不变，因此在求解修正方程式时，不必每次都对系数矩阵进行消去运算，只需要在进入迭代过程以前，将系数矩阵用三角分解形成因子表，然后反复利用因子表对不同的常数项 $\Delta\boldsymbol{P}/\boldsymbol{V}$ 或 $\Delta\boldsymbol{Q}/\boldsymbol{V}$ 进行消去和回代运算，就可以迅速求得修正量，从而显著提高了迭代速度；第（3）个特点可以减少形成因子表时的运算量，而且由于对称矩阵三角分解后，其上三角矩阵和下三角矩阵有非常简单的关系，所以在计算机中可以只存储上三角矩阵或下三角矩阵，从而进一步节约了内存。

由于上述特点，P - Q 分解法所需的内存量约为牛顿法的 60%，而每次迭代所需时间约为牛顿法的 1/5。

2. P - Q 分解法的收敛特性

P - Q 分解法所采取的一系列简化假定只影响了修正方程式的结构，也就是说只影响了迭代过程，但不影响最终结果。因为 P - Q 分解法和牛顿法都采用的是相同的数学模型 ［见式（2 - 65）、式（2 - 66）］和收敛判据，所以 P - Q 分解法和牛顿法一样可以达到很高的精确度。

P - Q 分解法改变了牛顿法修正方程式的结构，从而改变了迭代过程的收敛特性。事实上，依一个不变的系数矩阵进行非线性方程组的求解迭代，在数学上属于"等斜率法"，其

迭代过程是按几何级数收敛的，如画在对数坐标上，这种收敛特性基本上接近一条直线。而牛顿法是按平方收敛，在对数坐标上基本上是一条抛物线，如图2-8所示。

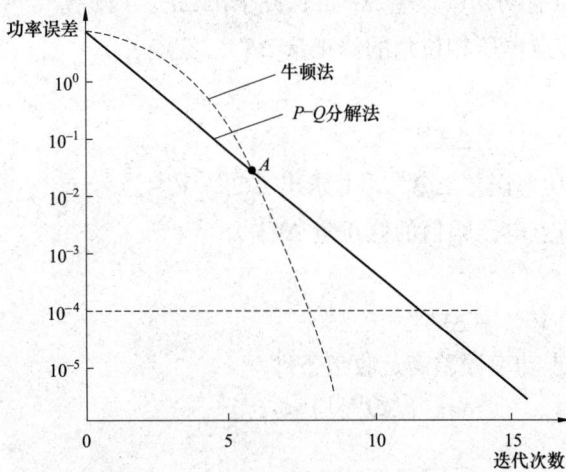

图2-8　P-Q分解法与牛顿法的收敛特性

由图2-8可以看出，牛顿法在开始时收敛得比较慢，当收敛到一定程度后，收敛速度就会非常快，而P-Q分解法几乎是按同一速度收敛。给出的收敛条件如果小于图中A点相应的误差，那么P-Q分解法所需要的迭代次数要比牛顿法多几次。可以粗略地认为P-Q分解法的迭代次数与精确度的要求之间存在着线性关系。从P-Q分解法的计算经验来看，一般无功功率迭代总是比有功功率迭代收敛得快一些，因此整个潮流计算收敛的关键在于P-θ迭代。

最后还应指出，由于P-Q分解法修正方程式是建立在一定简化的基础之上，当系统参数不符合这两个简化条件时，就会影响它的收敛性。在一般高压电力网中系统的参数都能很好地满足这些假定条件，在这种情况下，P-Q分解法的收敛性不比牛顿法差。但在低压配电网络中，当线路r/x比值很大时，P-Q分解法就可能出现不收敛的情况。

【例2-3】 用P-Q分解法对［例2-1］的电力系统作潮流计算。网络参数和给定条件与［例2-1］的相同。

解　（1）形成有功迭代和无功迭代的系数矩阵$\boldsymbol{B}'$和$\boldsymbol{B}''$。本例直接取用导纳矩阵元素的虚部，即

$$\boldsymbol{B}' = \begin{bmatrix} -3.7899 & 1.6203 & 0 & 0 \\ 1.6203 & -3.4370 & 1.8557 & 0 \\ 0 & 1.8557 & -7.0610 & 4.1792 \\ 0 & 0 & 4.1792 & -4.3991 \end{bmatrix}$$

$$\boldsymbol{B}'' = \begin{bmatrix} -3.7899 & 1.6203 & 0 \\ 1.6203 & -3.4370 & 1.8557 \\ 0 & 1.8557 & -7.0610 \end{bmatrix}$$

将$\boldsymbol{B}'$和$\boldsymbol{B}''$进行三角分解，形成因子表并按上三角存放，对角线位置存放$1/d_{ii}$，非对角线位置存放u_{ij}，便得

$$\begin{bmatrix} -0.2639 & -0.4275 & 0 & \\ & -0.3644 & -0.6762 & 0 \\ & & -0.1722 & -0.7198 \\ & & & -0.7189 \end{bmatrix} \text{和} \begin{bmatrix} -0.2639 & -0.4275 & 0 \\ & -0.3644 & -0.6762 \\ & & -0.1722 \end{bmatrix}$$

（2）给定各节点电压初值

$$V_1^{(0)} = V_2^{(0)} = V_3^{(0)} = 1.0, \quad \theta_1^{(0)} = \theta_2^{(0)} = \theta_3^{(0)} = 0$$

$$V_4 = V_{4s} = 1.0, \quad \theta_4^{(0)} = 0, \quad \dot{V}_5 = V_{5s} \angle 0° = 1.05 \angle 0°$$

（3）作第一次有功迭代，按式（2-65）计算节点的有功功率不平衡量

$$\Delta P_1^{(0)} = P_{1s} - P_1^{(0)} = -0.22 - (-0.0217) = -0.1983$$

$$\Delta P_2^{(0)} = P_{2s} - P_2^{(0)} = -0.18 - 0.0001 = -0.1799$$

$$\Delta P_3^{(0)} = P_{3s} - P_3^{(0)} = -0.27 - (-0.0398) = -0.2302$$

$$\Delta P_4^{(0)} = P_{4s} - P_4^{(0)} = 0.35 - 0.0275 = 0.3225$$

$$\Delta P_1^{(0)}/V_1^{(0)} = -0.1983, \quad \Delta P_2^{(0)}/V_2^{(0)} = -0.1799$$

$$\Delta P_3^{(0)}/V_3^{(0)} = -0.2302, \quad \Delta P_4^{(0)}/V_4^{(0)} = 0.3225$$

解修正方程式（2-83）得各节点电压相位角的修正量为

$$\Delta\theta_1^{(0)} = -6.2883°, \quad \Delta\theta_2^{(0)} = -7.6959°, \quad \Delta\theta_3^{(0)} = -3.2086°, \quad \Delta\theta_4^{(0)} = 1.1522°$$

于是有

$$\theta_1^{(1)} = \theta_1^{(0)} + \Delta\theta_1^{(0)} = -6.2883°, \quad \theta_2^{(1)} = \theta_2^{(0)} + \Delta\theta_2^{(0)} = -7.6959°$$

$$\theta_3^{(1)} = \theta_3^{(0)} + \Delta\theta_3^{(0)} = -3.2086°, \quad \theta_4^{(1)} = \theta_4^{(0)} + \Delta\theta_4^{(0)} = 1.1522°$$

（4）作第一次无功迭代，按式（2-66）计算节点的无功功率不平衡量，计算时电压相位角用最新的修正值，即

$$\Delta Q_1^{(0)} = Q_{1s} - Q_1^{(0)} = -0.14 - (-0.1472) = 0.0072$$

$$\Delta Q_2^{(0)} = Q_{2s} - Q_2^{(0)} = -0.09 - (-0.0063) = -0.0963$$

$$\Delta Q_3^{(0)} = Q_{3s} - Q_3^{(0)} = -0.13 - (-0.2577) = 0.1277$$

$$\Delta Q_1^{(0)}/V_1^{(0)} = 0.0072, \quad \Delta Q_2^{(0)}/V_2^{(0)} = -0.0963, \quad \Delta Q_3^{(0)}/V_3^{(0)} = 0.1277$$

解修正方程式（2-84），可得各节点电压幅值的修正量为

$$\Delta V_1^{(0)} = -0.0094, \quad \Delta V_2^{(0)} = -0.0264, \quad \Delta V_2^{(0)} = 0.0111$$

于是有

$$V_1^{(1)} = V_1^{(0)} + \Delta V_1^{(0)} = 0.9906, \quad V_2^{(1)} = V_2^{(0)} + \Delta V_2^{(0)} = 0.9736,$$

$$V_3^{(1)} = V_3^{(0)} + \Delta V_3^{(0)} = 1.0111$$

到此为止完成第一轮有功迭代和无功迭代。接着返回第（3）步继续计算。迭代过程中节点不平衡功率和电压的变化情况分别列于表2-5和表2-6中。

表2-5 节点不平衡功率的变化情况

迭代次数 k	节点功率不平衡量						
	ΔP_1	ΔP_2	ΔP_3	ΔP_4	ΔQ_1	ΔQ_2	ΔQ_3
0	-1.9831×10^{-1}	-1.7990×10^{-1}	-2.3021×10^{-1}	3.2250×10^{-1}	7.2263×10^{-3}	-9.6262×10^{-2}	1.2771×10^{-1}
1	1.4796×10^{-2}	2.0493×10^{-2}	-2.0242×10^{-3}	5.4804×10^{-3}	4.2283×10^{-3}	3.1353×10^{-3}	3.0997×10^{-3}
2	-2.2578×10^{-3}	-4.4794×10^{-4}	-4.0274×10^{-3}	2.9245×10^{-3}	-4.0344×10^{-4}	5.3580×10^{-5}	-7.9820×10^{-4}
3	2.2251×10^{-4}	-1.6470×10^{-5}	4.0972×10^{-4}	-1.8753×10^{-4}	4.8122×10^{-5}	-1.0827×10^{-5}	7.8984×10^{-4}
4	-2.3494×10^{-5}	2.4557×10^{-6}	-5.1332×10^{-5}	2.9334×10^{-5}	-4.9281×10^{-6}	1.2007×10^{-6}	-1.0049×10^{-5}
5	2.3727×10^{-6}	-3.4611×10^{-7}	5.2663×10^{-6}	-2.6633×10^{-6}	4.8767×10^{-7}	-1.5547×10^{-7}	9.9293×10^{-7}

表 2 - 6　　　　　　　　　　　　　　　　节点电压的变化情况

迭代次数 k	节点电压的幅值和相位						
	V_1	θ_1	V_2	θ_2	V_3	θ_3	θ_4
1	0.9906	$-6.2883°$	0.9736	$-7.6959°$	1.0111	$-3.2086°$	$1.1522°$
2	0.9928	$-5.6213°$	0.9762	$-6.6639°$	1.0123	$-2.5296°$	$1.8686°$
3	0.9927	$-5.6881°$	0.9760	$-6.7395°$	1.0121	$-2.5972°$	$1.8424°$
4	0.9927	$-5.6814°$	0.9760	$-6.7320°$	1.0121	$-2.5885°$	$1.8483°$
5	0.9927	$-5.6821°$	0.9760	$-6.7327°$	1.0121	$-2.5894°$	$1.8479°$

经过 5 轮迭代，节点功率不平衡量也下降到 10^{-5} 以下，迭代到此结束。

与［例 2 - 1］的计算结果相比较，电压幅值和相位角都能够满足计算精度的要求。

第六节　潮流计算中负荷静态特性的考虑

电力系统运行时，各节点的负荷功率随着电压的波动而变化。在潮流计算中，给出各节点的负荷功率，严格地讲，只有在一定电压下才有意义，当该点电压和预定的电压值有差别时，它的负荷功率就要按照其静特性而变化。特别当系统因故障或检修而开断某些元件（如输电线路或变压器）时，系统某些局部地区的电压可能发生较大的变动，与正常值相差较大。在这种情况下，潮流计算应该计及电压变化对各节点负荷功率的影响，否则计算结果与实际情况就可能不相符。

在潮流程序中考虑负荷静态特性的方法大致可以归纳为把负荷功率当作该点电压的线性函数和非线性函数两种，现分别叙述如下。

（1）把负荷功率当作该点电压的线性函数，即把各节点负荷的变化量看作与相应节点电压的增量成比例，即

$$\begin{cases} \Delta P_i / P_{is}^{(0)} = \alpha_1 \Delta V_i / V_{is} \\ \Delta Q_i / Q_{is}^{(0)} = \alpha_2 \Delta V_i / V_{is} \end{cases} \qquad (2-87)$$

式中：α_1 为有功功率静态特性系数，一般取 $\alpha_1 = 0.6 \sim 1.0$；α_2 为无功功率静态特性系数，一般取 $\alpha_2 = 2 \sim 3.5$；V_{is} 为节点 i 在正常运行情况下的电压给定值；ΔV_i 为节点 i 计算电压 V_i 与给定电压 V_{is} 的差值；$P_{is}^{(0)}$、$Q_{is}^{(0)}$ 为节点 i 在正常运行电压 V_{is} 情况下的负荷功率。

因此，在潮流计算中，各节点应维持的负荷功率应不断按下式进行计算

$$\begin{cases} P_{is}^{(t)} = P_{is}^{(0)} [1 + \alpha_1 (V_i^{(t)} - V_{is}) / V_{is}] \\ Q_{is}^{(t)} = Q_{is}^{(0)} [1 + \alpha_2 (V_i^{(t)} - V_{is}) / V_{is}] \end{cases} \qquad (2-88)$$

当在牛顿法或 P-Q 分解法潮流程序中考虑负荷静态特性时，它们的基本方程式（2-51）、式（2-52）、式（2-65）、式（2-66）中的 P_{is} 和 Q_{is} 不再作为常数，而应看作 V_i 的函数。在这种情况下，潮流问题的基本方程式应改写为（以极坐标形式为例）

$$\begin{cases} \Delta P_i = P_{is}^{(0)} \left[1 + \alpha_1 \dfrac{(V_i - V_{is})}{V_{is}}\right] - V_i \sum_{j \in i} V_j (G_{ij} \cos\theta_{ij} + B_{ij} \sin\theta_{ij}) = 0 \\ \Delta Q_i = Q_{is}^{(0)} \left[1 + \alpha_2 \dfrac{(V_i - V_{is})}{V_{is}}\right] - V_i \sum_{j \in i} V_j (G_{ij} \sin\theta_{ij} - B_{ij} \cos\theta_{ij}) = 0 \end{cases} \qquad (2-89)$$

因此，修正方程式也要作相应的变化。由于 ΔP_i 和 ΔQ_i 表示式中多了一项与 V_i 有关的函数，它将影响雅可比矩阵中的元素 N_{ii} 和 L_{ii}，根据式（2-89）求偏导数可得

$$N_{ii}=\frac{\partial \Delta P_i}{\partial V_i}V_i=\frac{P_{is}^{(0)}\alpha_1 V_i}{V_{is}}-V_i^2 G_{ii}-P_i \tag{2-90}$$

$$L_{ii}=\frac{\partial \Delta Q_i}{\partial V_i}V_i=\frac{Q_{is}^{(0)}\alpha_2 V_i}{V_{is}}+V_i^2 B_{ii}-Q_i \tag{2-91}$$

雅可比矩阵其余元素不变。

在 P-Q 分解法中，只与 L_{ii} 有关，当忽略式（2-91）中的 Q_i 时，可以得到

$$L_{ii}=V_i^2\left(\frac{Q_{is}^{(0)}\alpha_2}{V_{is}V_i}+B_{ii}\right) \tag{2-92}$$

一般可以近似认为

$$V_i\approx V_{is} \tag{2-93}$$

因此

$$L_{ii}=V_i^2\left(\frac{Q_{is}^{(0)}\alpha_2}{V_{is}^2}+B_{ii}\right)=V_i^2 B''_{ii} \tag{2-94}$$

其中

$$B''_{ii}=\frac{Q_{is}^{(0)}\alpha_2}{V_{is}^2}+B_{ii} \tag{2-95}$$

这就是修正方程式（2-84）系数矩阵中与负荷节点有关的对角元素的表示式，其他元素不变。

由以上讨论可知，当在牛顿法或 P-Q 分解法潮流程序中考虑负荷静态特性时，不仅要按式（2-89）计算功率误差，而且修正方程式系数矩阵中有关元素也应分别按照式（2-90）、式（2-91）或式（2-95）进行计算。计算经验表明，考虑负荷静态特性有助于提高整个潮流计算的收敛性。

（2）把负荷功率当作该点电压的非线性函数。一般把负荷功率用电压的二次多项式来表示，即

$$\begin{cases} P_{is*}=A_1 V_{i*}^2+B_1 V_{i*}+C_1 \\ Q_{is*}=A_2 V_{i*}^2+B_2 V_{i*}+C_2 \end{cases} \tag{2-96}$$

式中：P_{is*}、Q_{is*} 均为负荷功率的标幺值，分别以给定的 $P_{is}^{(0)}$ 及 $Q_{is}^{(0)}$ 为基准值，V_{i*} 为该点电压的标幺值，以给定的电压 V_{is} 为基准值。A_1、B_1、C_1 及 A_2、B_2、C_2 为系统负荷由静态特性试验得到的常数，且满足 $A_1+B_1+C_1=1$，$A_2+B_2+C_2=1$。

这种负荷静态特性的表示方法实际上相当于把系统各节点的负荷看成由恒定阻抗、恒定电流及恒定功率三部分组成。它比第一种方法能在较大的电压波动范围内精确地描述负荷特性，不仅可用于潮流计算，也广泛应用于电力系统暂态稳定及静态稳定计算中。

对于牛顿法和 P-Q 分解法来说，当考虑负荷静态特性时显然应按照下式计算各节点功率误差

$$\begin{cases} \Delta P_i=P_{is}^{(0)}\left[A_1\left(\dfrac{V_i}{V_{is}}\right)^2+B_1\dfrac{V_i}{V_{is}}+C_1\right]-V_i\sum_{j\epsilon i}V_j(G_{ij}\cos\theta_{ij}+B_{ij}\sin\theta_{ij}) \\ \Delta Q_i=Q_{is}^{(0)}\left[A_2\left(\dfrac{V_i}{V_{is}}\right)^2+B_2\dfrac{V_i}{V_{is}}+C_2\right]-V_i\sum_{j\epsilon i}V_j(G_{ij}\sin\theta_{ij}-B_{ij}\cos\theta_{ij}) \end{cases} \tag{2-97}$$

通过简单的微分运算，雅可比矩阵中有关元素的表示式应改写为

$$N_{ii} = \frac{\partial \Delta P_i}{\partial V_i} V_i = P_{is}^{(0)} \left[2A_1 \left(\frac{V_i}{V_{is}} \right)^2 + B_1 \frac{V_i}{V_{is}} \right] - V_i^2 G_{ii} - P_i \qquad (2-98)$$

$$L_{ii} = \frac{\partial \Delta Q_i}{\partial V_i} V_i = Q_{is}^{(0)} \left[2A_2 \left(\frac{V_i}{V_{is}} \right)^2 + B_2 \frac{V_i}{V_{is}} \right] + V_i^2 B_{ii} - Q_i \qquad (2-99)$$

对于 P-Q 分解法来说，只与 L_{ii} 有关，当忽略式（2-99）中的 Q_i 时，L_{ii} 可以表示为

$$L_{ii} = V_i^2 \left[Q_{is}^{(0)} \left(\frac{2A_2 + B_2}{V_{is}^2} \right) + B_{ii} \right] \qquad (2-100)$$

如果在上述负荷模型中去掉恒定电流部分，负荷静态特性可以表示为

$$\begin{cases} P_{is*} = A_1' V_{i*}^2 + C_1' \\ Q_{is*} = A_2' V_{i*}^2 + C_2' \end{cases} \qquad (2-101)$$

在这种情况下，可以把负荷的恒定阻抗部分，在形成阻抗矩阵或导纳矩阵时，以接地支路的形式并入电网之中，从而使程序可以只考虑负荷的恒定功率部分，这样和原来不考虑负荷静态特性的程序就没有什么区别了。从而使考虑负荷静态特性的潮流程序得到简化，计算速度得到提高。

第七节　交直流输电系统的潮流计算

一、高压直流输电系统的结构

高压直流输电（High Voltage Direct Current，HVDC）是将发电厂发出的交流电经过升压后，由换流设备（整流器）整成直流，通过直流线路送到受端，再经换流设备（逆变器）转换成交流，供给受端的交流系统。直流输电系统示意图如图 2-9 所示。

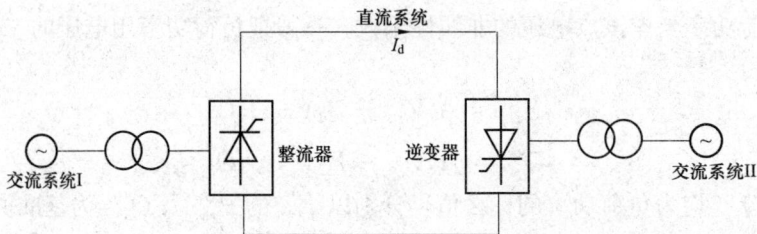

图 2-9　直流输电系统示意图

1. 高压直流联络线的分类

高压直流联络线一般分为单极联络线、双极联络线和同极联络线三类。

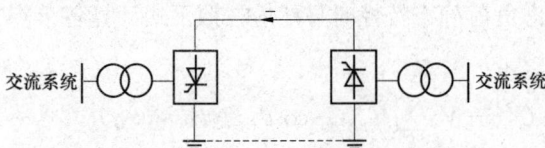

图 2-10　单极联络线

（1）单极联络线的基本结构如图 2-10 所示，通常采用一根负极性的导线，而由大地或水提供回路。当大地电阻率过高，或不允许对地下（水下）金属结构产生干扰时，可用金属回路代替大地作为回路，形成金属性回路的导体处于低电压。

单极联络线结构简单，造价较低，是建立双极系统的基础。

（2）双极联络线如图 2-11 所示，有两根导线，一正一负，每端有两个为额定电压的换流器串联在直流侧，两个换流器间的连接点接地。正常时，两极电流相等，无接地电流，两极可独立运行，若因一条线路故障而导致一极隔离，另一极可通过大地运行，能承担一半的额定负荷，或利用换流器及线路的过载能力，承担更多的负荷。

（3）同极联络线如图 2-12 所示，导线数不少于两根，所有导线同极性，通常最好为负极性，因为它由电晕引起的无线电干扰较小。这样的系统采用大地作为回路，当一条线路发生故障时，换流器可为余下的线路供电，这些导线有一定的过载能力，能承受比正常情况更大的功率。

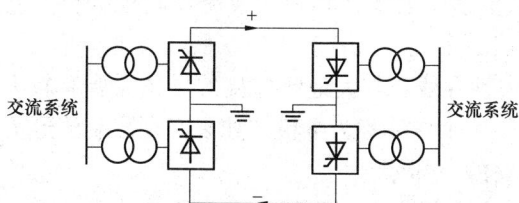

图 2-11　双极联络线　　　　　　　　图 2-12　同极联络线

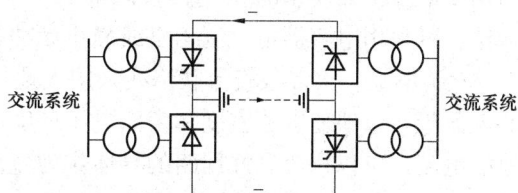

以上各种高压直流系统结构通常均有串联的换流器组，每个换流器有一组变压器和一组阀，换流器在交流侧（变压器侧）并联，在直流侧（阀侧）串联，在极对地之间给出期望的电压等级。

2. 高压直流输电系统的组成元件

以双极系统为例，高压直流输电系统的主要元件如图 2-13 所示。其他结构的高压直流输电系统元件与双极系统基本相同，下面分别介绍各元件的功能。

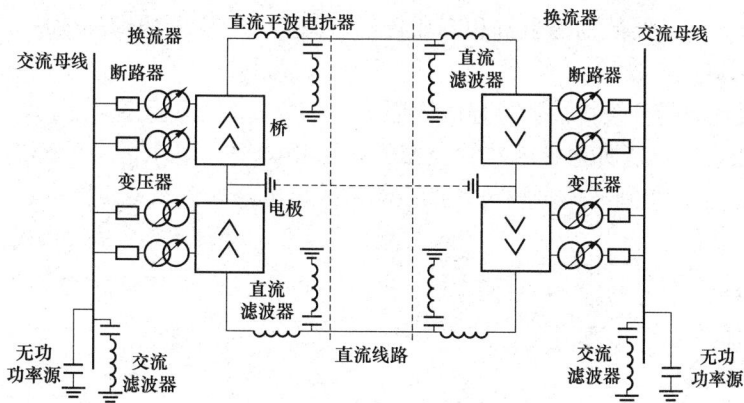

图 2-13　双极高压直流输电系统的主要元件

（1）换流器。换流器的功能是完成交—直流和直—交流的转换，由阀桥和有抽头切换器的变压器构成。阀桥包含 6 脉波或 12 脉波排列的高压阀，换流变压器向阀桥提供适当等级的不接地三相电压，由于变压器阀侧不接地，直流系统能建立自己的对地参考点，通常将阀换流器的正端或负端接地。

（2）直流平波电抗器。平波电抗器的电感高达 1.0H，其主要作用是减少直流电压及电流的波动，受扰时抑制直流电流上升的速度。

（3）直流滤波器。换流器在交流和直流两侧均产生谐波电压和谐波电流，这些谐波可能导致电容器和附近的电机过热，并且干扰远动通信系统。因此，在交流侧和直流侧都装有滤波装置。直流滤波器用于直流侧滤波，单桥为 $6n$ 次谐波，双桥时为 $12n$ 次谐波，其中 $n=1，2，\cdots$。

（4）交流滤波器。用于交流侧滤波，一般单桥时为 $6n\pm1$ 次谐波，如 5、7、11、13 次及更高次谐波；双桥时为 $12n\pm1$ 次谐波，如 11、13 次及更高次谐波。

（5）无功功率补偿设备。换流器内部要吸收大量的无功功率。稳态运行时，所消耗的无功功率约为传输功率的 50%；暂态情况下消耗的更多。因此，必须在换流器附近提供无功补偿。可采用电容器组、调相机或静止无功补偿器。

（6）电极。大多数直流联络线采用大地作为中性导线，与大地相连接的导体需要有较大的表面积，以便使电流密度和表面电压梯度最小，这个导体称为电极。如果必须限制流经大地的电流，可以用金属性回路的导体作为直流线路的一部分。

（7）直流输电线。它们可以是架空线，也可以是电缆，除了导体数和间距的要求有差异外，直流线路与交流线路十分相似。

（8）交流断路器。为了排除变压器故障和使直流联络线停运，在交流侧装有断路器，它们不是用来排除直流故障的，因为直流故障可以通过换流器的控制更快地消除。

二、换流器的工作原理及数学模型

（一）换流器的工作原理

下面分析换流器的工作原理并推导其基本方程。在分析过程中采用以下假设：

（1）交流系统是三相对称的工频正弦系统。即不考虑谐波及中性点偏移的影响。

（2）平波电抗器 L_d 足够大，直流电流保持恒定且无纹波。

（3）不计换流变压器的励磁阻抗和铜耗且不考虑换流变压器的饱和效应，即认为换流变压器是理想变压器。

（4）阀具有理想的开关特性。导通时电阻为零，关断时电阻无穷大。

根据上述假定，包括换流变压器的交流系统可用频率和电压恒定的理想电压源与电感 L_c 串联来等值。于是得到三相全波桥式换流器的等值电路如图 2-14 所示。

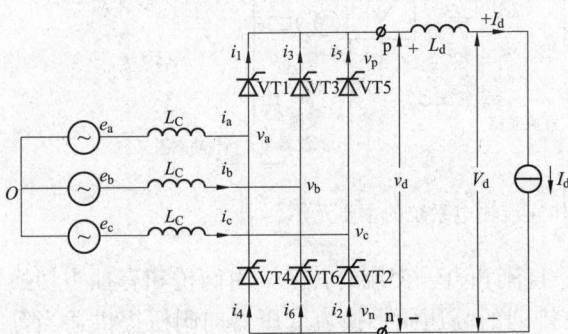

图 2-14　三相全波式换流器的等值电路

令理想电压源的瞬时电压为

$$\begin{cases} e_a = E_m\cos(\omega t + 60°) \\ e_b = E_m\cos(\omega t - 60°) \\ e_c = E_m\cos(\omega t - 180°) \end{cases} \tag{2-102}$$

则线电压为

$$\begin{cases} e_{ac} = e_a - e_c = \sqrt{3}\,E_m\cos(\omega t + 30°) \\ e_{ba} = e_b - e_a = \sqrt{3}\,E_m\cos(\omega t - 90°) \\ e_{cb} = e_c - e_b = \sqrt{3}\,E_m\cos(\omega t + 150°) \end{cases} \tag{2-103}$$

图 2-15（a）所示为式（2-102）和式（2-103）的电压波形图。

为了便于理解换流器的工作原理，首先分析不计电源电感 L_c 且无触发延迟的情况，然后再考虑由阀的门极所控制的触发延迟的影响，最后再加入电源电感的影响进行分析。

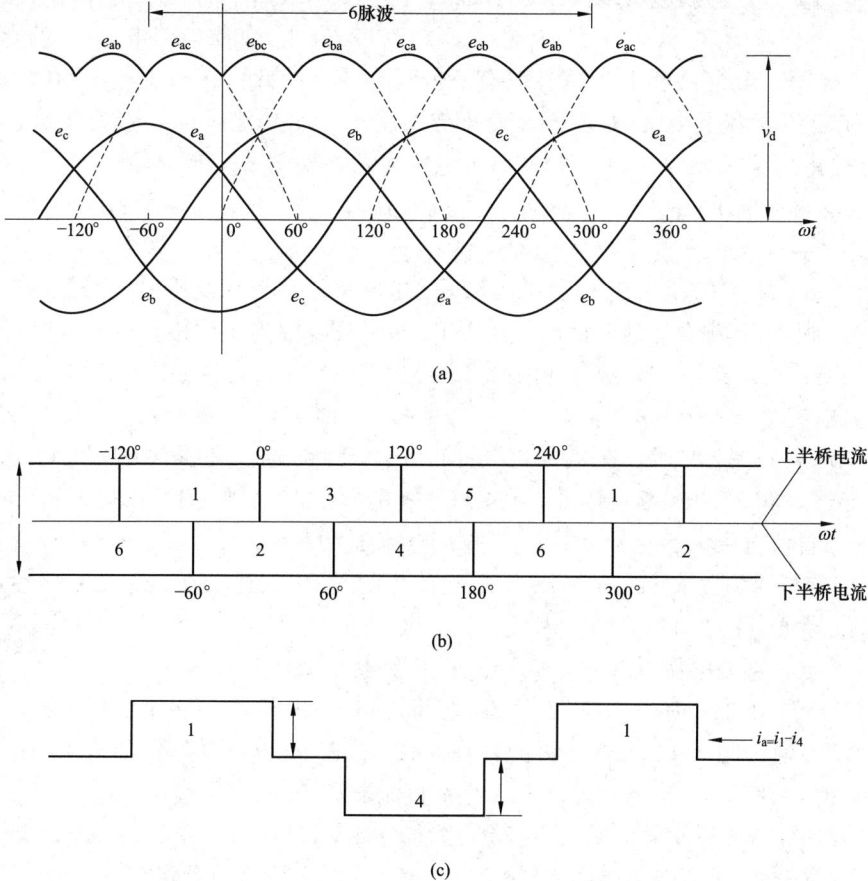

(a)

(b)

(c)

图 2-15　换流器的电压、电流波形

（a）交流相电压、线电压及直流电压瞬时值 v_d 波形图；

（b）各时段处于导通状态的阀；（c）a 相电流波形图

1. 不计电感 L_c 的影响

（1）无触发延迟（触发延迟角 $\alpha=0$）。图 2-14 中，阀正常工作时只有导通和关断两种状态，阀从关断到导通必须同时具备两个条件：①阳极电压高于阴极电压，或者说阀电压是正向的；②在控制极上有触发所需的脉冲。阀一经触发导通后，即便触发脉冲消失，仍保持导通状态。需当阀电流减小到零，且阀电压保持一段时间（毫秒级即可）非正，阀才从导通转入关断状态。

触发延迟角 $\alpha=0$ 意味着一旦阀的阳极电压高于阀的阴极电压便立即在阀的控制极上加触发脉冲，由于不计 L_c 的影响，阀便即刻导通。图 2-14 中，阀编号的顺序实际上为阀依次导通的顺序。上半桥阀 VT1、VT3、VT5 的阴极连接在一起，因此当 a 相的对地电压比 b、c 两相的对地电压高时，阀 VT1 导通。阀 VT1 一旦导通，则三个共阴极阀的阴极电位就等于 a 相电压 e_a，它高于阀 VT3、阀 VT5 的阳极电位 e_b 和 e_c，故阀 VT3、阀 VT5 为关断状态。同样，下半桥阀 VT2、VT4、VT6 的阳极连接在一起，因此，当 c 相对地电压低于 a、b 两相电压时，阀 VT2 导通，阀 VT4、VT6 为关断状态。

从图 2-15（a）的波形可以看出，当 $\omega t \in [-120°, 0°]$，e_a 大于 e_b 和 e_c，阀 VT1 导通；当 $\omega t \in [-60°, 60°]$，e_c 小于 e_a 和 e_b，阀 VT2 导通。如果忽略电感 L_c 的影响，换流器在正常工况下，上半桥和下半桥各仅有一个阀导通。因此，在 $\omega t \in [-60°, 0°]$ 期间，上半桥中的阀 VT1 和下半桥的阀 VT2 处于导通状态，而其他阀都处于关断状态。在此期间，上半桥的阴极电压为 e_a，下半桥的阳极电压为 e_c。即图 2-14 中，$v_p = e_a$，$v_n = e_c$，平波电抗器前的直流电压 $v_d = v_p - v_n = e_{ac}$；直流电流 $I_d = i_a = -i_c$。以下用同样的方法分析其他时段。

$\omega t \in [0°, 120°]$ 时段，在 $\omega t = 0°$ 的前一瞬间，阀 VT1 和阀 VT2 导通。在 $\omega t = 0°$ 之后，$e_b > e_a$，阀 VT3 触发导通，此时，阀 VT1 的阴极电位高于阳极电位，故阀 VT1 关断。因此，在 $\omega t \in [0°, 60°]$，阀 VT2 和阀 VT3 导通，$v_p = e_b$，$v_n = e_c$，直流电压 $v_d = v_p - v_n = e_{bc}$；直流电流 $I_d = i_b = -i_c$。

$\omega t \in [60°, 180°]$ 时段，在 $\omega t = 60°$ 之前，阀 VT2 导通。在 $\omega t = 60°$ 之后，$e_a < e_c$，阀 VT4 触发导通，阀 VT2 关断。因此，在 $\omega t \in [60°, 120°]$，阀 VT3 和阀 VT4 导通，$v_p = e_b$，$v_n = e_a$，直流电压 $v_d = v_p - v_n = e_{ba}$；直流电流 $I_d = i_b = -i_a$。

$\omega t \in [120°, 240°]$ 时段，在 $\omega t = 120°$ 之前，阀 VT3 导通。在 $\omega t = 120°$ 之后，$e_c > e_b$，阀 VT5 触发导通，阀 VT3 关断。因此，在 $\omega t \in [120°, 180°]$，阀 VT4 和阀 VT5 导通，$v_p = e_c$，$v_n = e_a$，直流电压 $v_d = v_p - v_n = e_{ca}$；直流电流 $I_d = i_c = -i_a$。

$\omega t \in [180°, 300°]$ 时段，在 $\omega t = 180°$ 之前，阀 VT4 导通。在 $\omega t = 180°$ 之后，$e_b < e_a$，阀 VT6 触发导通，阀 VT4 关断。因此，在 $\omega t \in [180°, 240°]$，阀 VT5 和阀 VT6 导通，$v_p = e_c$，$v_n = e_b$，直流电压 $v_d = v_p - v_n = e_{cb}$；直流电流 $I_d = i_c = -i_b$。

$\omega t \in [240°, 360°]$ 时段，在 $\omega t = 240°$ 之前，阀 VT5 导通。在 $\omega t = 240°$ 之后，$e_a > e_c$，阀 VT1 触发导通，阀 VT5 关断。因此，在 $\omega t \in [240°, 300°]$，阀 VT6 和阀 VT1 导通，$v_p = e_a$，$v_n = e_b$，直流电压 $v_d = v_p - v_n = e_{ab}$；直流电流 $I_d = i_a = -i_b$。

以上分析了一个周期的情况，下面的过程将循环往复。如图 2-15（b）所示，给出了各阀的导通时段及阀中电流的幅值和持续时间。每个阀的导通角均为 120°，当其导通时，阀电流的幅值为 I_d，上半桥阀中流通的电流为正，下半桥阀中流通的电流为负（或称为返回电流）。交流电源各相电流由与该相相连的两个阀中的电流合成。例如 a 相电流为 $i_a = i_1 - i_4$，其波形图如图 2-15（c）所示。

电流从一个阀转换到同一半桥（上半桥阀或下半桥阀）中另一个阀的过程称为换相。如 $\omega t = 0°$ 时，阀 VT1 关断，阀 VT3 导通；$\omega t = 60°$ 时，阀 VT2 关断，阀 VT4 导通等。由于上述分析忽略了电感 L_c 的影响，因此换相是瞬时完成的。在任一时刻，只有两个阀导通。由以上分析可知，在交流系统的一个周期内，换流桥发生过 6 次换相，直流电压 v_d 有 6 个脉波，如图 2-15（a）所示。因此，三相全波桥式换流器也称为 6 脉波换流器。

将平波电抗器前的脉动直流电压 v_d 经傅里叶分解可得直流电压的平均值 V_d（即平波电抗器后的直流电压）。不计电感 L_c 的影响且无触发延迟时的直流电压平均值记为 V_{d0}，并称为理想空载直流电压。则

$$V_{d0} = \frac{3}{\pi} \int_{-60°}^{0} v_d \mathrm{d}\theta = \frac{3}{\pi} \int_{-60°}^{0} e_{ac} \mathrm{d}\theta \qquad (2-104)$$

将式（2-103）中的 e_{ac} 代入，即得

$$V_{d0} = \frac{3\sqrt{3}}{\pi} E_m \qquad (2-105)$$

若用交流电源相电压有效值 E 和线电压有效值 E_L 表示，有

$$V_{d0} = \frac{3\sqrt{6}}{\pi} E = \frac{3\sqrt{2}}{\pi} E_L \qquad (2-106)$$

（2）有触发延迟。有触发延迟是指在阀电压为正后，并不立即加门极触发脉冲，而是有一个时间延迟。延迟的这段时间所对应的电角度称为触发延迟角 α。有触发延迟时，每个阀的触发时刻较无触发延迟推后 α，即阀 VT3、VT4、VT5、VT6、VT1、VT2 导通时刻所对应的电角度分别为 $0°+\alpha$、$60°+\alpha$、$120°+\alpha$、$180°+\alpha$、$240°+\alpha$ 和 $300°+\alpha$。根据阀的导通条件可知，触发延迟角 $\alpha \in [0°, 180°]$。超出这一范围，阀电压为负，阀不能被触发导通。以阀 VT3 为例，当 $\alpha \in [0°, 180°]$，$e_b > e_a$，阀 VT3 可触发导通；α 超过 $180°$ 时，e_b 不再大于 e_a，阀 VT3 将无法触发导通。有触发延迟且不计 L_c 时的直流电压瞬时值 v_d 的波形如图 2-16（a）所示，各阀的导通时段如图 2-16（b）所示。

根据图 2-16（a），有触发延迟时，直流电压的平均值为

$$V_d = \frac{3}{\pi} \int_{-60°+\alpha}^{0°+\alpha} v_d \mathrm{d}\theta = \frac{3}{\pi} \int_{-60°-\alpha}^{0°+\alpha} e_{ac} \mathrm{d}\theta = V_{d0} \cos\alpha \qquad (2-107)$$

由此可见，触发延迟使平均直流电压减小了 $\cos\alpha$ 倍。当 $\alpha \in [0°, 180°]$，$\cos\alpha$ 在 $+1 \sim -1$ 之间变化，因此，V_d 将从 $+V_{d0}$ 变化到 $-V_{d0}$。由于阀的单向导通性，直流电流 I_d 的方向并没有改变。因此，当直流电压为负时，直流电压与直流电流的乘积将为负值，也就是说，换流器从交流系统吸收的功率为负值。在这种运行状态下，有功功率的实际流向是从直流系统到交流系统。当换流器向交流系统提供有功功率时，换流器把直流电能转换为交流电能送进交流系统。换流器的这种运行状态称为逆变。

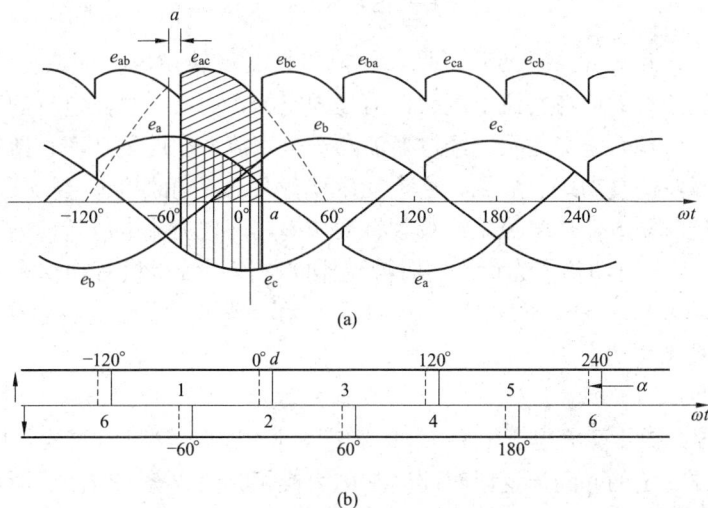

图 2-16　$\alpha \neq 0$ 且不计 L_c 时的直流电压波形与各阀处于导通状态的时段

(a) 直流电压瞬时值 v_d 的波形；(b) 各阀处于导通状态的时段

以下通过分析交流电流 i_a 的基波分量 i_{a1} 与交流电源电压 e_a 的相位关系可以更清楚地看到换流器如何随触发延迟角 α 的增大而从整流状态进入逆变状态。

在目前的分析中，由于不计 L_c，故换相是瞬时完成的。比较图 2-15（b）和图 2-16（b）可以看出，无论触发延迟角 α 是否为零，每一个阀处于导通状态的时间所对应的电角度宽度均为 120°，即阀电流是宽度为 120°、幅值为 I_d 的矩形波。图 2-15（c）表示 α 为零时 a 相交流电流 i_a 的波形。注意 i_a 与交流电源 e_a 的相位关系。当 α 从零增大时，i_a 的波形不变，只是向右平移 α。按傅里叶级数分解，不难理解从矩形波 i_a 中分解出的基波分量 i_{a1} 的相位相对于交流电源 e_a 的相位滞后角度即为触发延迟角 α。

交流线电流基波分量的幅值为

$$I_{LM} = \frac{2}{\pi}\int_{-60°}^{60°} I_d \cos x\, \mathrm{d}x = \frac{2\sqrt{3}}{\pi}I_d \qquad (2-108)$$

交流线电流基波分量的有效值为

$$I = \frac{I_{LM}}{\sqrt{2}} = \frac{\sqrt{6}}{\pi}I_d \qquad (2-109)$$

不计换流器损耗，交流功率等于直流功率。因此

$$3EI\cos\varphi = V_d I_d \qquad (2-110)$$

式中：φ 为交流电源电压超前基波线电流的角度，称为换流器的功率因数角。把式（2-109）和式（2-107）分别代入式（2-110）左右两端，有

$$3E\frac{\sqrt{6}}{\pi}I_d\cos\varphi = I_d\frac{3\sqrt{6}}{\pi}E\cos\alpha \qquad (2-111)$$

于是

$$\cos\varphi = \cos\alpha \qquad (2-112)$$

上式进一步表明交流电流的基波分量与交流电压的相位差正是触发延迟角 α。据上分析，交流系统的基波复功率为

$$P + \mathrm{j}Q = \frac{3\sqrt{6}}{\pi}EI_d(\cos\alpha + \mathrm{j}\sin\alpha) \qquad (2-113)$$

由式（2-107）和式（2-109）可见，换流器把交流转换成直流或把直流转换成交流时，交流基波电流的有效值与直流电流的比值是固定的，而交、直流电压的比值与触发延迟角 α 有关。式（2-113）是交流系统经过换流器送进直流系统的复功率；换句话说，是直流系统从交流系统吸收的复功率。显见，这个功率受触发延迟角控制。当 $\alpha \in [0°, 90°]$ 时，有功功率为正，这时换流器从交流系统吸收有功功率，即把交流电能转换为直流电能；而当 $\alpha \in [90°, 180°]$ 时，有功功率为负，这时换流器向交流系统提供有功功率，即把直流电能转换为交流电能。另外，从式（2-113）还可见，无论是作为整流器还是逆变器，换流器都将从交流系统吸收无功功率。

2. 计及电感 L_c 的影响

（1）换相过程。由于交流电源电感 L_c 的影响，相电流不能瞬时突变，因而电流从一相转换到另一相需要一定的时间，这段时间通常称为换相时间或叠弧时间。所对应的电角度称为换相角，用 μ 表示。在换相过程中，即将开通的阀中的电流从零逐渐增大至 I_d，而即将关断的阀的电流从 I_d 逐渐减小到零。正常运行状态下，μ 小于 60°；满载情况下 μ 的典型值

为 15°～25°。当 $\mu \in [0°，60°]$ 时，换相过程中有 3 个阀同时导通，但在两次换相之间仍只有两个阀导通。每隔 60°开始一次新的换相，每次换相持续角度为 μ 的一个时段。因此当触发延迟角 α 为零时，两个阀同时导通的时段对应的角度为 $60°-\mu$，如图 2 - 17 所示。很显然，若换相角 μ 大于 60°，将出现有 3 个以上的阀同时导通的不正常运行方式。

　　下面以阀 VT1 到阀 VT3 的换相过程来分析叠弧现象的影响。

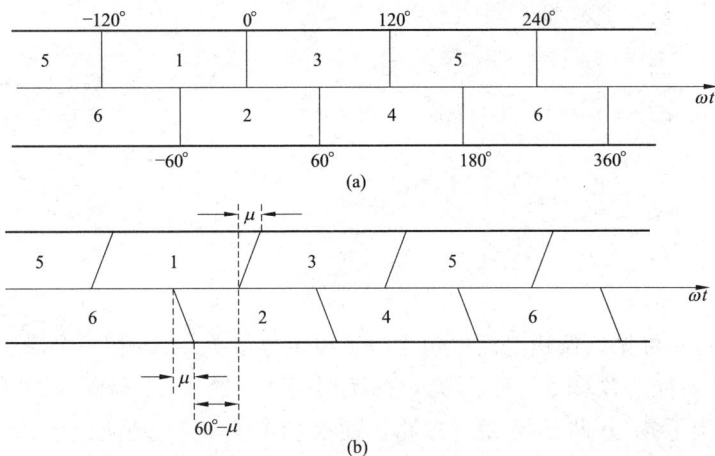

图 2 - 17　换流器中阀的导通情况

(a) $\alpha=0$，$\mu=0$；(b) $\alpha=0$，$\mu \neq 0$

　　如图 2 - 18 所示，给出了考虑触发延迟时的阀的导通情况，换相过程从 $\omega t=\alpha$ 开始到 $\omega t=\alpha+\mu$ 时结束。触发延迟角与换相角之和即 $\alpha+\mu$，称为熄弧角，用 δ 表示。换相开始时刻（即 $\omega t=\alpha$ 时），阀 VT1 的电流 i_1 为 I_d，阀 VT3 的电流 i_3 为零；换相结束时（即 $\omega t=\delta$ 时），i_1 为零而 i_3 为 I_d。在换相期间，即 $\omega t \in [\alpha，\delta]$，由图 2 - 18 可见，阀 VT1、VT2 和 VT3 同时导通，此时换流桥的等值电路如图 2 - 19 所示。

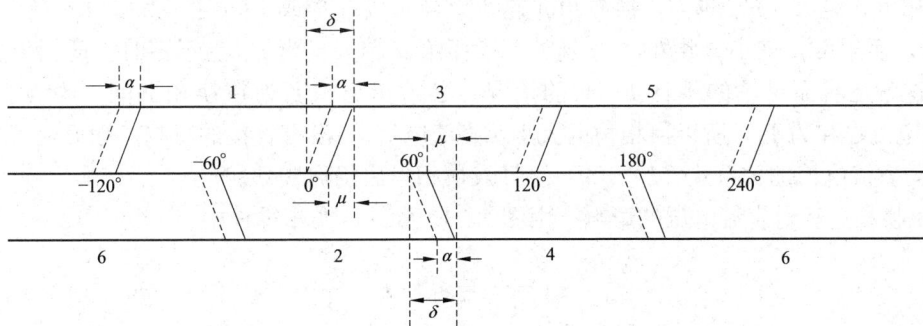

图 2 - 18　$\alpha \neq 0°$，$\mu \neq 0°$换流器中阀的导通情况

　　对于阀 VT1 和阀 VT3 构成的回路有

$$e_b-e_a=L_c\frac{di_3}{dt}-L_c\frac{di_1}{dt}=\sqrt{3}E_m\sin\omega t \qquad (2-114)$$

式中：e_b-e_a 称为换相电压；$i_1+i_3=I_d$，i_3 为换相电流。

　　由于 I_d 为常数，所以式（2 - 114）可写为

$$2L_c \frac{\mathrm{d}i_3}{\mathrm{d}t} = \sqrt{3}E_m \sin\omega t \qquad (2-115)$$

对式（2-115）积分可解出电流 i_3。积分下限为换流开始时刻，即 $\omega t = \alpha$ 或 $t = \alpha/\omega$；上限为变量 t，于是

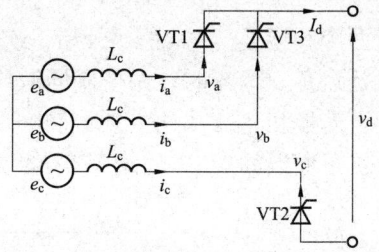

图 2-19　阀 VT1 向阀 VT3 换相时换流桥的等值电路

$$\int_0^{i_3} \mathrm{d}i_3 = \int_{\alpha/\omega}^{t} \frac{\sqrt{3}E_m}{2L_c} \sin\omega t \, \mathrm{d}t \qquad (2-116)$$

积分得

$$i_3 = \frac{\sqrt{3}E_m}{2\omega L_c}(\cos\alpha - \cos\omega t) = I_{s2}(\cos\alpha - \cos\omega t) \qquad (2-117)$$

其中

$$I_{s2} = \frac{\sqrt{3}E_m}{2\omega L_c} \qquad (2-118)$$

由式（2-117）可见，换相电流中包含一个恒定分量 $I_{s2}\cos\alpha$ 和一个滞后于换相电压 $90°$ 的正弦分量 $-I_{s2}\cos\omega t$。由图 2-19 可见，在换相期间，阀 VT1 与阀 VT3 同时导通，对交流系统而言，相当于 a、b 两相经 $2L_c$ 短路，而换相电流 i_3 正是交流电源 e_b 的短路电流。其恒定分量是短路电流中的自由分量，产生的原因是电感回路中的电流不能发生突变；正弦分量是短路电流中的强制分量，由于短路回路是纯电感回路，所以正弦分量的相位滞后电源电压 $90°$。I_{s2} 为短路电流强制分量的峰值。因此，换流器的稳态工况就是：在换相期间使交流系统两相短路，在非换相期使交流系统单相断线。

当 $\omega t = \alpha + \mu = \delta$ 时，$i_3 = I_d$，换相结束。于是

$$I_d = \frac{\sqrt{3}E_m}{2\omega L_c}[\cos\alpha - \cos(\alpha + \mu)] = \frac{\sqrt{3}E_m}{2X_c}[\cos\alpha - \cos(\alpha + \mu)] \qquad (2-119)$$

根据上式可求出换相角 μ。换相角 μ 与运行参数 I_d、E_m、α 和网络参数 L_c 有关。I_d 越大，换相角 μ 越大；E_m 越大，换相角 μ 越小；当 α 接近 $0°$ 或 $180°$ 时，换相角 μ 最大；当 $\alpha = 90°$ 时，换相角 μ 最小。此外，L_c 越大，换相角 μ 越大。当 L_c 趋于零时，换相角 μ 即趋于零，这就是前面讨论的不计 L_c 时的情况。必须指出，因为在换相期间，阀 VT1 与阀 VT3 的电流之和为 I_d，所以换相角的大小对直流电流 I_d 没有直接的影响，因而交流电流基波分量与直流电流的关系式（2-109）在计及换相角后仍然成立。

（2）换相过程对直流电压的影响。由图 2-19 可见，换相过程中

$$v_p = v_a = v_b = e_b - L_c \frac{\mathrm{d}i_3}{\mathrm{d}t} \qquad (2-120)$$

由式（2-115）可知

$$L_c \frac{\mathrm{d}i_3}{\mathrm{d}t} = \frac{\sqrt{3}E_m \sin\omega t}{2} = \frac{e_b - e_a}{2} \qquad (2-121)$$

于是

$$v_p = v_a = v_b = e_b - \frac{e_b - e_a}{2} = \frac{e_b + e_a}{2} \qquad (2-122)$$

由此可见，在不计换相角的情况下，阀 VT3 一经触发，换流桥的阴极电压 v_p 就等于 e_b，但计及换相角之后，在换相期间 $v_\mathrm{p} = \dfrac{e_\mathrm{b} + e_\mathrm{a}}{2}$，直到换相结束后，$v_\mathrm{p}$ 才等于 e_b。图 2-20 所示为阀 VT1 向阀 VT3 换相时的电压波形。图中 A_0 为不计触发延迟和换相角时直流电压对应的面积，A_a 为触发延迟引起的电压下降所对应的面积，A_μ 则为换相过程所引起的电压下降对应的面积。因此，换相过程所引起的平均电压下降，即换相压降为

$$\Delta V_\mathrm{d} = \frac{A_\mu}{\pi/3} = \frac{3}{\pi} \int_a^\delta \left(e_\mathrm{b} - \frac{e_\mathrm{a} + e_\mathrm{b}}{2} \right) \mathrm{d}\theta = \frac{3}{\pi} \int_\alpha^\delta \left(\frac{e_\mathrm{b} - e_\mathrm{a}}{2} \right) \mathrm{d}\theta$$

$$= \frac{3}{\pi} \frac{\sqrt{3}}{2} E_\mathrm{m} (\cos\alpha - \cos\delta) = \frac{V_\mathrm{d0}}{2} (\cos\alpha - \cos\delta) \tag{2-123}$$

从式（2-119）可知，$\cos\alpha - \cos\delta = \dfrac{2\omega L_\mathrm{c}}{\sqrt{3} E_\mathrm{m}} I_\mathrm{d}$，代入上式可得

$$\Delta V_\mathrm{d} = \frac{3}{\pi} \omega L_\mathrm{c} I_\mathrm{d} = R_\mathrm{c} I_\mathrm{d} \tag{2-124}$$

其中

$$R_\mathrm{c} = \frac{3}{\pi} \omega L_\mathrm{c} = \frac{3}{\pi} X_\mathrm{c} \tag{2-125}$$

式中：R_c 称为等效换相电阻，可用来解释换相叠弧所引起的电压下降，但 R_c 并不代表一个实际电阻，它不消耗有功功率。

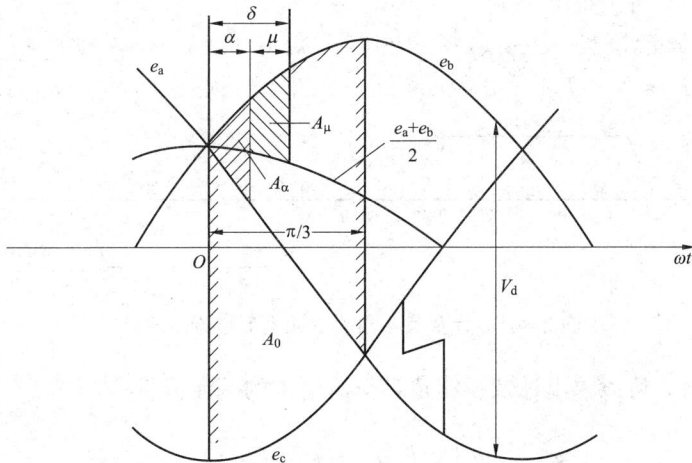

图 2-20　阀 VT1 向阀 VT3 换相时的电压波形

因此，同时计及触发延迟和换相过程时的直流电压平均值为

$$V_\mathrm{d} = V_\mathrm{d0} \cos\alpha - \Delta V_\mathrm{d} = V_\mathrm{d0} \cos\alpha - R_\mathrm{c} I_\mathrm{d} \tag{2-126}$$

当不计换相角时，$V_\mathrm{d} = V_\mathrm{d0} \cos\alpha$。因此，当 $\alpha \in [0°, 90°]$ 时，$V_\mathrm{d} > 0$，换流器为整流器工作方式；当 $\alpha \in [90°, 180°]$ 时，$V_\mathrm{d} < 0$，换流器为逆变器工作方式。当计及换相角后，把式（2-123）代入式（2-126）可得

$$V_\mathrm{d} = V_\mathrm{d0} \cos\alpha - \Delta V_\mathrm{d} = \frac{V_\mathrm{d0}}{2} (\cos\alpha + \cos\delta) \tag{2-127}$$

记使 V_d 为零的触发延迟角为 α_t，则由上式有

$$V_d = \frac{V_{d0}}{2}[\cos\alpha_t + \cos(\alpha_t + \mu)] = 0$$

解得

$$\alpha_t = \frac{\pi - \mu}{2} \tag{2-128}$$

可见，计及换相角后，整流与逆变的分界触发延迟角从 $90°$ 下降至 $90° - \dfrac{\mu}{2}$。

前面已提到，计及换相角后，使换流器正常工作的触发延迟角 α 的变化范围下降。这里仍以阀 VT1 向阀 VT3 换相时为例来分析其原因。注意在阀 VT3 被触发之前由于阀 VT1 是导通状态，所以阀 VT3 的阴极电压为 v_a。这样，阀 3 具备被触发而导通的条件为 $v_b > v_a$。由图 2-20 可见，当 $\omega t \in [0°，180°]$ 时，有 $v_b > v_a$。由于换相角的存在，阀 VT3 被触发之后，阀 VT1 并不能立即关断，而是在 $\omega t = \delta = \alpha + \mu$ 时才能关断。因此，为保证换相成功，即阀 VT1 可靠关断，熄弧角 δ 必须小于 $180°$。否则 v_b 将小于 v_a，而使阀 VT3 的阀电压再次为负，最终阀 VT3 又被关断而阀 VT1 继续开通。此即换相失败。据此有 $0° \leqslant \alpha \leqslant 180° - \mu$。

（3）计及换相角后直流量与交流量的关系。计及换相角后，交流电流的波形不再是矩形波。图 2-21 给出了 b 相交流电流的波形。其他两相电流的波形可以类推。其正值上升沿电流表达式为式（2-117）；其正值下降沿电流表达式为阀 VT3 与阀 VT5 换相时阀 VT3 的电流。由式（2-117）可以推得

$$i_5 = I_{s2}[\cos\alpha - \cos(\omega t - 120°)] \quad \omega t \in [120° + \alpha，120° + \delta]$$
$$i_3 = I_d - i_5 = I_d - I_{s2}[\cos\alpha - \cos(\omega t - 120°)] \quad \omega t \in [120° + \alpha，120° + \delta]$$

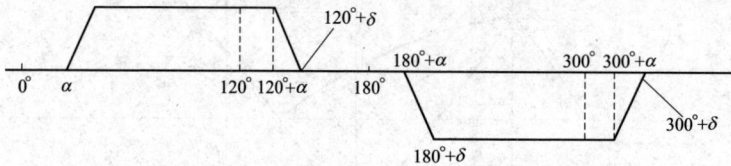

图 2-21　计及换相角后 b 相交流电流的波形

由傅里叶分解，可以求出计及换相角后交流电流的基波分量为

$$I = k(\alpha，\mu)\frac{\sqrt{6}}{\pi}I_d \tag{2-129}$$

其中

$$k(\alpha，\mu) = \frac{1}{2}[\cos\alpha + \cos(\alpha + \mu)]\sqrt{1 + [\mu\csc\mu\csc(2\alpha + \mu) - ctg(2\alpha + \mu)]^2} \tag{2-130}$$

在正常运行方式下，α 和 μ 的取值使得 $k(\alpha，\mu)$ 的值接近于 1。因此，为简化分析，近似取 $k(\alpha，\mu)$ 为常数 $k_\mu = 0.995$。这样，计及换相效应后，交流基波电流与直流电流的关系为

$$I = k_\mu \frac{\sqrt{6}}{\pi} I_d \approx \frac{\sqrt{6}}{\pi} I_d \tag{2-131}$$

由式（2-127）和式（2-106）可知直流电压与交流电压之间的关系为

$$V_d = \frac{3\sqrt{6}}{\pi} \frac{(\cos\alpha + \cos\delta)}{2} E \tag{2-132}$$

忽略损耗时，交流有功功率与直流功率相等。由式（2-131）和式（2-132）得

$$3\left(k_\mu \frac{\sqrt{6}}{\pi} I_d\right) E\cos\varphi = \frac{3\sqrt{6}}{\pi} \frac{(\cos\alpha + \cos\delta)}{2} E I_d \tag{2-133}$$

于是

$$k_\mu \cos\varphi = \frac{\cos\alpha + \cos\delta}{2} \tag{2-134}$$

$$\text{或 } \cos\varphi \approx \frac{\cos\alpha + \cos\delta}{2} \tag{2-135}$$

将式（2-134）、式（2-135）代回式（2-132），得到计及换相角时直流电压与交流电压的关系为

$$V_d = k_\mu \frac{3\sqrt{6}}{\pi} E\cos\varphi \approx \frac{3\sqrt{6}}{\pi} E\cos\varphi \tag{2-136}$$

另外，由式（2-135）的近似表达式，式（2-127）可写为

$$V_d \approx V_{d0}\cos\varphi \tag{2-137}$$

因此

$$\cos\varphi \approx \frac{V_d}{V_{d0}} \tag{2-138}$$

从而可计算换流器从交流系统吸收（或送至交流系统）的有功功率 P_d 及无功功率 Q_d 为

$$\begin{cases} P_d = V_d I_d \\ Q_d = P_d \tan\varphi \end{cases} \tag{2-139}$$

（二）换流器的数学模型

当换流器工作在整流器方式时，前面分析得到的各式可直接应用，一般将整流侧的量加下标 r 表示，如根据式（2-126）可得

$$V_{dr} = V_{d0r}\cos\alpha - R_{cr} I_d \tag{2-140}$$

式（2-106）、式（2-119）、式（2-131）、式（2-138）～式（2-140）一起构成了整流器的准稳态数学模型。

与整流器类似，逆变器工作方式也可用同样定义的 α 和 δ 来描述，只不过其值在 $90°\sim180°$ 之间而已。但在实际应用中，通常用触发超前角 β 和熄弧超前角 γ 来表示。γ 反映了阀桥中的桥臂在换相完毕桥臂关断直到桥臂再次处于正向压降下之间的"熄弧"时间所对应的工频相角。γ 必须足够大，以免熄弧时间太短，晶闸管在再次处于正向压降下误导通而引起换相

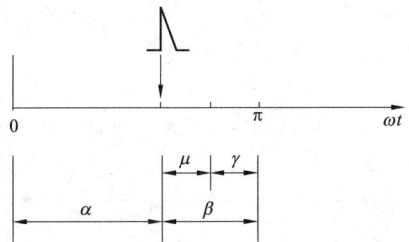

图 2-22　逆变器 α、β、γ、μ 间的关系

失败。通常 γ 应控制在 $17°\sim 21°$。γ 过大会使逆变器所需要的无功功率增加。如图 2-22 所示，逆变器 α、β、γ、μ 之间有如下关系

$$\begin{cases} \beta = \pi - \alpha \\ \gamma = \pi - \delta \\ \mu = \delta - \alpha = \beta - \gamma \end{cases} \quad (2-141)$$

将式（2-141）代入式（2-126），并注意逆变器的电压参考方向与整流器的电压参考方向相反，可得逆变器电压方程为（逆变侧的量加下标 i 表示）

$$V_{di} = V_{d0i}\cos\beta + R_{ci}I_d \quad (2-142)$$

将式（2-141）代入式（2-127），用熄弧超前角 γ 消去熄弧角 δ 可得

$$V_d = \frac{V_{d0}}{2}(\cos\alpha - \cos\gamma) \quad (2-143)$$

将式（2-143）代入式（2-126），消去 $\cos\alpha$ 可得用熄弧超前角 γ 表示的逆变器电压方程为

$$V_{di} = V_{d0i}\cos\gamma - R_{ci}I_d \quad (2-144)$$

式（2-144）具有和整流器电压计算式（2-140）相同的形式，仅把 α 换成了 γ。

将 $\alpha = \pi - \beta$ 及 $\beta = \mu + \gamma$ 代入式（2-119）可得逆变器换相角 μ 的计算式为

$$I_d = \frac{\sqrt{3}E_m}{2X_c}[\cos\gamma - \cos(\gamma + \mu)] \quad (2-145)$$

式（2-106）、式（2-142）、式（2-145）、式（2-131）、式（2-138）和式（2-139）一起构成了逆变器的准稳态数学模型。

三、两端直流输电系统的数学模型

由整流器、逆变器及直流输电线路构成的两端直流系统的单线图如图 2-23 所示。

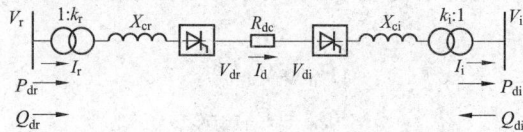

图 2-23 两端直流输电系统单线图

图 2-23 中，$\dot{V}_r$ 及 $\dot{V}_i$ 分别为整流器和逆变器的交流侧线电压。而两端换流变压器的变比分别为 k_r 及 k_i，内电抗分别为 X_{cr} 和 X_{ci}（忽略内电阻）。则根据式（2-106），整流侧和逆变侧的理想空载直流电压可写为

$$V_{d0r} = \frac{3\sqrt{2}}{\pi}k_r V_r \quad (2-146)$$

$$V_{d0i} = \frac{3\sqrt{2}}{\pi}k_i V_i \quad (2-147)$$

再根据式（2-140）和式（2-144），整流器和逆变器直流电压方程可写为

$$V_{dr} = V_{d0r}\cos\alpha - R_{cr}I_d = \frac{3\sqrt{2}}{\pi}k_r V_r\cos\alpha - \frac{3}{\pi}X_{cr}I_d \quad (2-148)$$

$$V_{di} = V_{d0i}\cos\gamma - R_{ci}I_d = \frac{3\sqrt{2}}{\pi}k_i V_i\cos\gamma - \frac{3}{\pi}X_{ci}I_d \quad (2-149)$$

直流线路稳态方程为

$$R_{dc}I_d = V_{dr} - V_{di} \tag{2-150}$$

式中：R_{dc} 为直流线路电阻。

若不需计算换相角 μ，则直流系统其他方程根据式（2-131）、式（2-138）以及式（2-139）应为

$$\begin{cases} \cos\varphi_r = \dfrac{V_{dr}}{V_{d0r}} \quad (\varphi_r \in \text{I 象限}) \\[2mm] \cos\varphi_i = \dfrac{V_{di}}{V_{d0i}} \quad (\varphi_i \in \text{II 象限}) \\[2mm] P_{dr} = V_{dr}I_d \\[1mm] Q_{dr} = P_{dr}\tan\varphi_r \\[1mm] P_{di} = V_{di}I_d \\[1mm] Q_{di} = P_{di}\tan\varphi_i \\[1mm] I_r = \dfrac{\sqrt{6}}{\pi}k_r I_d \\[2mm] I_i = \dfrac{\sqrt{6}}{\pi}k_i I_d \end{cases} \tag{2-151}$$

式（2-148）～式（2-151）包含 11 个方程，有 17 个变量，即 V_{dr}，V_{di}，I_d，α，γ，V_r，V_i，I_r，I_i，φ_r，φ_i，P_{dr}，P_{di}，Q_{dr}，Q_{di}，k_r，k_i；求解需要 6 个条件。若交流系统电压 V_r、V_i 以及换流变压器变比 k_r、k_i 已知，再加上 2 个换流器控制方程（整流器和逆变器各一个控制方程），可形成完整的双端直流输电系统模型，其方程数和变量数平衡，可以求解。

以上数学模型是针对单桥换流器列写的。在实际高压直流输电系统中，为了得到更高的直流电压往往采用多桥换流器。多桥换流器通常用偶数个桥在直流侧串联而在交流侧并联。对于多桥换流器，前面单桥换流器的方程要作相应改变。

对于每极具有 N_b 个 6 脉波桥串联、极数为 N_p 的直流输电系统，与单桥换流器相应的方程如下。

理想空载直流电压

$$V_{d0} = \frac{3\sqrt{2}}{\pi}N_b k_T V_t \tag{2-152}$$

换流器电压方程为

整流器
$$V_{dr} = V_{d0r}\cos\alpha - N_b\frac{3}{\pi}X_{cr}I_d \tag{2-153}$$

逆变器

$$V_{di} = V_{d0i}\cos\gamma - N_b\frac{3}{\pi}X_{ci}I_d \tag{2-154}$$

交、直流电压、电流间的关系为

$$V_d = N_b k_\mu\frac{3\sqrt{2}}{\pi}k_T V_t\cos\varphi \approx \frac{3\sqrt{2}}{\pi}N_b k_T V_t\cos\varphi \approx V_{d0}\cos\varphi \tag{2-155}$$

$$I_t = N_b k_\mu \frac{\sqrt{6}}{\pi} k_T I_d \approx N_b \frac{\sqrt{6}}{\pi} k_T I_d = 0.78 N_b k_T I_d \qquad (2-156)$$

功率因数为

$$\cos\varphi \approx \frac{V_d}{V_{d0}} \qquad (2-157)$$

直流功率为

$$P_d = N_p V_d I_d \qquad (2-158)$$

$$Q_d = P_d \tan\varphi \qquad (2-159)$$

以上各式中，k_T 为换流变压器变比；V_t 和 I_t 分别为换流变压器交流侧线电压和线电流的基波分量有效值。

四、直流输电系统的控制方式

在直流系统运行中，通过控制整流侧和逆变侧的晶闸管触发角可达到控制直流系统电压和电流（或输送功率）的目的。以图 2 - 23 所示的两端直流系统为例，把式（2 - 148）和式（2 - 149）代入式（2 - 150）可得直流线路上的电流为

$$I_d = \frac{V_{d0r}\cos\alpha - V_{d0i}\cos\gamma}{R_{cr} + R_{dc} - R_{ci}} \qquad (2-160)$$

由此可见，通过控制整流侧和逆变侧的晶闸管触发角（α 和 γ）可以控制直流系统的电压和电流（或输送功率）。当然，改变换流变压器的抽头从而改变交流系统电压，也可以改变直流系统的电压和电流（或输送功率），但变压器抽头是分级调整的，且切换速度较慢，一般调整一级的时间约为 5～6s。而换流器触发角的调整速度非常快，时间大约为 1～10ms 的数量级。由于触发角的这种可快速调整特性，使得直流输电可以快速地调整输送的功率，从而在交流系统需要紧急功率支援时发挥重要的作用。在电力系统运行中，一般的控制过程是，首先由自动控制系统调整触发角（α 和 γ）以使整个电力系统快速地达到合适的运行状态；然后通过调整整流变压器的变比（k_r 和 k_i）以使换流器的触发角运行在合适的值域；最后通过交流系统的优化调整使全系统运行在理想状态。

需要注意的是，由于直流线路的电阻很小，交流系统电压的微小变化将引起直流电流的巨大变化，为防止直流电流大幅度地波动，快速地调整换流器的触发角以跟踪交流电压的变化是直流系统正常运行的必要条件。另外，换流器的稳态运行调整应尽可能使直流电压在额定值附近，并保持较高的功率因数。

一般地，换流器的控制方式有以下三种。

（1）控制方式一为整流侧定电流（或定功率）控制、逆变侧定熄弧角（或定电压）控制，系统正常运行时一般采用这种方式。控制方程为

$$\begin{cases} I_d = I_{ds}(P_d = P_{ds}) \\ \gamma = \gamma_N(V_{di} = V_{ds}) \end{cases} \qquad (2-161)$$

整流器定功率控制实质上也是定电流控制，只是将电流整定值设为

$$I_{ds} = P_{ds}/V_{dr} \qquad (2-162)$$

式中：P_{ds} 为定功率控制的给定值；V_{dr} 为实际直流电压。故本质上也是定电流控制，即通过比较实际直流电流 I_d 和给定值 I_{ds} 的偏差来调节整流器的晶闸管触发角，以使二者偏差趋于零，从而达到定电流或定功率控制的目的。逆变侧定熄弧角控制可以确保晶闸管的关断，

以免进入正向电压状态时晶闸管误导通而造成换相失败，一般 $\gamma_{\min}\approx15°$，而定 γ 控制值为 $17°\sim21°$。在逆变侧采用定电压控制时也要有 $\gamma_{\min}$ 限制。

（2）控制方式二为整流侧定最小触发角控制、逆变侧定电流控制。控制方程为

$$\begin{cases} \alpha = \alpha_{\min} \\ I_d = I_{ds} - \Delta I_d \end{cases} \tag{2-163}$$

式中：ΔI_d 为直流电流定值裕度，即整流侧定电流值与逆变侧定电流值之差。

系统运行中有时出现不正常工况，例如整流侧交流母线电压 V_r 过低，若逆变侧为定电压控制，保持 V_{di} 恒定，整流侧为定电流控制，保持 I_d 为恒定，V_{dr} 就要满足

$$V_{dr} = V_{di} + I_d R_{dc} \tag{2-164}$$

即整流侧要维持足够高的直流电压水平。而由于

$$V_{dr} = \frac{3\sqrt{2}}{\pi} k_r V_r \cos\alpha - \frac{3}{\pi} X_{cr} I_d \tag{2-165}$$

即若要维持足够高的 V_{dr}，在 V_r 较低时，或者通过增大 k_r，或者通过增大 $\cos\alpha$，即调节 α 使之趋于零的方法来解决。若 k_r 已增大，还解决不了问题，或者 V_r 的跌落很快，来不及调 k_r，则只有通过减小触发角 α 来解决。但 α 太小很不安全，如果 $\alpha<0$，则阀电压处于反向尚未过零点，点火脉冲无法开通阀，一般要求 $\alpha_{\min}=5°$，以确保在正向阀电压下，加触发脉冲时可靠导通，因此在整流侧进行定 I_d 控制中，当测到 $\alpha=\alpha_{\min}=5°$ 时，就自动转化为定最小触发延迟角 $\alpha_{\min}$ 控制，以确保直流系统安全运行。与此同时，为了继续控制直流电流并保证系统有稳定的运行工作点，逆变侧则应改为定 I_d 控制，并且逆变侧的 I_d 定值应比整流侧小一个 ΔI_d。ΔI_d 一般取直流线路额定电流的 $10\%\sim15\%$，以确保因为测量或其他原因引起误差的情况下两条恒定电流特性不会相交。控制方式二一般发生在整流侧交流电压过低或逆变侧交流电压过高的情况下。

以上两种控制方式的工作特性见图 2-24。图中垂直直线（b）反映了整流侧定 I_{ds} 控制，斜线（c）反映了逆变侧定熄弧角控制时的 V_d-I_d 关系，二者的交点 A 即为实际工作点［如果逆变侧为定电压控制，则此时（c）为一条水平线］，这就是正常工作方式，此时一般 $\alpha>\alpha_{\min}$，其值常在 $15°$ 左右（控制方式一）。当整流侧交流母线电压下降，为维持 I_d 及受端要求的电压水平，减小触发角 α，若 $\alpha=\alpha_{\min}$，则整流侧转为 $\alpha_{\min}$ 控制，如图中（a''）斜线所示，此时如逆变侧仍用定 γ 控制，则交点会发生"漂移"，工作参数不稳定，故逆变侧改为定电流控制，计及

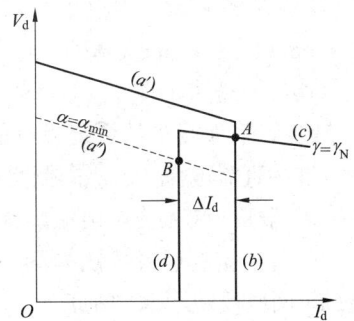

图 2-24　前两种控制方式的运行特性

ΔI_d 裕度后的工作特性为垂线（d），从而系统工作在 B 点（控制方式二）。

（3）在控制方式一及控制方式二中间，实际上还存在一个过渡运行的控制方式，即控制方式三。这一方式在稳态运行时很少遇到，下面以图 2-25 加以说明。设系统原来运行在控制方式一的 A 点。如果系统整流侧交流母线电压下降，则触发角 α 要减小，以维持 $I_d=I_{ds}$，使工作点仍在 A 点。若由于整流侧交流母线电压下降较严重，则由于 $\alpha_{\min}$ 限制，整流

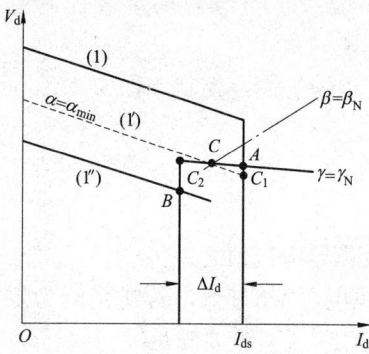

图 2-25　过渡运行方式

侧电压—电流特性转为斜线（1'），则系统不再工作在 A 点，而转到 C 点，此时 $I_{ds}-\Delta I_d<I_d<I_{ds}$，即为过渡运行方式。这种运行方式下，由于整流侧和逆变侧分别为定 α_{min} 和定 γ_N 控制，运行特性的交点 C 很容易漂移，而直流系统电流易波动，故系统不允许长期运行在该方式下，一般在控制系统中经延时 I_{ds} 会自动减小一个固定值（如 ΔI_d），使系统进入控制方式二运行，或增加一个固定值（ΔI_d）使系统进入控制方式一运行。当整流侧母线电压进一步下降，相应电压—电流特性转为斜线（1"），则系统转为控制方式二，即整流侧定 α_{min} 控制，逆变侧定电流 $I_{ds}-\Delta I_d$ 控制，系统运行在 B 点。

　　实际中，为使系统出现控制方式三时有较稳定的工作点，逆变侧也可改为定 β_N 控制，从而逆变侧电压方程为

$$V_{di}=V_{d0i}\cos\beta_N+N\sigma\frac{3}{\pi}X_{ci}I_d \tag{2-166}$$

相应电压—电流特性上翘（见图 2-25 中 $\beta=\beta_N$ 相应特性），工作点 C 较稳定。

　　应当指出，在实际系统中应严格防止出现图 2-25 中的这种情况，即整流侧定 α_{min} 控制相应特性的斜率小于逆变侧定 γ_N 控制相应特性的斜率，此时 C 为不稳定工作点，系统运行点可能在 C_1 和 C_2 两点间跳跃。此时应迅速使逆变侧转为定 β_N 控制或改变 I_{ds} 的定值。

　　因此，控制方式三即整流侧定最小触发角控制、逆变侧定 β_N 角控制。控制约束方程为

$$\begin{cases}\alpha=\alpha_{min}\\\beta=\beta_N\end{cases} \tag{2-167}$$

　　如果换流站交流母线电压和换流变压器变比已知，每种方式的 2 个控制方程与换流器和直流线路方程联立就可求解直流系统的电量。

　　（4）电流限制。除以上三种基本控制方式外，直流调节特性还有 VDCOL（Voltage-Dependent Current-Order Limit）控制和最小电流限制。VDCOL 是与电压相关的电流限制，其目的是为了在 V_d 下降时，I_{ds} 跟随下降，以确保逆变侧换相不易失败，同时也造成 P_d 减少，从而减少从系统吸收的 Q_d，以防止电压不稳定，故当 V_d 下降时，I_{ds} 自动下降。

　　最小直流电流 $I_{ds,min}$ 限制是防止直流电流的断续工作状态而引起过电压，同时可使直流系统仍消耗一些无功，避免换流器无功设备的大量无功功率注入交流系统，引起过电压。

　　此时相应的运行特性如图 2-26 所示。其中 EF 和 CD 两段反映了 VDCOL 的作用，FH 和 DG 反映了最小电流限制。当受端交流系统电压很低而引起 V_d 下降时，整流侧运行在 CDG 上，而逆变侧为定 γ_N 控制（又称 γ 限制控制）；反之送端交流系统电压很低，而引起 V_d 下降时，逆变侧运行在 EFH 上，整流侧为定 α_{min} 控制。同样地为了使直流系统有可靠的工作点及考虑两侧整定偏差及测量误差，CDG 与 EFH 间也有 ΔI_d 裕度。

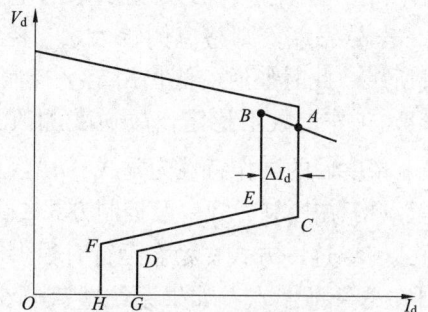

图 2-26　直流系统特殊调节特性

在直流输电的极控制中，整流侧通常配备有带最小触发角 $\alpha_{\min}$ 限制的定电流（I_{d}）控制器和定功率（P_{d}）控制器；逆变侧通常配有定电流（$I_{\mathrm{d}}-\Delta I_{\mathrm{d}}$）控制器、定电压（$V_{\mathrm{d}}$）控制器和定熄弧角（$\gamma$）控制器。根据实际运行状态的变化，整流器和逆变器运行于不同的控制方式。正常运行情况下，整流器定电流（或定功率）控制，逆变器定熄弧角（或定电压）控制。当整流侧交流电压过低或逆变侧交流电压过高时，整流器转为定最小触发角控制，逆变器定电流控制。

五、交直流电力系统的潮流计算

交直流电力系统的潮流计算，由于增加了直流系统变量，会与纯交流系统的潮流计算有所不同。交流系统和直流系统中的有关变量通过换流器的特性方程建立起数学上的联系。在纯交流电力系统中，决定潮流分布的是节点电压的大小和相位角。而在直流电力系统中，由于只流过有功功率（直流功率），其功率分布仅由直流系统各节点电压的大小决定。不过，由于通过换流器进行相位控制，流入换流器的交流电流其基波分量将比外加于换流器的交流电压滞后一个角度，也即通过换流器，一方面实现了交直流系统间的有功功率传递，另一方面由于换流器的存在又要从交流系统中吸取相当多的无功功率。另外，直流系统的运行必须对各个换流器的运行控制方式加以指定，直流系统的状态量是给定的直流控制量值和换流器交流端电压的函数。因此，交直流系统潮流计算就是根据交流系统各节点给定的负荷和发电情况，结合直流系统指定的控制方式，通过计算来确定整个系统的运行状态。

目前广泛采用的交直流电力系统潮流计算方法多在牛顿法或 P-Q 分解法的基础上形成，主要分为统一解法（Integrated Methods）和顺序解法（Sequential Methods）两大类，是根据在交流系统潮流计算中如何处理直流输电环节的方法来区分的。

统一解法一般以极坐标形式的牛顿法为基础，将直流系统方程和交流系统方程统一进行迭代求解，即潮流雅可比矩阵除包括交流电网参数外，还包括直流换流器和直流输电线路的参数。而顺序解法在迭代计算过程中，则将直流系统方程和交流系统方程分别进行求解。在求解交流系统方程时，将直流系统用接在相应节点上的已知其有功功率和无功功率的负荷来等值。而在求解直流系统方程组时，将交流系统模拟成加在换流器交流母线上的一个恒定电压。本书只介绍顺序解法。

1. 潮流计算中换流器的标幺值方程

交流系统的潮流计算一般采用标幺值，为了统一，下面建立直流系统的标幺值方程。

本书选取直流系统的基准功率和基准电压与交流系统的相等，即

$$\begin{cases} S_{\mathrm{dcB}}=S_{\mathrm{B}} \\ V_{\mathrm{dcB}}=V_{\mathrm{B}} \end{cases} \tag{2-168}$$

式中：S_{dcB}、S_{B} 分别为直流系统和交流系统的基准功率；V_{dcB}、V_{B} 分别为直流系统和交流系统的基准电压。

由于

$$S_{\mathrm{B}}=\sqrt{3}V_{\mathrm{B}}I_{\mathrm{B}}$$
$$S_{\mathrm{dcB}}=V_{\mathrm{dcB}}I_{\mathrm{dcB}}$$

因此

$$I_{\mathrm{dcB}}=\sqrt{3}I_{\mathrm{B}} \tag{2-169}$$
$$Z_{\mathrm{dcB}}=V_{\mathrm{dcB}}/I_{\mathrm{dcB}} \tag{2-170}$$

式中：I_{dcB}、I_{B} 分别为直流系统和交流系统的基准电流；Z_{dcB} 为直流系统阻抗基准值。

对于每极具有 N_b 个 6 脉波桥串联、极数为 N_p 的直流输电系统，根据式（2-152）～式（2-159），可得换流器标幺值方程为

$$
\begin{cases}
V_{d0*} = \dfrac{3\sqrt{2}}{\pi} N_b k_T V_{t*} \\[2mm]
V_{d*} = V_{d0*} \cos\theta_d - \dfrac{3}{\pi} N_b X_{c*} I_{d*} \\[2mm]
\cos\varphi \approx \dfrac{V_{d*}}{V_{d0*}} \\[2mm]
P_{d*} = N_p V_{d*} I_{d*} \\[2mm]
Q_{d*} = P_{d*} \tan\varphi \\[2mm]
I_* = N_b \dfrac{3\sqrt{2}}{\pi} I_{d*}
\end{cases}
\tag{2-171}
$$

式中：θ_d 对于整流器取 α，对于逆变器则取 γ。

直流线路稳态方程为

$$
V_{dr*} = V_{di*} + R_{dc*} I_{d*}
\tag{2-172}
$$

标幺值方程的形式与有名值非常相似，今后为了方便，采用标幺值时将省去下标"$*$"。

2. 交直流潮流的顺序解法

顺序解法的基本思想是：迭代计算过程中，将交流系统潮流方程和直流系统潮流方程分别单独进行求解。在求解交流系统方程组时，将直流系统换流站处理成接在相应交流节点上的一个等效 P、Q 负荷。而在求解直流系统方程时，将交流系统模拟成加在换流站交流母线上的一个恒定电压。在每次迭代中，交流系统方程的求解将为随后的直流系统方程的求解建立起换流站交流母线的电压值，而直流系统方程的求解又为后面的交流系统方程的求解提供了换流站的等效 P、Q 负荷值。

由于交流系统方程和直流系统方程在迭代过程中分别单独进行求解，因此计算交流系统潮流，可以采用任何一种有效的交流潮流算法。交直流系统潮流计算只需要在交流系统潮流程序中增加直流输电环节的计算即可。

顺序解法的步骤如下：

（1）换流器参数和直流输电电流 I_d 已知，用估计的换流器交流电压 V_r、V_i，计算直流输电作为负荷吸收的有功和无功功率 P_{dr}，P_{di}，Q_{dr}，Q_{di}。

（2）用已知负荷求解交流潮流，得到换流器交流电压的改进值。

（3）重复以上两个步骤，直到交流潮流收敛并满足直流输电的运行条件为止。

下面以两端直流输电的交直流系统潮流计算为例，根据不同的已知条件和换流器控制方式，详细介绍顺序法的求解过程。

（1）直流系统运行在控制方式一，设整流侧定电流控制 $I_d = I_{ds}$、逆变侧定熄弧角控制 $\gamma = \gamma_N$。且已知换流器交流母线的电压 V_r 和 V_i，直流潮流计算主要有两种情况。

1）若已知换流变压器变比 k_r、k_i，计算可从逆变侧开始，根据式（2-171）有

$$
\begin{cases}
V_{d0i} = \dfrac{3\sqrt{2}}{\pi} N_b k_i V_i \\[2mm]
V_{di} = V_{d0i}\cos\gamma_N - \dfrac{3}{\pi} N_b X_{ci} I_{ds} \\[2mm]
\varphi_i = \cos^{-1}(V_{di}/V_{d0i}) \\[2mm]
P_{di} = N_p V_{di} I_{ds} \\[2mm]
Q_{di} = P_{di}\tan\varphi_i
\end{cases}
\tag{2-173}
$$

然后计算整流侧的电量

$$
\begin{cases}
V_{dr} = V_{di} + R_{dc} I_{ds} \\[2mm]
V_{d0r} = \dfrac{3\sqrt{2}}{\pi} N_b k_r V_r \\[2mm]
\varphi_r = \cos^{-1}(V_{dr}/V_{d0r}) \\[2mm]
P_{dr} = N_p V_{dr} I_{ds} \\[2mm]
Q_{dr} = P_{dr}\tan\varphi_r \\[2mm]
\alpha = \cos^{-1}\left(\dfrac{V_{dr}}{V_{d0r}} + \dfrac{X_{cr} I_{ds}}{\sqrt{2}\,k_r V_r}\right)
\end{cases}
\tag{2-174}
$$

其中，P_{dr}、P_{di}、Q_{dr}、Q_{di} 作为输出，将用于交流潮流的下一次迭代中。在计算 α 时应校验 $\alpha > \alpha_{\min}$，可调整变比 k_r，使 α 在期望的范围内，否则应转入控制方式二，并按控制方式二进行潮流计算。

2）若换流变压器变比 k_r、k_i 未知，通常要求在潮流计算中整定变比 k_r、k_i，使 $\alpha = \alpha_N$（通常取 $\alpha_N = 15°$），$V_{di} = V_{ds}$（或 $V_{dr} = V_{ds}$）。此时潮流计算顺序为：根据 $V_{di} = V_{ds}$，可得 $V_{dr} = V_{ds} + R_{dc} I_{ds}$；然后由

$$
\begin{cases}
V_{dr} = \dfrac{3\sqrt{2}}{\pi} N_b k_r V_r \cos\alpha_N - \dfrac{3}{\pi} N_b X_{cr} I_{ds} \\[2mm]
V_{di} = \dfrac{3\sqrt{2}}{\pi} N_b k_i V_i \cos\gamma_N - \dfrac{3}{\pi} N_b X_{ci} I_{ds}
\end{cases}
\tag{2-175}
$$

分别解出 k_r 和 k_i。然后由式（2-171）计算 φ_r、φ_i 及 P_{dr}、P_{di}、Q_{dr}、Q_{di}。将解出的 k_r 和 k_i 与实际换流站变压器变比的限值比较，若越限，则将其固定为限值，重算潮流；若不越限，则本次计算结束。

在控制方式一时，整流侧为定功率控制、逆变侧为定电压控制或定 β 角控制，也可导出相应的电量计算顺序，这里不一一详细介绍。控制方式一中要求 $\alpha > \alpha_{\min}$，若计算得 $\alpha < \alpha_{\min}$，则应设 $\alpha = \alpha_{\min}$，转入控制方式二，重新计算相应潮流。

（2）直流系统运行在控制方式二，即整流侧定最小触发角控制 $\alpha = \alpha_{\min}$、逆变侧定电流控制 $I_d = I_{ds} - \Delta I_d$，$\Delta I_d$ 为逆变侧定电流控制裕度。则在 k_r 和 k_i 已知的条件下，由于触发角已知，故由整流侧向逆变侧作直流电量计算。计算顺序如下：

首先计算整流侧电量

$$\begin{cases} V_{d0r} = \dfrac{3\sqrt{2}}{\pi} N_b k_r V_r \\[2mm] V_{dr} = V_{d0r}\cos\alpha_{min} - \dfrac{3}{\pi} N_b X_{cr}(I_{ds} - \Delta I_d) \\[2mm] \varphi_r = \cos^{-1}(V_{dr}/V_{d0r}) \\[2mm] P_{dr} = N_p V_{dr}(I_{ds} - \Delta I_d) \\[2mm] Q_{dr} = P_{dr}\tan\varphi_r \end{cases} \quad (2-176)$$

然后计算逆变侧直流电量

$$\begin{cases} V_{d0i} = \dfrac{3\sqrt{2}}{\pi} N_b k_i V_i \\[2mm] V_{di} = V_{dr} - R_{dc} I_d = V_{dr} - R_{dc}(I_{ds} - \Delta I_d) \\[2mm] \varphi_i = \cos^{-1}(V_{di}/V_{d0i}) \\[2mm] P_{di} = N_p V_{di}(I_{ds} - \Delta I_d) \\[2mm] Q_{di} = P_{di}\tan\varphi_i \\[2mm] \gamma = \cos^{-1}\left[\dfrac{V_{di}}{V_{d0i}} + \dfrac{X_{ci}(I_{ds} - \Delta I_d)}{\sqrt{2}k_i V_i}\right] \end{cases} \quad (2-177)$$

其中，P_{dr}、P_{di}、Q_{dr}、Q_{di} 作为输出，将用于交流潮流的下一次迭代中。可调整变比 k_i 以保证 $\gamma > \gamma_{min}$ 及无功损耗最小，否则应转入控制方式一，并重新计算潮流。

（3）直流系统运行在控制方式三，即整流侧定最小触发角控制（$\alpha = \alpha_{min}$）、逆变侧定 β_N 角控制（$\beta = \beta_N$）。在正常潮流计算中，考虑控制方式一和控制方式二已经足够了，一般不会出现控制方式三的情况。但是，对于伴有稳定性研究的潮流解（网络代数方程的解）就有必要考虑控制方式三。下面给出计算顺序。

控制方式三的特性见图 2-25，首先计算线路的电流 I'_d，将方程

$$\begin{cases} V_{d0r} = \dfrac{3\sqrt{2}}{\pi} N_b k_r V_r \\[2mm] V_{d0i} = \dfrac{3\sqrt{2}}{\pi} N_b k_i V_i \end{cases} \quad (2-178)$$

$$\begin{cases} V_{dr} = V_{d0r}\cos\alpha_{min} - \dfrac{3}{\pi} N_b X_{cr} I'_d \\[2mm] V_{di} = V_{d0i}\cos\beta_N + \dfrac{3}{\pi} N_b X_{ci} I'_d \end{cases} \quad (2-179)$$

$$V_{dr} = V_{di} + R_{dc} I'_d \quad (2-180)$$

联立求解可得

$$I'_d = \dfrac{V_{d0r}\cos\alpha_{min} - V_{d0i}\cos\beta_N}{R_{dc} + \dfrac{3}{\pi} N_b X_{cr} + \dfrac{3}{\pi} N_b X_{ci}} \quad (2-181)$$

求得 I'_d 后，根据方程式（2-179）即可求得 V_{dr}、V_{di}，于是可按如下方程求得直流系统作为负荷的功率。

$$\begin{cases} \varphi_r = \cos^{-1}(V_{dr}/V_{d0r}), \quad \varphi_i = \cos^{-1}(V_{di}/V_{d0i}) \\ P_{dr} = N_p V_{dr} I'_d, \quad Q_{dr} = P_{dr}\tan\varphi_r \\ P_{di} = N_p V_{di} I'_d, \quad Q_{di} = P_{di}\tan\varphi_i \end{cases} \tag{2-182}$$

对于任何给定的系统条件，整流器和逆变器的控制方式都不会先于系统方程解而得知。因此，可以按下列步骤建立控制方式和求解交、直流系统的方程。

（1）解交流系统方程得到 V_r、V_i。

（2）解控制方式一的直流系统方程，如果 $\alpha > \alpha_{min}$，则满足方式一的条件，然后转第（3）步；如果 $\alpha \leq \alpha_{min}$，则解控制方式二的直流方程。如果 $\gamma > \gamma_{min}$，则满足方式二的条件，然后转第（3）步；如果 $\gamma \leq \gamma_{min}$，则解控制方式三的方程。

（3）计算 P_{dr}、P_{di}、Q_{dr}、Q_{di}，如果误差大于允许值，返回到第（1）步并解交流方程。

（4）如果误差小于允许值，则计算结束。

顺序法由于交、直流系统的潮流方程分开求解，因此整个程序可以利用现有任何一种交流潮流程序再加上直流系统潮流程序模块即可构成。另外，顺序求解法也很容易在计算中考虑直流系统变量的约束条件和运行方式的合理调整。实践表明，当交流系统较强时，其收敛特性完全可以令人满意，但是当交流系统较弱时，其收敛性会变差，出现迭代次数明显增加或甚至不收敛的现象，这是顺序求解法的缺点。

习　题

2-1　牛顿法潮流计算的雅可比矩阵有何特点？它对牛顿法的性能有何影响？

2-2　试说明 P-Q 分解法是如何从牛顿法简化而来的？

2-3　P-Q 分解法的修正方程式与牛顿法的相比有何特点？

2-4　试编写形成导纳矩阵的程序，并求解图 1-14 所示的等值网络的导纳矩阵。

2-5　在如图 2-27 所示的简单电力系统中，网络各元件参数的标幺值如下：$z_{12} = 0.11 + j0.40$，$y_{120} = y_{210} = j0.015$，$z_{13} = 0.07 + j0.35$，$k = 1.1$，$z_{14} = 0.12 + j0.51$，$y_{140} = y_{410} = j0.019$，$z_{24} = 0.08 + j0.40$，$y_{240} = y_{420} = j0.014$。系统中节点 1、2 为 PQ 节点，节点 3 为 PV 节点，节点 4 为平衡节点，已给定 $P_{1s} + jQ_{1s} = 0.32 + j0.20$，$P_{2s} + jQ_{2s} = 0.56 + j0.16$，$P_{3s} = 0.5$，$V_{3s} = 1.10$，$V_{4s} = 1.05\angle 0°$。容许误差 $\varepsilon = 10^{-5}$。试用牛顿法和 P-Q 分解法计算潮流分布。

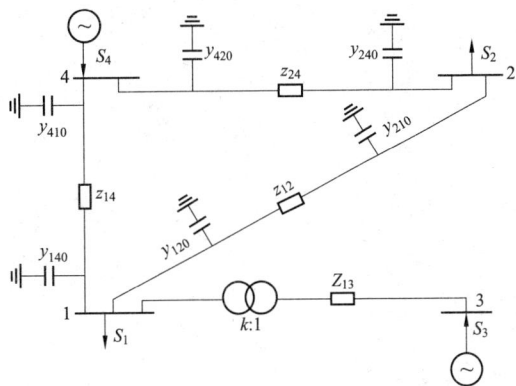

图 2-27　题 2-5 图

2-6　网络接线和各元件参数的标幺值如图 2-28 所示。试用牛顿法计算网络的潮流分布，并计及负荷静态特性。

2-7　简单电力系统如图 2-29 所示，已知各段线路阻抗和节点功率分别为 $Z_{12} = (10 + j20)\Omega$，$Z_{13} = (15 + j38)\Omega$，$Z_{23} = (28 + j45)\Omega$，$S_2 = (20 + j15)MV·A$，$S_3 = (25 + j18)MV·A$，节点 1 为平衡节点，试用牛顿法计算潮流：（1）形成节点导纳矩阵；（2）形成第一次迭代用的

雅可比矩阵；（3）求解第一次迭代的修正方程。

2-8　直流系统当整流侧为定功率控制、逆变侧为定电压控制或定 β 角控制时，试导出用顺序解法求解潮流的电量计算顺序。

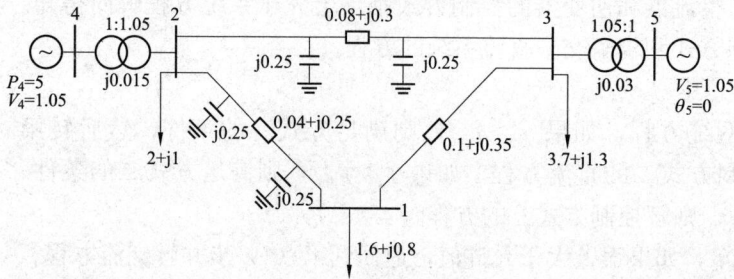
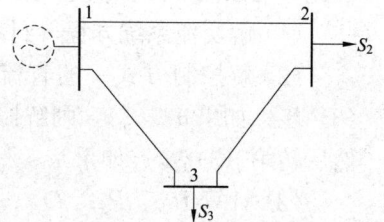

图 2-28　题 2-6 图　　　　　　　　　　　　图 2-29　题 2-7 图

第三章 电力系统故障分析的计算机算法

第一节 电力系统故障分析的等值网络

随着计算机技术的迅速发展和普及应用，计算机已越来越多地用于电力系统的分析计算。目前已有很多用于大电力系统多重复杂故障分析计算的成熟软件。

严格地讲，电力系统的短路故障或其他复杂的故障都伴随着复杂的电磁和机电暂态过程。在整个故障期间电力系统各部分的电流和电压是随时间变化的，其中不仅包括幅值随时间变化的工频周期分量，同时还有随时间衰减的非周期分量以及其他频率的周期分量。所以，完整的短路电流及复杂故障计算要求解微分方程和代数方程组，这种计算方法在有关计算电力系统电磁暂态过程和动态稳定的方法中有较详细的讨论。在一般解决电气设备的选择、继电保护的整定及运行方式分析等问题时，往往只需要计算短路或故障后某一瞬间（如故障后 $t=0$ 时）电流和电压的周期分量。在本章中仅讨论故障后 $t=0$ 时电流和电压周期分量的计算方法，而不涉及这些量的变化过程的计算。但是，如果把本章所讨论的方法结合在动态稳定计算中，则可以详细分析电力系统在各种故障状态下系统各元件电压、电流周期分量的变化过程。

用计算机进行电力系统故障分析计算时，同样需要掌握电力系统故障计算用的数学模型和计算方法，以及程序设计三方面的知识，这三者在计算程序中密切相关、相互影响，本章将着重讨论前两方面的问题。

用计算机对由发电机、变压器、线路、串（并）联电容器、负荷等所组成的电力系统进行计算，首先应根据所要解决的问题，将各部件分别用足够准确的等值电路来表示，并按一定方式连接起来，即将实际电力系统表示成相应的等值网络，然后对该等值网络建立相应的数学模型。其中用于计算电力系统故障初始瞬间电流、电压的等值网络是线性的。

关于电力系统等值网络的一般问题，在参考文献 [5] 和本书第一章已有叙述，现就电力系统故障分析计算的一些特殊问题加以说明。

一、电源的处理

利用节点方程进行故障计算时，要先形成系统的节点导纳矩阵或节点阻抗矩阵。在起始次暂态电流计算中，一般将发电机支路等值为次暂态阻抗 $R+jX''_d$ 和次暂态电动势 E''，如图 3-1（a）所示。由于使用节点方程进行计算，发电机等值为电流源电路更为方便，因此，将电压源转换成等值的电流源，如图 3-1（b）所示。

这样，可以省去图 3-1（a）中的节点 i'，从而使系统的节点数保持不变。在形成节点导纳（或阻抗）矩阵时，发电机端点节点应接有一支路阻抗为 $R+jX''_d$

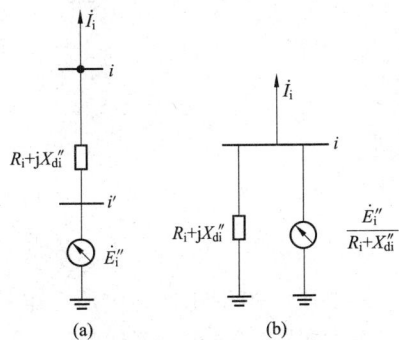

图 3-1 发电机等值电路

(a) 电压源；(b) 电流源

的对地支路。

二、负荷的处理

故障计算时，一般用恒定阻抗来表示负荷，如图 3-2 所示。恒定阻抗值可由短路前瞬间的负荷功率和节点实际电压计算得出，即

图 3-2 用恒定阻抗表示负荷
(a) 系统节点所带负荷；
(b) 用恒定阻抗表示节点负荷

$$Z_{LD} = \frac{V_{LD}^2}{\overset{*}{S}_{LD}} = \frac{V_{LD}^2}{P_{LD} - jQ_{LD}} \qquad (3-1)$$

其中 Z_{LD} 作为负荷节点的对地支路计入导纳（或阻抗）矩阵。个别离短路点很近的大型旋转电机，也可以按照参考文献［5］所讲方法表示为由次暂态阻抗和次暂态电动势构成的有源支路，并仿造发电机支路进行处理。

利用对称分量法进行不对称故障分析计算时，需要制定系统故障时的各独立序网络，其中负序和零序网络中没有独立电源，属于无源线性网络。关于负序和零序网络制定的一般问题在参考文献［5］中已有讲述，有关零序网络的特殊问题将在本章第三节中讨论。

第二节 对称短路计算

一、用阻抗矩阵计算

发生非金属性短路时，故障节点 f 经过渡阻抗 z_f 发生短路。这个过渡阻抗 z_f 不参与形成网络的节点导纳（或阻抗）矩阵。

如果保持故障处边界条件不变，则可以把网络的原有部分同故障支路分开，如图 3-3 所示。对于正常状态的网络而言，相当于在故障节点 f 增加了一个注入电流 $-\dot{I}_f$（短路电流以流出故障点为正，节点电流则以注入为正）。因此，网络中任一节点 i 的电压可表示为

$$\dot{V}_i = \sum_{j \in G} Z_{ij}\dot{I}_j - Z_{if}\dot{I}_f \qquad (3-2)$$

式中：G 为网络内有源节点的集合。

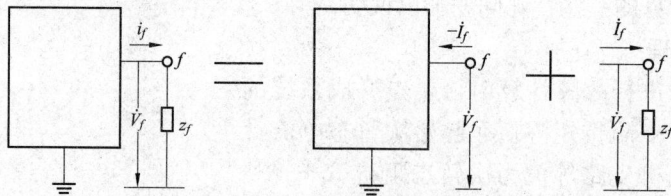

图 3-3 对称短路分析

由式（3-2）可见，任一节点 i 的电压都由两项叠加而成。第一项是 Σ 符号下的总和，它表示当 $\dot{I}_f = 0$ 时由网络内所有电源在节点 i 产生的电压，也就是短路前瞬间正常运行状态下的节点电压，即节点电压的正常分量，记为 $\dot{V}_i^{(0)}$；第二项是当网络中所有电流源都断开，电压源都短接时，仅仅由短路电流 $\dot{I}_f$ 在节点 i 产生的电压，即节点电压的故障分量。上述

两个分量的叠加，就等于发生短路后节点 i 的实际电压，即

$$\dot{V}_i = \dot{V}_i^{(0)} - Z_{if}\dot{I}_f \tag{3-3}$$

式（3-3）也适用于故障节点 f，于是有

$$\dot{V}_f = \dot{V}_f^{(0)} - Z_{ff}\dot{I}_f \tag{3-4}$$

式中：$\dot{V}_f^{(0)}$ 是短路前故障点的正常电压；Z_{ff} 是故障节点 f 的自阻抗。

由戴维南定理也可直接得出式（3-4）。与该方程相适应的等值电路所绘的有源两端网络如图3-4所示。式（3-4）含有 $\dot{V}_f$ 和 $\dot{I}_f$ 两个未知量，需要根据故障点的边界条件再写出一个方程才能求解。由图3-3中的故障支路可得故障点边界条件

$$\dot{V}_f - z_f\dot{I}_f = 0 \tag{3-5}$$

图 3-4　有源两端网络

由式（3-4）和式（3-5）可求得短路电流

$$\dot{I}_f = \frac{\dot{V}_f^{(0)}}{Z_{ff} + z_f} \tag{3-6}$$

而网络中任一节点的电压则为

$$\dot{V}_i = \dot{V}_i^{(0)} - \frac{Z_{if}}{Z_{ff} + z_f}\dot{V}_f^{(0)} \tag{3-7}$$

进而可求得任一支路的电流

$$\dot{I}_{pq} = \frac{k\dot{V}_p - \dot{V}_q}{z_{pq}} \tag{3-8}$$

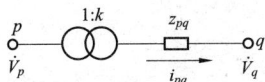

图 3-5　支路电流计算等值图

如图3-5所示，对于非变压器支路，令 $k=1$ 即可。

由式（3-6）和式（3-7）可以看出，所用到的阻抗矩阵元素都带有列标"f"。这说明如果网络在正常状态下的节点电压为已知，为了进行短路计算，只需利用节点阻抗矩阵中与故障点 f 对应的一列元素。因此，尽管是采用阻抗型的节点方程，但是并不需要求出全部阻抗矩阵。在短路实际计算中，一般只需形成网络的节点导纳矩阵，并根据具体要求，用第一章所讲的方法求出阻抗矩阵的某一列或某几列元素即可。在本章以下各节中，均采用这种算法。

在不要求精确计算的场合，可以不计负荷电流的影响。在形成节点导纳矩阵时，所有节点的负荷都略去不计，短路前网络处于空载状态，各节点电压正常分量的标幺值都取为1。这样，式（3-6）和式（3-7）便分别简化为

$$\dot{I}_f = \frac{1}{Z_{ff} + z_f} \tag{3-9}$$

$$\dot{V}_i = 1 - \frac{Z_{if}}{Z_{ff} + z_f} \tag{3-10}$$

金属性短路时 $z_f = 0$，因此只要知道节点阻抗矩阵的有关元素就可以进行短路计算了。图3-6给出了对称短路简化计算的原理框图。

【例3-1】　在图3-7（a）所示的电力系统中，负荷全部忽略不计。试计算 f 点三相短

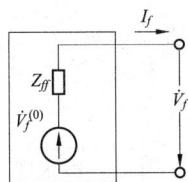

路时的短路电流及网络中的电流分布。各支路电抗的标幺值如图 3-7（b）所示。

解　（1）形成节点导纳矩阵。将图 3-7（a）中的节点 a、b、c、f 分别改记为节点 3、1、2、4。发电机和调相机的电抗分别作为节点 1、2 的对地电抗。这样便得到如图 3-7（c）所示的等值网络，由此可得节点导纳矩阵如下

$$Y = \begin{bmatrix} -j6.961 & 0 & j1.961 & 0 \\ 0 & -j1.945 & j1.695 & 0 \\ j1.961 & j1.695 & -j4.355 & j0.699 \\ 0 & 0 & j0.699 & -j0.699 \end{bmatrix}$$

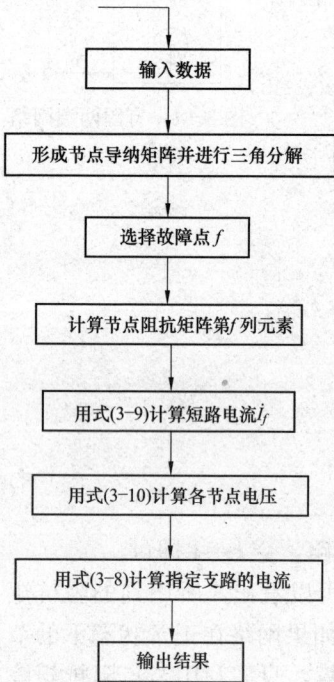

图 3-6　对称短路计算原理框图

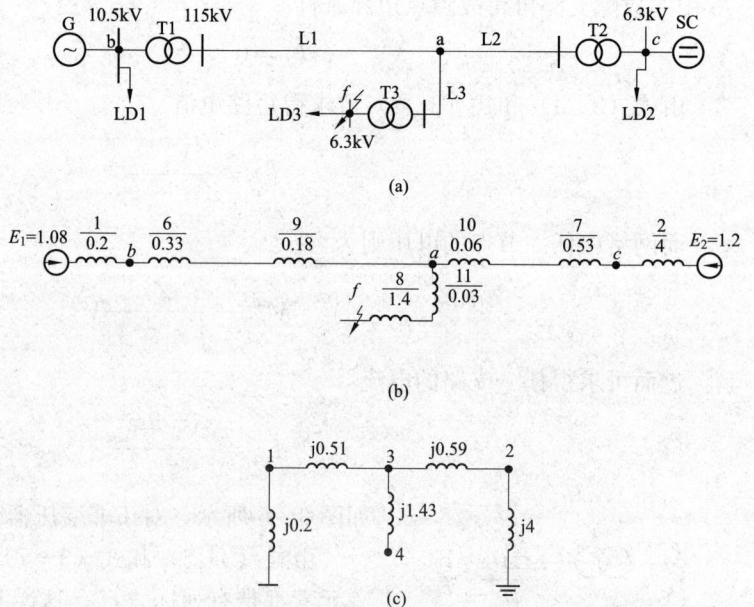

图 3-7　电力系统及其等值网络图

（a）系统接线图；（b）等值电路图；（c）用于短路计算的等值网络图

（2）对导纳矩阵进行三角分解，形成因子表，并按上三角存放因子矩阵各元素

$d_{11} = Y_{11} = -j6.961$

$u_{12} = 0$，$u_{13} = Y_{13}/d_{11} = j1.961/(-j6.961) = -0.282$，$u_{14} = 0$

$d_{22} = Y_{22} - u_{12}^2 d_{11} = -j1.945$

$u_{23} = (Y_{23} - u_{12}u_{13}d_{11})/d_{22} = j1.695/(-j1.945) = -0.871$，$u_{24} = 0$

$d_{33} = Y_{33} - u_{13}^2 d_{11} - u_{23}^2 d_{22}$

　　$= -j4.355 - (-0.282)^2 \times (-j6.961) - (-0.871)^2 \times (-j1.945) = -j2.236$

$u_{34} = (Y_{34} - u_{13}u_{14}d_{11} - u_{23}u_{24}d_{22})/d_{33} = j0.699/(-j2.326) = -0.301$

$d_{44} = Y_{44} - u_{14}^2 d_{11} - u_{24}^2 d_{22} - u_{34}^2 d_{33} = -j0.699 - (-0.301)^2 \times (-j2.326) = -j0.489$

将 u_{ij} 存放在上三角的非对角线部分，对 d_{ii} 取其倒数存放在对角线位置，便得因子表如下

$$\begin{bmatrix} j0.144 & 0 & -0.282 & 0 \\ & j0.514 & -0.871 & 0 \\ & & j0.43 & -0.301 \\ & & & j2.043 \end{bmatrix}$$

（3）计算节点阻抗矩阵的第 4 列元素。采用第一章第二节中介绍的用线性方程直接解法对导纳矩阵求逆的方法，直接套用式（1-68）、式（1-70）和式（1-72），取 $j=4$，计及 $u_{ij}=l_{ji}$，可得

$$x_1 = x_2 = x_3 = 0, \ x_4 = 1$$
$$\omega_1 = \omega_2 = \omega_3 = 0, \ \omega_4 = 1/d_{44} = j2.043$$
$$Z_{44} = \omega_4 = j2.043$$
$$Z_{34} = \omega_3 - u_{34}Z_{44} = -(-0.301) \times j2.043 = j0.615$$
$$Z_{24} = \omega_2 - u_{23}Z_{34} - u_{24}Z_{44} = -(-0.871) \times j0.615 = j0.536$$
$$Z_{14} = \omega_1 - u_{12}Z_{24} - u_{13}Z_{34} - u_{14}Z_{44} = -(-0.282) \times j0.615 = j0.173$$

（4）短路电流及节点电压的计算。

用式（3-9）和式（3-10）可得

$$\dot{I}_f = \frac{1}{Z_{44}} = -j0.4895 \quad \dot{V}_1 = 1 - \frac{Z_{14}}{Z_{44}} = 1 - \frac{j0.173}{j2.043} = 0.9153$$

$$\dot{V}_2 = 1 - \frac{Z_{24}}{Z_{44}} = 1 - \frac{j0.536}{j2.043} = 0.7376 \quad \dot{V}_3 = 1 - \frac{Z_{34}}{Z_{44}} = 1 - \frac{j0.615}{j2.043} = 0.699$$

$$\dot{I}_{13} = \frac{\dot{V}_1 - \dot{V}_3}{j0.51} = \frac{0.9153 - 0.699}{j0.51} = -j0.424$$

$$\dot{I}_{23} = \frac{\dot{V}_2 - \dot{V}_3}{j0.59} = \frac{0.7376 - 0.699}{j0.59} = -j0.0654$$

$$\dot{I}_{34} = \dot{I}_f = -j0.4895$$

二、用导纳矩阵计算

由于阻抗矩阵是满秩矩阵，所以随着网络节点数的增加，往往因计算机内存容量的原因，而使解题的规模受到限制。所以，又发展了利用稀疏导纳矩阵的短路电流计算方法。如将网络节点电压与电流的关系用导纳矩阵形式表示为

$$YV = I \tag{3-11}$$

式中：Y 是对称的稀疏导纳矩阵，可以将其三角分解为 3 个矩阵的乘积，即

$$Y = LDL^T \tag{3-12}$$

式中：L 是一个稀疏的下三角矩阵；D 是一个对角矩阵。根据给定的 I，利用三角分解后的导纳矩阵，通过前代和回代计算就可求得 V。在充分利用稀疏矩阵的编程技巧后，无论在内存容量和计算速度方面，该方法都比用节点阻抗矩阵表示的方法更优越。

计算节点 d 发生三相对称短路时的短路电流，可先根据故障前潮流计算的结果得出故障前的节点电压。然后，在故障节点注入一单位电流（其他各节点电流均为零），按

式（3-11）求出各节点电压，其数值即等于故障点 d 与其他各节点之间的互阻抗 Z_{dk} 和自阻抗 Z_{dd}。求出这些自、互阻抗值后，就可同上述直接用阻抗矩阵元素的方法一样求出短路情况下各节点的电压及通过各支路的电流。

　　在某些短路电流计算中，往往要计算每个节点发生短路时的短路电流，所以在求出故障前的各节点电压后，要对每个节点重复上述计算，相当于用稀疏导纳矩阵计算整个阻抗矩阵的工作量。

　　考虑到在一般校验断路器切断容量及继电保护整定计算中，仅需计算故障点和与故障点相邻线路或下一级相邻线路的短路电流。所以，当进行这种短路电流计算时，只需知道各节点的自阻抗及各节点与其有关节点之间的互阻抗。在这种情况下，可利用稀疏导纳矩阵，仅计算出这种短路电流计算所需要的阻抗矩阵元素，而不必计算全部阻抗矩阵的元素，这种方法有时称为稀疏阻抗矩阵法。

　　下面，仅以计算系统各节点短路电流及与故障点相邻线路的短路电流为例，说明稀疏阻抗矩阵的形成及应用。

　　为了计算各节点的短路电流及与故障点相邻线路的短路电流，必须先求出各节点的自阻抗和直接有支路联系节点之间的互阻抗。例如，对图 3-8（a）所示的简单系统来说，为了计算各节点短路电流必须求出相应的自阻抗 Z_{11}、Z_{22}、Z_{33}、Z_{44}、Z_{55}。此外，为了计算各节点短路时相邻线路的短路电流还需要求出阻抗矩阵中互阻抗 Z_{15}、Z_{23}、Z_{24}、Z_{35}、Z_{45}。由图 3-8（b）可知，以上十个阻抗矩阵元素的位置和相应的导纳矩阵非零元素是一一对应的。导纳矩阵三角分解后，L 阵的结构如图 3-8（c）所示，其中 l_{43} 为注入元素。对导纳矩阵三角分解以后，即可按下式用连续回代的方法求出阻抗矩阵的全部元素

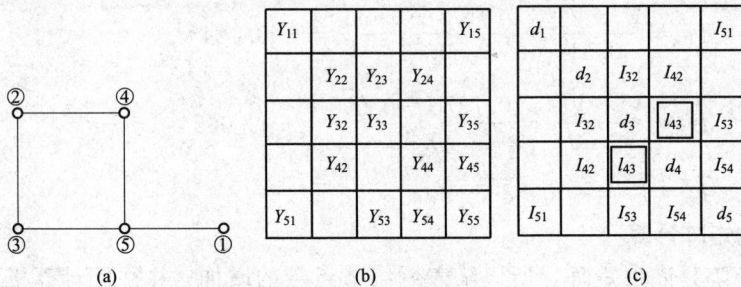

图 3-8　简单电力系统 Y 阵及 L 阵结构
（a）系统接线图；（b）导纳矩阵的结构；（c）L 矩阵的结构

$$\begin{cases} Z_{ij} = -\left(\sum_{k=i+1}^{j} l_{ki}Z_{kj} + \sum_{k=j+1}^{n} l_{ki}Z_{jk} \right) \\ \qquad j=n,\ n-1,\ \cdots,\ i+1; \quad i=n,\ n-1,\ \cdots,\ 1 \\ Z_{ii} = \dfrac{1}{d_{ii}} - \sum_{k=i+1}^{n} l_{ki}Z_{ik} \end{cases} \qquad (3-13)$$

$$
\begin{cases}
① \ Z_{55}=\dfrac{1}{d_5} \\[4pt]
② \ Z_{45}=-l_{54}Z_{55} \\[4pt]
③ \ Z_{44}=\dfrac{1}{d_4}-l_{54}Z_{45} \\[4pt]
④ \ Z_{35}=-l_{43}Z_{45}-l_{53}Z_{55} \\[4pt]
⑤ \ Z_{34}=-l_{43}Z_{44}-l_{53}Z_{45} \\[4pt]
⑥ \ Z_{33}=\dfrac{1}{d_3}-l_{53}Z_{35}-l_{43}Z_{34} \\[4pt]
\quad Z_{25}=-l_{32}Z_{35}-l_{42}Z_{45} \\[4pt]
⑦ \ Z_{24}=-l_{32}Z_{34}-l_{42}Z_{44} \\[4pt]
⑧ \ Z_{23}=-l_{32}Z_{33}-l_{42}Z_{34} \\[4pt]
⑨ \ Z_{22}=\dfrac{1}{d_2}-l_{42}Z_{24}-l_{32}Z_{23} \\[4pt]
⑩ \ Z_{15}=-l_{51}Z_{55} \\[4pt]
\quad Z_{14}=-l_{51}Z_{55} \\[4pt]
\quad Z_{13}=-l_{51}Z_{35} \\[4pt]
\quad Z_{12}=-l_{51}Z_{25} \\[4pt]
⑪ \ Z_{11}=\dfrac{1}{d_1}-l_{51}Z_{15}
\end{cases}
\tag{3-14}
$$

式中：①、②、…、⑪的元素是求短路电流需要用到的元素（Z_{34}例外）。

由式（3-13）可知，为了计算有直接支路联系的 i、j 节点间的互阻抗 Z_{ij}，需要累计 $l_{ki}Z_{kj}$ 或 $l_{ki}Z_{jk}(k=i+1，\cdots，n)$。显然，只有当 $l_{ki}\neq0$ 时，这种累计才有意义。当 $l_{ki}=0$ 时，因为 $i<j$ 和 $i<k$，根据三角分解的公式可知 l_{kj} 也一定是非零元素，而且相应的 Z_{kj}（或 Z_{jk}）在求 Z_{ij} 以前已经求出。因此，在应用式（3-13）时，可根据非零的 l_{ki} 和相应的已求出的 Z_{kj}（或 Z_{jk}）求出 Z_{ij}。在短路电流计算中，仅需求出有直接支路联系的 i、j 节点间的 Z_{ij} 及与非零注入元素 l_{ij} 相应的 Z_{ij} 即可。如在上例中，仅需按式（3-14）的顺序计算 Z_{55}、Z_{45}、Z_{44}、Z_{35}、Z_{33}、Z_{24}、Z_{23}、Z_{22}、Z_{15}、Z_{11} 以及相应三角分解过程中非零注入元素 l_{43} 和 Z_{34} 即可。

三、网络结构变更时的对称短路计算

在短路电流计算中，往往需要考虑断开或投入部分线路后的系统短路电流。例如在用于完整继电保护整定的短路电流计算中，往往需要轮流断开接于短路节点的第一条支路，以求出相应的短路电流分配。要断开节点 i 和 j 间的线路时，可对被断开线路并联一阻抗为负值（$-z_{ij}$）的线路，使节点 i 和 j 间的阻抗变为无穷大，如图 3-9 所示，这就相当于使线路断开。在应用节点阻抗矩阵时，这样的处理方法相当于在节点 i 和 j 间加一链支，修正原始矩阵各元素。要恢复这一条线路时，只需重新在节点 i 和 j 间接一阻抗为 z_{ij} 的链支就可以了。但是，

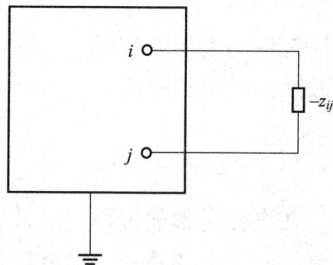

图 3-9　网络接线变更示意图

一般并不希望在每断开或恢复一条支路时，重复按上述方法进行整个矩阵元素的修正。因为在每次计算中并不需要用到所有的矩阵元素，所以没必要反复修正整个矩阵元素，不仅大大增加计算时间，而且由于计算中舍入误差的积累使原始阻抗矩阵产生较大的误差。因此，如果只研究故障点及其邻近节点的短路电流及电压时，仅需从原始阻抗矩阵中取出故障节点与其相邻节点间的自、互阻抗元素，进行修正计算。如图 3-10 所示，要计算节点 i 发生故障时的短路电流，而与节点 i 相邻的节点为 j、k、l，则可在完整的阻抗矩阵中取出下列元素，形成一个四阶矩阵

$$\begin{matrix} i \\ j \\ k \\ l \end{matrix} \begin{bmatrix} Z_{ii} & Z_{ij} & Z_{ik} & Z_{il} \\ Z_{ji} & Z_{jj} & Z_{jk} & Z_{jl} \\ Z_{ki} & Z_{kj} & Z_{kk} & Z_{kl} \\ Z_{li} & Z_{li} & Z_{lk} & Z_{ll} \end{bmatrix} \tag{3-15}$$

如上所述，当要断开节点 i 和 j 间的线路时，相当于在节点 i 和 j 间接一条阻抗为 $-z_{ij}$ 的链支。由第一章追加链支的公式可知，修正式（3-15）中各矩阵元素所需数据均已包括在该矩阵中，因此只要单独修正这一小矩阵就可以了。如果仅需求出通过节点 i 与其相邻节点间线路的短路电流时，实际上仅需修正式（3-15）中的第一行元素就可以了。

在线路发生故障后，往往由于线路两端的继电保护装置和断路器动作时间的不一致，使线路两端不同时断开。在这种故障线路两端相继动作情况下，当一端已断开，而另一端尚未断开时，如图 3-11 所示，故障线路仍接于未断开一侧的母线上，所以对系统而言仍处于短路故障状态。在进行这种短路电流计算时，先按上述方法断开节点 i 和 j 间的线路，修正原始矩阵，然后在节点 i 接一阻抗为 lz_{ij} 的接地链支，即可按修正后的阻抗矩阵表示的节点方程

$$ZI = V \tag{3-16}$$

求出各节点的电压。然后按式（3-8）求出通过各支路的电流。

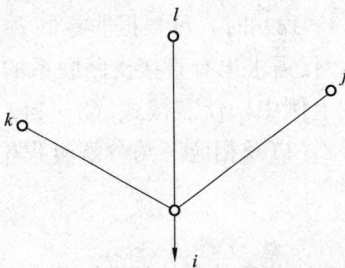

图 3-10　故障节点及其邻近节点的联系图　　　　图 3-11　故障线路两端相继断开

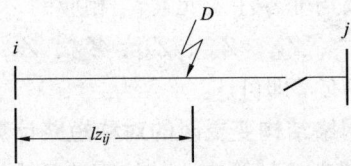

在应用叠加原理时，当断开节点 i 和 j 间的支路，求出节点 i 的自阻抗 Z_{ii} 后，即可求得故障点的短路电流

$$\dot{I}_{d} = \frac{\dot{V}_{i}^{(0)}}{Z_{ii} + lz_{ij}} \tag{3-17}$$

在进行完整的短路电流计算时，往往还要考虑各种运行方式和主接线改变情况下的短路电流。除了上述断开线路外，最常见的还有如图 3-12 所示的合上或打开两条母线间的联络开关。当合上母线联络开关时，相当于在节点 i 和 j 间加一阻抗为零的链支。根据第一章中

追加链支的公式，当链支阻抗为零时修正后的阻抗矩阵元素为

$$Z'_{pq} = Z_{pq} - \frac{(Z_{pi} - Z_{pj})(Z_{qi} - Z_{qj})}{Z_{ii} + Z_{jj} - 2Z_{ij}} \qquad (3-18)$$

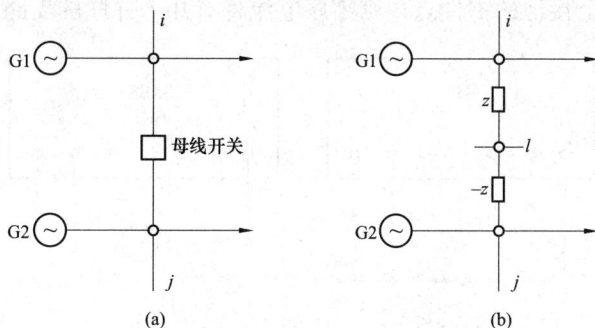

图 3-12　母线间的联系图

(a) 接线示意图；(b) 当合上母线联结开关时

所以，当合上母线联络开关后，根据上式可求出开关两侧母线节点 i 和 j 的自阻抗和互阻抗为

$$Z'_{ii} = Z'_{jj} = Z'_{ij} = \frac{Z_{ii}Z_{jj} - Z_{ij}^2}{Z_{ii} + Z_{jj} - 2Z_{ij}} \qquad (3-19)$$

$$Z'_{pi} = Z'_{pj} = \frac{Z_{pi}(Z_{jj} - Z_{ij}) + Z_{pj}(Z_{ii} - Z_{ij})}{Z_{ii} + Z_{jj} - 2Z_{ij}} \qquad (3-20)$$

但是，当要断开这一母线联络开关时，按照断开一条线路的办法，即以并联一条阻抗为 -0 的链支来计算，那是不可能的。为了解决这个问题，可在两个母线节点 i 和 j 间增设一个节点 l，在这一节点与节点 i 间接一适当的阻抗 z，而在另一节点 j 间接一数值为 $-z$ 的阻抗，如图 3-12 (b) 所示。这样，在节点 i 和 j 间的总阻抗仍为零，从而可借助在节点 l 和 i 间并联一个 $-z$（或在节点 l 和 j 间并联一个 z 阻抗）来模拟开关的断开。

在用导纳矩阵形式表示时，则可用补偿法来进行断开线路时的短路电流计算。

第三节　零序网络和有互感线路的阻抗矩阵及导纳矩阵

一、电力系统元件的零序参数及零序网络的形成

用对称分量的原理来处理不对称短路及其他复杂故障计算时，必须用电力系统元件的零序参数形成零序网络。电力系统元件的零序参数参见参考文献 [5]。

在零序网络中，除了元件参数与正、负序网络有很大不同外，因为零序电流通过的途径与正、负序电流不同，所以零序网络的结构与正、负序网络也不一样。在零序网络中，发电机的电动势等于零，同时由于发电机及负荷一般经过三角形接法的变压器与系统相联系，所以在系统发生不对称故障时，零序电流不流经发电机及负荷，因此一般短路电流计算用的零序网络中不包含发电机及负荷。此外，由于架空线路的零序电抗是正序电抗的 2～3 倍，所以在零序网络中线路电阻的影响比在正序网中小，一般可以忽略零序网络中线路元件的电阻，因此通常的零序网络只由电抗组成。

在作零序网络时，假定在 f 点各相短接，并加以零序电压 V_0，从短路点开始逐段查明零序电流可能通过的途径，如图 3-13 (a) 所示。如果忽略线路对地导纳，那么只有当与短路点有直接电气联系的电路中至少有一个接地中性点时，才有可能形成零序电流的通路。如果在此电路中有几个接地的中性点，则零序电流将有几个并联的支路。

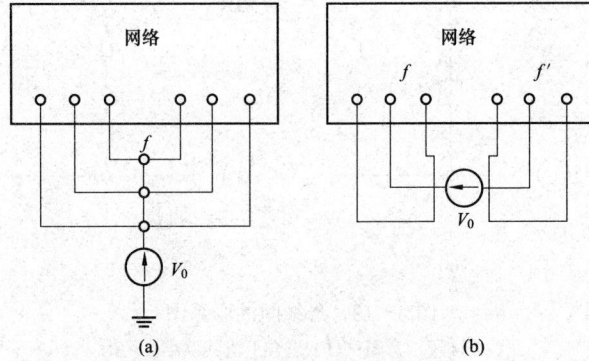

图 3-13 零序电压的接法
(a) 不对称短路时零序电压的接法；(b) 不对称断线时零序电压的接法

对于不对称断线情况，应在断线处加零序电压 V_0，如图 3-13 (b) 所示，以查明零序电流可能通过的途径。在与不对称故障点有直接电气联系的电路中，只有当断线处的每一侧至少有一个接地中性点时，才有可能形成零序电流的通路。

对于接在系统中性点与地间的阻抗（如变压器中性点的消弧线圈），在零序网络中应按其实际阻抗的 3 倍来考虑。

在查明零序电流可能通过的途径后，应以一相为基准构成零序网络。

根据零序网络的特点，有下列两种构成零序网络及编制节点号的方法。

(1) 因为零序网络的节点数一般比正、负序网少得多，所以可以使零序网络与正、负序网络各自按网络本身的特点分别构成和编制节点号，两者的节点号可以不对应。这样使零序网络的网络矩阵阶数与其网络实际节点数相适应，这在应用节点阻抗矩阵法进行计算时可大大节约计算零序网络的内存容量。但是因节点号不对应，所以在计算中将给数据的准备和计算结果的整理工作带来一些不方便，同时在计算中还应输入正、负序网络与零序网络的节点对应信息。

(2) 使零序网络的节点编号与正、负序网络的节点编号完全一致，这样就没有两种不同序网间节点编号对应的问题。这种方法特别适用于导纳矩阵，由于应用稀疏矩阵的程序技巧处理导纳矩阵，虽然在零序网络中有很多空节点（即不接任何支路的节点），但并不会增加导纳矩阵中非对角元素对内存的要求，仅需在程序中增加判别空节点的功能即可。

在应用节点阻抗矩阵时，零序网中空节点与其他节点间可用一很大的阻抗值来表示，此阻抗值应取得足够大（以不使运算过程中出现溢出为限），使空节点的存在不影响阻抗矩阵元素的计算精度。

二、有互感线路的电力网阻抗矩阵及导纳矩阵

在输电线路中，当两回或多回线路相距很近时，相邻线路间有磁联系存在。当三相平衡电流通过时，由于三相电流之和等于零，所以三相电流产生的合成磁场可以认为接近于零，因此在正、负序网络中，一般可不计及两回路或多回路相邻线路间由于磁联系而对序网参数的影响。但是，当三相导线中流过的是大小和相位都相同的零序电流时，所产生的磁场将在邻近线路上感应电动势。所以，当零序电流通过双回或多回相邻线路时，由于各回线路间的互感，将使每回线路的电压和电流关系发生变化。如图 3-14 所示，当 ij 和 pq 支路间存在互感，在图中 pq 可以看作是一条支路或多条支路。

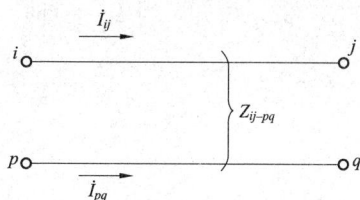

图 3-14　线路间的互感

为了适应一般情况，在以下讨论中均以 pq 表示多条支路。

支路的节点电压和通过支路的电流间存在下列关系

$$\begin{bmatrix} \dot{V}_i - \dot{V}_j \\ V_p - V_q \end{bmatrix} = \begin{bmatrix} \dot{V}_{ij} \\ \boldsymbol{V}_{pq} \end{bmatrix} = \begin{bmatrix} Z_{ij} & \boldsymbol{Z}_{ij-pq} \\ \boldsymbol{Z}_{pq-ij} & \boldsymbol{Z}_{pq-pq} \end{bmatrix} \begin{bmatrix} \dot{I}_{ij} \\ \boldsymbol{I}_{pq} \end{bmatrix} \tag{3-21}$$

式中：用阻抗表示的矩阵称作支路阻抗矩阵，其中 Z_{ij}、$\boldsymbol{Z}_{pq-pq}$ 为不计 ij 支路与 pq 支路间互感时的支路阻抗；$\boldsymbol{Z}_{ij-pq}$ 和 $\boldsymbol{Z}_{pq-ij}$ 表示线路间的互感抗。$\boldsymbol{Z}_{ij-pq}$ 表示行矩阵，$\boldsymbol{Z}_{pq-ij}$、$\boldsymbol{V}_{pq}$ 和 $\boldsymbol{I}_{pq}$ 为列矩阵，而 $\boldsymbol{Z}_{pq-pq}$ 则是方阵。

也可用导纳形式表示为

$$\begin{bmatrix} \dot{I}_{ij} \\ \boldsymbol{I}_{pq} \end{bmatrix} = \begin{bmatrix} Y_{ij} & Y_{ij-pq} \\ Y_{pq-ij} & Y_{pq-pq} \end{bmatrix} \begin{bmatrix} \dot{V}_{ij} \\ \boldsymbol{V}_{pq} \end{bmatrix} \tag{3-22}$$

其中的支路导纳矩阵为式（3-21）中支路阻抗矩阵的逆矩阵。

由式（3-22）可知，Y_{ij} 的值表示在 ij 支路两端加一单位电压，即 $\dot{V}_{ij}=1$ 时，而与其有互感的支路 pq 两端短接，即 $\boldsymbol{V}_{pq}=0$ 时，通过 ij 支路的电流值；而 $\boldsymbol{Y}_{pq-ij}$ 则相当于在支路 pq 中感应的电流值，如图 3-15 所示。

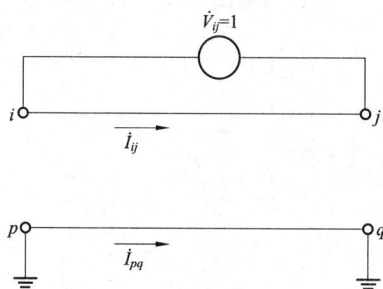

图 3-15　线路间的互导纳

当零序网络中出现这种有互感的支路时，应修正第一章中所述形成阻抗（或导纳）矩阵的方法，以便在矩阵元素中反映出支路间互感的作用。

在应用支路追加法形成零序网节点阻抗矩阵时，每增加一条新的不接地支路，应首先判断该支路是否与其他支路有互感。如果没有互感，仍可按第一章中所述方法处理；如果有互感，还要判断这条支路是否是这一组有互感支路中第一条出现的支路，因为在第一条支路出现时，与其有互感的其他支路尚未出现，所以仍应按一般没有互感的支路处理。如果新增加的支路与已追加于网络中的支路间有互感，则在修正阻抗矩阵时应计及这一互感。现分别就追加有互感的"树支"和"链支"的方法讨论如下。

1. 追加有互感的树支

如图 3-16 所示追加 ij 支路，其一端接于网络节点 i，另一端形成新节点 j。该支路同时与网络中的一条或多条支路 pq 有互感，所以这条支路是有互感的树支。

在已形成的网络中任一节点 m 注入一单位电流时，如图 3-16（a）所示，虽然在支路

ij 中没有电流通过，但由于支路 pq 对支路 ij 的互感作用，在支路 ij 两端仍有电位差。由式（3-22）可知，当 $\dot{I}_{ij}=0$ 时

$$\dot{V}_{ij}=-\frac{\boldsymbol{Y}_{ij-pq}\boldsymbol{V}_{pq}}{\boldsymbol{Y}_{ij}} \qquad (3-23)$$

即

$$\dot{V}_i-\dot{V}_j=-\frac{\boldsymbol{Y}_{ij-pq}(\boldsymbol{V}_p-\boldsymbol{V}_q)}{\boldsymbol{Y}_{ij}} \qquad (3-24)$$

因为这时各节点的电压值等于节点 m 对各节点的互阻抗值，所以

$$Z_{jm}=\dot{V}_j=Z_{im}+\frac{\boldsymbol{Y}_{ij-pq}(\boldsymbol{Z}_{pm}-\boldsymbol{Z}_{qm})}{\boldsymbol{Y}_{ij}} \quad (m=1,\ 2,\ \cdots,\ j-1) \qquad (3-25)$$

在新增节点 j 注入一单位电流时，如图 3-16（b）所示，即 $\dot{I}_j=\dot{I}_{ji}=-\dot{I}_{ij}=1$，由式（3-22）可得

$$\boldsymbol{Y}_{ij}\dot{V}_{ij}+\boldsymbol{Y}_{ij-pq}\boldsymbol{V}_{pq}=-1 \qquad (3-26)$$

所以

$$\dot{V}_{ij}=-\frac{1+\boldsymbol{Y}_{ij-pq}\boldsymbol{V}_{pq}}{\boldsymbol{Y}_{ij}} \qquad (3-27)$$

即

$$\dot{V}_i-\dot{V}_j=-\frac{1+\boldsymbol{Y}_{ij-pq}(\boldsymbol{V}_p-\boldsymbol{V}_q)}{\boldsymbol{Y}_{ij}} \qquad (3-28)$$

因为此时各节点的电压值等于节点 j 对各节点的互阻抗值；而节点 j 的电压值 $\dot{V}_j$ 等于节点 j 的自阻抗值，所以

$$Z_{ij}=\dot{V}_j=Z_{ij}+\frac{1+\boldsymbol{Y}_{ij-pq}(\boldsymbol{Z}_{pj}-\boldsymbol{Z}_{qj})}{\boldsymbol{Y}_{ij}} \qquad (3-29)$$

式（3-29）中节点 j 与其他节点间的互阻抗已由式（3-25）求出。

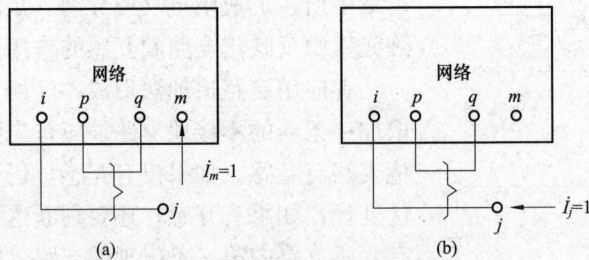

图 3-16　追加有互感的树支
(a) 节点 m 注入单位电流；(b) 节点 j 注入单位电流

2. 追加有互感的链支

如图 3-17（a）所示，当追加一条链支 ij 时，不增加新的节点，但支路 ij 与已形成网络中的一条或多条支路 pq 有互感。在节点 i 和 j 间增加一条链支，就是在原有网络中增加一个环路。

如图 3-17（b）所示，为了便于推导公式，暂时在被追加的链支 ij 上设一电压源 $\dot{e}_l$，

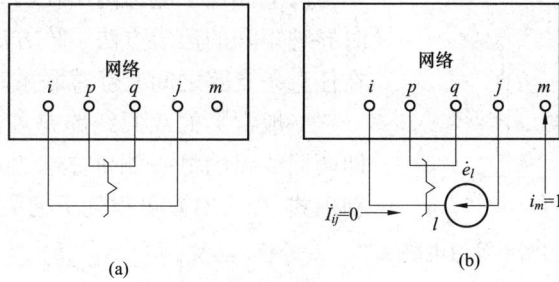

图 3-17　追加有互感的链支

（a）追加一条链支 ij；（b）在被追加的链支 ij 上设一电压源 $\dot{e}_l$

这样将增加一个节点 l。$\dot{e}_l$ 的选择应使链支上的电流 $\dot{I}_{ij}=0$，因此，支路 il 完全可以作为树支来处理。

推导可得（详细推导过程见参考文献［1］）追加链支 ij 以后的阻抗矩阵应为

$$\boldsymbol{Z}'=\boldsymbol{Z}-\frac{\boldsymbol{Z}_{il}\boldsymbol{Z}_{lj}}{\boldsymbol{Z}_{ll}} \tag{3-30}$$

对矩阵中各元素可按下式进行修正

$$Z'_{ij}=Z_{ij}-\frac{Z_{il}Z_{lj}}{Z_{ll}} \tag{3-31}$$

在应用导纳矩阵的情况下，当考虑两条支路间的互感时，可将式（3-22）展开，得出

$$\begin{cases}\dot{I}_{ij}=-\dot{I}_{ji}=Y_{ij}\dot{V}_i-Y_{ij}\dot{V}_j+Y_{ij-pq}\dot{V}_p-Y_{ij-pq}\dot{V}_q\\ \dot{I}_{pq}=-\dot{I}_{qp}=Y_{pq-ij}\dot{V}_i-Y_{pq-ij}\dot{V}_j+Y_{pq-pq}\dot{V}_p-Y_{pq-pq}\dot{V}_q\end{cases} \tag{3-32}$$

由于网络的对称性，所以上式中 $Y_{ij-pq}=Y_{pq-ij}$。

用 $\dot{I}_i$、$\dot{I}_j$、$\dot{I}_p$、$\dot{I}_q$ 分别表示注入节点 i、j、p、q 的电流，即

$$\begin{cases}\dot{I}_i=\dot{I}_{ij}\\ \dot{I}_j=-\dot{I}_{ij}\\ \dot{I}_p=\dot{I}_{pq}\\ \dot{I}_q=-\dot{I}_{pq}\end{cases} \tag{3-33}$$

根据式（3-32）和式（3-33）可得出互感支路的网形等值电路，如图 3-18 所示。等值电路的网络方程为

$$\begin{bmatrix}\dot{I}_i\\ \dot{I}_j\\ \dot{I}_p\\ \dot{I}_q\end{bmatrix}=\begin{bmatrix}Y_{ij}&-Y_{ij}&Y_{ij-pq}&-Y_{ij-pq}\\ -Y_{ij}&Y_{ij}&-Y_{ij-pq}&Y_{ij-pq}\\ Y_{ij-pq}&-Y_{ij-pq}&Y_{pq-pq}&-Y_{pq-pq}\\ -Y_{ij-pq}&Y_{ij-pq}&-Y_{pq-pq}&Y_{pq-pq}\end{bmatrix}\begin{bmatrix}\dot{V}_i\\ \dot{V}_j\\ \dot{V}_p\\ \dot{V}_q\end{bmatrix} \tag{3-34}$$

由上述等值电路可以看出，把有互感支路的等值电路追加到系统节点 i、j、p、q 上去，且将上式与原网络方程叠加即可得到包括有互感支路在内的完整的系统等值接线图和网络方程，其导纳矩阵中与 i、j、p、q 有关的 16 个元素需要修正。

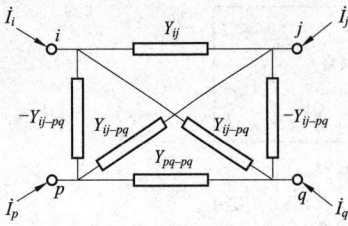

图 3-18　有互感支路的网形等值电路

以上讨论了电力网中在两条支路之间有互感联系时导纳矩阵的形成方法，该方法也可推广到电力网中在任意条支路之间有互感联系时的情况。

一般常见的双回线路是如图 3-19 所示的形式，即两回线路的每一侧都是公共节点。对于这种情况，利用式（3-21）可得到下列关系式

$$\dot{V}_{ij}=Z_{\mathrm{I}}\dot{I}_{\mathrm{I}}+z_{\mathrm{m}}\dot{I}_{\mathrm{II}}=z_{\mathrm{m}}\dot{I}_{\mathrm{I}}+Z_{\mathrm{II}}\dot{I}_{\mathrm{II}}$$

$$(3-35)$$

式中：$\dot{I}_{\mathrm{I}}$ 和 $\dot{I}_{\mathrm{II}}$ 分别为第一回和第二回线路的电流；Z_{I} 和 Z_{II} 分别为不计双回线路间互感时第一回和第二回线路的阻抗；z_{m} 是两回线路间的互阻抗。进一步可将式（3-35）改写为

$$\dot{V}_{ij}=(Z_{\mathrm{I}}-z_{\mathrm{m}})\dot{I}_{\mathrm{I}}+z_{\mathrm{m}}(\dot{I}_{\mathrm{I}}+\dot{I}_{\mathrm{II}}) \tag{3-36}$$

及

$$\dot{V}_{ij}=z_{\mathrm{m}}(\dot{I}_{\mathrm{I}}+\dot{I}_{\mathrm{II}})+(Z_{\mathrm{II}}-z_{\mathrm{m}})\dot{I}_{\mathrm{II}} \tag{3-37}$$

以上两式可用图 3-20 所示的等值电路表示。这样，虽然在处理网络时，需要增加一个节点 R，但却可以使计算大为简化。而且，如果网络中只有这种类型的互感线路时，还可以从程序中去掉计算互感线路的有关内容，从而使程序得到简化。

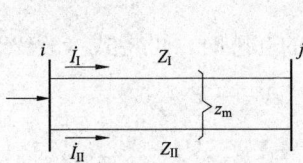

图 3-19　常见的双回线路形式

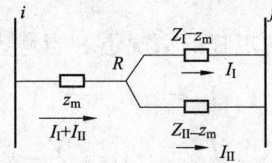

图 3-20　双回线等值电路

三、断开有互感线路时阻抗矩阵及导纳矩阵的修正

在实际运行中，经常遇到断开与其他线路有互感联系的线路。这时需要修正零序网络的节点阻抗（或导纳）矩阵。在应用节点阻抗矩阵时，断开一条有互感的支路，如图 3-21 中断开支路 ij，相当于在节点 i 和 j 间追加一条支路 $i'j'$，其阻抗为该支路的负值（$-z_{ij}$），它与支路 ij 以相同的互感与支路 pq 联系。在前面讨论断开无互感线路时已经知道，追加一条阻抗为负值的支路将使该支路两侧节点间的合成阻抗等于无穷大，相当于支路的断开。此时，在原始支路 ij 和追加支路 $i'j'$ 中的电流刚好在数值上相等，而方向相反，因此合成的节点电流等于零，即相应于节点断开的状态。在有互感时，这两条支路（ij 和 $i'j'$）均以相同

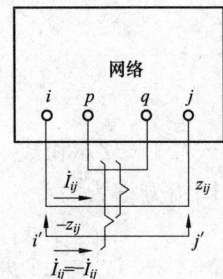

图 3-21　断开有互感线路

的互感与支路 pq 联系，因为两支路的电流值相等，而方向相反，所以这两电流在支路 pq 的互感效应完全相互抵消，也就等于将支路 ij 断开，使支路 ij 不再与支路 pq 有互感联系。所以，断开有互感线路时对矩阵元素的修正，可直接应用前面所述追加链支的方法。

在用导纳矩阵的情况下，要断开一条与其他线路有互感联系的线路，可按以下方法修正导纳矩阵。

设网络中有 m 条有互感联系的支路，现在要断开其中第 l 条支路，修正导纳矩阵的具体步骤为：

（1）按上述方法，参照式（3-24），形成与 m 条支路有关的 $2m$ 阶节点导纳矩阵 $\boldsymbol{Y}_{Nm}$。

（2）从电力网导纳矩阵中减去 $\boldsymbol{Y}_{Nm}$ 中相应的元素，这样就将 m 条有互感的支路同时从电力网断开。

（3）再按上述方法，参照式（3-34），形成除第 l 条支路以外其余 $m-1$ 条支路的 $2(m-1)$ 阶节点导纳矩阵 $\boldsymbol{Y}_{N(m-1)}$。

（4）将 $\boldsymbol{Y}_{N(m-1)}$ 中的元素按其相应的节点号，叠加到电力网的导纳矩阵上去。

这样，就将除第 l 条支路以外的 $m-1$ 条支路又追加到电力网络上去，相当于只断开了第 l 条支路。

【例 3-2】　如图 3-22 所示零序网络，其线路参数如表 3-1 所示。试计算：

（1）零序网络的节点阻抗矩阵和节点导纳矩阵；

（2）断开支路 1—4 时对矩阵的修正。

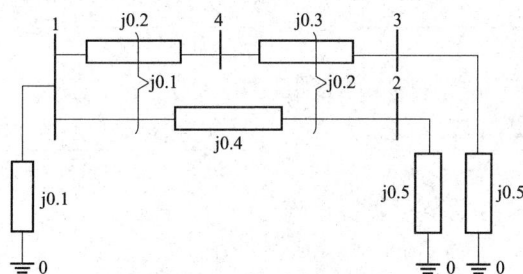

图 3-22　零序网络

表 3-1　　　　　　　　　　　　　　　　　线路参数

线路参数（电抗标幺值）		线路互感参数（互感抗标幺值）	
支路 0—1	0.1	支路 1—2 与 1—4	0.1
支路 0—2	0.5	支路 1—2 与 4—3	0.2
支路 1—2	0.4		
支路 0—3	0.5		
支路 1—4	0.2		
支路 3—4	0.3		

解　（1）用支路追加法形成节点阻抗矩阵时，在追加支路 0—1，0—2，1—2 和 0—3 时均没有出现考虑互感的运算。虽然支路 1—2 与其他支路有互感联系，但因在追加支路 1—2 时与其有互感的支路尚未出现，所以仍可按没有互感的支路来考虑。按第一章中所讲方法可形成追加支路 0—1、0—2、1—2 和 0—3 后的节点阻抗矩阵

$$
\begin{array}{c}
1 \\ 2 \\ 3
\end{array}
\begin{bmatrix}
j0.09 & j0.05 & 0 \\
j0.05 & j0.25 & 0 \\
0 & 0 & j0.5
\end{bmatrix}
$$

现在要追加支路 1—4。因为支路 1—4 与支路 1—2 间有互感，所以追加的支路 1—4 是有互感的树支。先列出互感支路间的支路阻抗矩阵

$$
\begin{array}{c}
1\!-\!4 \\ 1\!-\!2
\end{array}
\begin{bmatrix}
j0.2 & j0.1 \\
j0.1 & j0.4
\end{bmatrix}
$$

其逆矩阵就是互感线路的支路导纳矩阵，即

$$
\begin{array}{c}
1\!-\!4 \\ 1\!-\!2
\end{array}
\begin{bmatrix}
-j5.7143 & j1.4286 \\
j1.4286 & -j2.8571
\end{bmatrix}
$$

根据式（3-25）可得新增加的节点 4 与其他节点间的互阻抗为

$$
Z_{41}=Z_{11}+\frac{Y_{14-12}(Z_{11}-Z_{21})}{Y_{14}}=j0.09+\frac{j1.4286(j0.09-j0.05)}{-j5.7143}=j0.08
$$

$$
Z_{42}=Z_{12}+\frac{Y_{14-12}(Z_{12}-Z_{22})}{Y_{14}}=j0.05+\frac{j1.4286(j0.05-j0.25)}{-j5.7143}=j0.1
$$

$$
Z_{43}=Z_{13}+\frac{Y_{14-12}(Z_{13}-Z_{23})}{Y_{14}}=0+\frac{j1.4286(0-0)}{-j5.7143}=0
$$

根据式（3-29）可得新增节点 4 的自阻抗为

$$
Z_{44}=Z_{14}+\frac{1+Y_{14-12}(Z_{14}-Z_{24})}{Y_{14}}=j0.08+\frac{1+j1.4286(j0.08-j0.10)}{-j5.7143}=j0.26
$$

所以，追加支路 1—4 后的节点阻抗矩阵为

$$
\begin{array}{c}
1 \\ 2 \\ 3 \\ 4
\end{array}
\begin{bmatrix}
j0.01 & j0.5 & 0 & j0.08 \\
j0.05 & j0.25 & 0 & j0.1 \\
0 & 0 & j0.5 & 0 \\
j0.08 & j0.1 & 0 & j0.26
\end{bmatrix}
$$

最后追加支路 4—3，形成网络的完整节点阻抗矩阵。因为支路 4—3 与支路 1—2 有互感，所以它是一条有互感的链支。支路 1—2 同时与支路 1—4 和 4—3 有互感，所以应先列出这三条有互感线路的支路阻抗矩阵

$$
\begin{array}{c}
4\!-\!3 \\ 1\!-\!4 \\ 1\!-\!2
\end{array}
\begin{bmatrix}
j0.3 & 0 & j0.2 \\
0 & j0.2 & j0.1 \\
j0.2 & j0.1 & j0.4
\end{bmatrix}
$$

然后求出它的逆矩阵，即有互感线路的支路导纳矩阵为

$$
\begin{array}{c}
4\!-\!3 \\ 1\!-\!4 \\ 1\!-\!2
\end{array}
\begin{bmatrix}
-j5.38461 & -j1.53846 & j3.07692 \\
-j1.53846 & -j6.15384 & j2.30769 \\
j3.07692 & j2.30769 & j4.61538
\end{bmatrix}
\tag{3-38}
$$

由式（3-31）可得

$$
Z_{1l}=Z_{41}-Z_{31}+\frac{[Y_{43-14}\,Y_{43-12}]\begin{bmatrix}Z_{11} & Z_{41} \\ Z_{11} & Z_{21}\end{bmatrix}}{Y_{43}}
$$

$$=j0.08-0+\frac{\begin{bmatrix} -j1.53846 & j3.07692 \end{bmatrix}\begin{bmatrix} j0.09-j0.08 \\ j0.09-j0.05 \end{bmatrix}}{-j5.38461}$$

$$=j0.08-j0.02=j0.06$$

$$Z_{2l}=Z_{42}Z_{32}+\frac{\begin{bmatrix} Y_{43-14} & Y_{43-12} \end{bmatrix}\begin{bmatrix} Z_{12} & -Z_{42} \\ Z_{12} & -Z_{22} \end{bmatrix}}{Y_{43}}$$

$$=j0.1-0+\frac{\begin{bmatrix} -j1.53846 & j3.07692 \end{bmatrix}\begin{bmatrix} j0.05 & -j0.1 \\ j0.05 & -j0.25 \end{bmatrix}}{-j5.38461}=j0.1+j0.1=j0.2$$

$$Z_{3l}=Z_{43}-Z_{33}+\frac{\begin{bmatrix} Y_{43-14} & Y_{43-12} \end{bmatrix}\begin{bmatrix} Z_{13} & -Z_{43} \\ Z_{13} & -Z_{23} \end{bmatrix}}{Y_{43}}$$

$$=0-j0.5+\frac{\begin{bmatrix} -j1.53846 & j3.07692 \end{bmatrix}\begin{bmatrix} 0 & 0 \\ 0 & 0 \end{bmatrix}}{-j5.38461}=-j0.5$$

$$Z_{4l}=Z_{44}-Z_{34}+\frac{\begin{bmatrix} Y_{43-14} & Y_{43-12} \end{bmatrix}\begin{bmatrix} Z_{14} & -Z_{44} \\ Z_{14} & -Z_{24} \end{bmatrix}}{Y_{43}}$$

$$=j0.26-0+\frac{\begin{bmatrix} -j1.53846 & -j3.07692 \end{bmatrix}\begin{bmatrix} j0.08 & -j0.26 \\ j0.08 & -j0.1 \end{bmatrix}}{-j5.38461}$$

$$=j0.26-j0.04=j0.22$$

$$Z_{ll}=Z_{4l}-Z_{3l}+\frac{1+\begin{bmatrix} Y_{43-14} & Y_{45-12} \end{bmatrix}\begin{bmatrix} Z_{1l} & -Z_{4l} \\ Z_{1l} & -Z_{2l} \end{bmatrix}}{Y_{43}}$$

$$=j0.22+j0.5+\frac{1+\begin{bmatrix} -j1.53846 & -j3.07692 \end{bmatrix}\begin{bmatrix} j0.06 & -j0.22 \\ j0.06 & -j0.2 \end{bmatrix}}{-j5.38461}$$

$$=j0.94$$

由此可得增加链支后矩阵元素的修正值，如

$$Z'_{11}=Z_{11}-\frac{Z_{1l}Z_{1l}}{Z_{ll}}=j0.09-\frac{j0.06\times j0.06}{j0.94}=j0.08617$$

用同样的方法修正矩阵的其他元素，得出完整的节点阻抗矩阵

$$\begin{matrix} 1 \\ 2 \\ 3 \\ 4 \end{matrix}\begin{bmatrix} j0.08617 & j0.03723 & j0.03191 & j0.06596 \\ j0.03723 & j0.20745 & j0.10638 & j0.05319 \\ j0.03191 & j0.10638 & j0.23405 & j0.11702 \\ j0.06596 & j0.05319 & j0.11702 & j0.20851 \end{bmatrix} \qquad (3-39)$$

在应用导纳矩阵表示时，未追加三条有互感支路前的节点导纳矩阵为

$$
\begin{array}{c}
1 \\ 2 \\ 3 \\ 4
\end{array}
\left[\begin{array}{cccc}
-j10 & 0 & 0 & 0 \\
0 & -j2 & 0 & 0 \\
0 & 0 & -j2 & 0 \\
0 & 0 & 0 & 0
\end{array}\right]
\qquad (3-40)
$$

根据式（3-38）所示三条有互感支路 4—3、1—4、1—2 的线路导纳矩阵，可按式（3-34）中的形式列出一个六阶的网形等值电路的节点导纳矩阵为

$$
\begin{array}{c}
4 \\ 3 \\ 1 \\ 4 \\ 1 \\ 2
\end{array}
\left[\begin{array}{cccccc}
-j5.38461 & j5.38461 & -j1.53846 & j1.53846 & j3.07692 & -j3.07692 \\
j5.38461 & -j5.38461 & j1.53846 & -j1.53846 & -j3.07692 & j3.07692 \\
-j1.53846 & j1.53846 & -j6.15384 & j6.15384 & j2.30769 & -j2.30769 \\
j1.53846 & -j1.53846 & j6.15384 & -j6.15384 & j2.30769 & j2.30769 \\
j3.07692 & -j3.07692 & j2.30769 & -j2.307669 & -j4.61538 & j4.61538 \\
-j3.07692 & j3.07692 & -j2.30769 & j2.307669 & j4.61538 & -j4.61538
\end{array}\right]
$$

因为这三条支路有两个公共节点 4 和 1，所以将上述矩阵的第一行与第四行相加，再使第一列与第四列相加，即将支路 1—4 和 4—3 的公共节点 4 合并。同样的，再将第三行与第五行相加，并使第三列与第五列相加，将支路 1—4 和 1—2 的公共节点 1 合并。这样，得到有三条互感支路联系的四个节点的网形等值电路的节点导纳矩阵

$$
\begin{array}{c}
1 \\ 2 \\ 3 \\ 4
\end{array}
\left[\begin{array}{cccc}
-j6.15384 & j2.30769 & -j1.53846 & j5.38461 \\
j2.30769 & -j4.61538 & j3.07692 & -j0.76923 \\
-j1.53846 & j3.07692 & -j5.38461 & j3.84615 \\
j5.38461 & -j0.76923 & j3.84615 & -j8.46153
\end{array}\right]
\qquad (3-41)
$$

由图 3-22 可知，将这一等值电路加到节点 1、2、3、4 上就得到包括有互感支路的完整的零序网络等值电路。所以，用上列矩阵相应节点编号修正式（3-40）所示导纳矩阵，就得到零序网络的节点导纳矩阵为

$$
\begin{array}{c}
1 \\ 2 \\ 3 \\ 4
\end{array}
\left[\begin{array}{cccc}
-j6.15384 & j2.30769 & -j1.53846 & j5.38461 \\
j2.30769 & -j6.61538 & j3.07692 & -j0.76923 \\
-j1.53846 & j3.07692 & -j7.38461 & j3.84615 \\
j5.38461 & -j0.76923 & j3.84615 & -j8.46153
\end{array}\right]
\qquad (3-42)
$$

该矩阵的正确性可用其逆矩阵等于上述所得的节点阻抗矩阵来验证。

（2）断开支路 1—4 时，相当于在节点 1 和 4 上追加一条电抗为 -j0.2、与支路 1—2 间互感抗为 j0.1 的有互感链支 $1'—4'$。先列出支路阻抗矩阵

$$
\begin{array}{c}
1'—4' \\ 1—2 \\ 1—4 \\ 4—3
\end{array}
\left[\begin{array}{cccc}
-j0.2 & j0.1 & 0 & 0 \\
j0.1 & j0.4 & j0.1 & j0.2 \\
0 & j0.1 & j0.2 & 0 \\
0 & j0.2 & 0 & j0.3
\end{array}\right]
$$

相应的有互感线路的支路导纳矩阵为

$$
\begin{array}{c}
1'—4' \\ 1—2 \\ 1—4 \\ 4—3
\end{array}
\left[\begin{array}{cccc}
j4.0625 & -j1.875 & j0.9375 & j1.25 \\
-j1.875 & -j3.75 & j1.875 & j2.5 \\
j0.9375 & j1.875 & -j5.9375 & -j1.25 \\
j1.25 & j2.5 & -j1.25 & -j5
\end{array}\right]
$$

按式（3-39）中的阻抗矩阵元素，根据式（3-29）可求得

$$Z_{1l} = j0.01276$$

$$Z_{2l} = j0.04254$$

$$Z_{3l} = -j0.10639$$

$$Z_{4l} = -j0.15319$$

$$Z_{ll} = -j0.4255$$

且修正式（3-41）中阻抗矩阵中的元素，得到断开支路 1—4 后的节点阻抗矩阵

$$
\begin{array}{c}
1 \\ 2 \\ 3 \\ 4
\end{array}
\begin{bmatrix}
j0.09 & j0.05 & 0 & j0.02 \\
j0.05 & j0.25 & 0 & -j0.1 \\
0 & 0 & j0.5 & j0.5 \\
j0.02 & -j0.1 & j0.5 & j0.76
\end{bmatrix}
$$

在用导纳矩阵表示时，当断开支路 1—4 后，使支路 1—2 仅与支路 4—3 有互感联系。这时的支路阻抗矩阵为

$$
\begin{array}{c}
1-2 \\ 4-3
\end{array}
\begin{bmatrix}
j0.4 & j0.2 \\
j0.2 & j0.3
\end{bmatrix}
$$

所对应的支路导纳矩阵为

$$
\begin{array}{c}
1-2 \\ 4-3
\end{array}
\begin{bmatrix}
-j3.75 & j2.5 \\
j2.5 & -j5
\end{bmatrix}
$$

相应的网形等值电路的节点导纳矩阵则为

$$
\begin{array}{c}
1 \\ 2 \\ 4 \\ 3
\end{array}
\begin{bmatrix}
-j3.75 & j3.75 & j2.5 & -j2.5 \\
j3.75 & -j3.75 & -j2.5 & j2.5 \\
j2.5 & -j2.5 & -j5 & j5 \\
-j2.5 & j2.5 & j5 & -j5
\end{bmatrix}
$$

将上述矩阵按相应节点减去式（3-41）所示矩阵，得到

$$
\begin{array}{c}
1 \\ 2 \\ 3 \\ 4
\end{array}
\begin{bmatrix}
j2.40384 & j1.44231 & -j0.96154 & -j2.88461 \\
j1.44231 & j0.86538 & -j0.57692 & -j1.73077 \\
-j0.96154 & -j0.57692 & j0.38461 & j1.15385 \\
-j2.88461 & -j1.73077 & j1.15385 & j3.46153
\end{bmatrix}
$$

应用上式修正式（3-42）矩阵，即得到断开支路 1—4 后的零序网络节点导纳矩阵为

$$
\begin{array}{c}
1 \\ 2 \\ 3 \\ 4
\end{array}
\begin{bmatrix}
-j13.75 & j3.75 & -j2.5 & j2.5 \\
j3.75 & -j5.75 & j2.5 & -j2.5 \\
-j2.5 & j2.5 & -j7 & j5 \\
j2.5 & -j2.5 & j5 & -j5
\end{bmatrix}
$$

第四节　简单不对称故障计算

一、各序网络的电压方程式

不对称故障分析的基本原理和方法，在参考文献［5］中已有详细的介绍。不论是发生横向故障还是纵向故障，都可以从故障口把各序网络看成是某种等值的两端（一口）网络，

如图 3-23 所示。正序网络是有源两端网络，负序和零序网络都是无源两端网络。端口的两个节点记为 f 和 k，横向故障时节点 k 即为零电位点；纵向故障时节点 k 就是故障口的另一个节点 f'。故障口的正序、负序和零序电流分别记为 $\dot{I}_{F(1)}$、$\dot{I}_{F(2)}$ 和 $\dot{I}_{F(0)}$，以流出节点 f（注入节点 k）为正。故障口的各序电压记为 $\dot{V}_{F(1)}$、$\dot{V}_{F(2)}$ 和 $\dot{V}_{F(0)}$，且 $\dot{V}_{F(q)}=\dot{V}_{f(q)}-\dot{V}_{k(q)}$（$q$ 为表示序别的下标）。

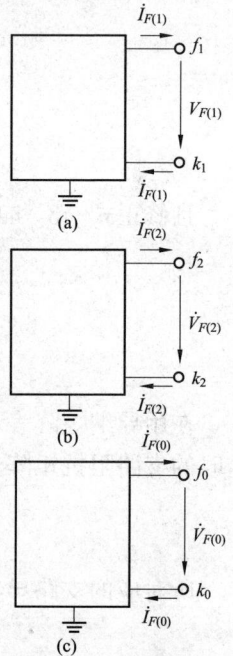

仿照对称短路分析方法，对于正序网络，发生故障时可以看作是在故障口的节点 f 和 k 分别出现了注入电流 $-\dot{I}_{F(1)}$ 和 $\dot{I}_{F(1)}$。因此，任一节点 i 的正序电压为

$$\dot{V}_{i(1)}=\sum_{j\in G}Z_{ij(1)}\dot{I}_j-Z_{if(1)}\dot{I}_{F(1)}+Z_{ik(1)}\dot{I}_{F(1)}=\dot{V}_{i(1)}^{(0)}-Z_{iF(1)}\dot{I}_{F(1)}$$

$$(3-43)$$

其中，$\dot{V}_{i(1)}^{(0)}=\sum_{j\in G}Z_{ij(1)}\dot{I}_j$；$Z_{iF(1)}=Z_{if(1)}-Z_{ik(1)}$。

式（3-43）表明，正序网络中任一节点的电压由两个分量组成。一个是 $\dot{V}_{i(1)}^{0}$，它代表在故障口开路（即 $\dot{I}_{F(1)}=0$ 时）由网络中所有的电源在节点 i 产生的电压。考虑到在电力系统的正常运行中并无负序和零序电源，以后将省去 $\dot{V}_{i(1)}^{0}$ 中表示正序的下标"（1）"。另一个分量是 $-Z_{iF(1)}\dot{I}_{F(1)}$，它代表当网络中所有的电压源都短接，电流源都断开，只在故障口的节点 f 流出和在节点 k 注入电流 $\dot{I}_{F(1)}$ 时，在节点 i 产生的电压。不限定正序网络，称 $Z_{iF}=Z_{if}-Z_{ik}$ 为故障口 F 与节点 i 之间的互阻抗。

图 3-23　各序网络
（a）正序网络；
（b）负序网络；
（c）零序网络

如果在故障口的节点 f 注入单位电流的同时在节点 k 流出单位电流，此外，网络中再无其他电源，则这时节点 i 的电压在数值上即等于互阻抗 Z_{iF}。横向故障时，k 为零电位节点，按照自阻抗和互阻抗的定义，零电位节点与任何节点的互阻抗都等于零，故有 $Z_{iF}=Z_{if}$，这就是节点 i 和故障点 f 间的互阻抗。纵向故障时 k 代表故障点 f'，便有 $Z_{iF}=Z_{if}-Z_{if'}$。

式（3-43）适用于任何节点，对于故障口的两个节点 f 和 k 应有

$$\dot{V}_{f(1)}=\dot{V}_f^{(0)}-Z_{fF(1)}\dot{I}_{F(1)}$$

$$\dot{V}_{k(1)}=\dot{V}_k^{(0)}-Z_{kF(1)}\dot{I}_{F(1)}$$

因此

$$\dot{V}_{F(1)}=\dot{V}_{f(1)}-\dot{V}_{k(1)}=\dot{V}_f^{(0)}-V_k^{(0)}-(Z_{fF(1)}-Z_{kF(1)})\dot{I}_{F(1)}=\dot{V}_F^{(0)}-Z_{FF(1)}\dot{I}_{F(1)}\quad(3-44)$$

上式即为正序网络故障口的电压方程式，它也可以根据戴维南定理直接写出。其中 $\dot{V}_F^{(0)}$ 是正序网络中故障口的开路电压。对于横向故障 $\dot{V}_F^{(0)}=\dot{V}_f^{(0)}$，这就是故障点 f 的正常电压。对于纵向故障，$\dot{V}_F^{(0)}$ 是故障口开路时节点 f 和 f' 的电压差。$Z_{FF(1)}$ 是正序网络从故障口看进去的等值阻抗，称为故障口的自阻抗。不限定正序网络，如果仅在故障口节点 f 注入单位电流，同时在节点 k 流出单位电流，而网络中再无其他电源时，则在故障口产生的电压在数值上即等于故障口的自阻抗

$$Z_{FF} = Z_{fF} - Z_{kF} = Z_{ff} - Z_{fk} - Z_{kf} + Z_{kk} \tag{3-45}$$

横向故障时 $Z_{FF} = Z_{ff}$，它是故障点 f 的自阻抗。纵向故障时 $Z_{FF} = Z_{ff} + Z_{ff'} - 2Z_{ff'}$。

注意到在负序和零序网络内部没有电源，套用式（3-43），可以写出网络中任一节点 i 的负序和零序电压为

$$\begin{cases} \dot{V}_{i(2)} = -Z_{iF(2)} \dot{I}_{F(2)} \\ \dot{V}_{i(0)} = -Z_{iF(0)} \dot{I}_{F(0)} \end{cases} \tag{3-46}$$

故障口的负序和零序电压分别为

$$\begin{cases} \dot{V}_{F(2)} = -Z_{FF(2)} \dot{I}_{F(2)} \\ \dot{V}_{F(0)} = -Z_{FF(0)} \dot{I}_{F(0)} \end{cases} \tag{3-47}$$

为了求解不对称故障，还必须列写三个反映故障口边界条件的方程式。由于采用了计算机，可以把故障处的情况考虑得略为复杂一些，下面分别讨论横向故障和纵向故障的边界条件及分析方法。

二、横向不对称故障

1. 单相（a相）接地短路

如图 3-24（a）所示，短路处的边界条件为

$$\dot{I}_b = \dot{I}_c = 0, \qquad \dot{V}_a - z_f \dot{I}_a = 0$$

可用对称分量表示为

$$\begin{cases} \dot{I}_{F(1)} = \dot{I}_{F(2)} = \dot{I}_{F(0)} \\ (\dot{V}_{F(1)} - z_f \dot{I}_{F(1)}) + (\dot{V}_{F(2)} - z_f \dot{I}_{F(2)}) + (\dot{V}_{F(0)} - z_f \dot{I}_{F(0)}) = 0 \end{cases} \tag{3-48}$$

与此边界条件对应的复合序网如图 3-24（b）所示。由此可解出

$$\dot{I}_{F(1)} = \frac{\dot{V}_F^{(0)}}{Z_{FF(1)} + Z_{FF(2)} + Z_{FF(0)} + 3z_f} \tag{3-49}$$

求得故障口电流的各序分量后，利用式（3-43）和式（3-46）即可算出网络中任一节点电压的各序分量。支路 ij 的各序电流为

$$\dot{I}_{ij(q)} = \frac{\dot{V}_{i(q)} - \dot{V}_{j(q)}}{z_{ij(q)}} \quad (q = 1, 2, 0) \tag{3-50}$$

对于零序网络中的互感支路组，可先计算出消去互感的等值网络中的支路电流，经网络还原再求出互感支路的实际电流。

对于变压器支路，需要考虑非标准变比时，应按式（3-8）计算支路电流。遇 Y/△接法的变压器还应计及电流和电压的正序和负序分量的相位移动。

求得电压和电流各序分量在网络中的分布后，可再进一步计算指定节点的各相电压和指定支路的各相电流。

由此可见，不对称短路和对称短路的计算步骤是一致的。首先是计算出故障口的电流，接着计算出网络中各节点的电压，由节点电压即可确定支路电流。所不同的是，要分别对三个序网进行计算。

2. 两相（b 相和 c 相）短路接地

如图 3-25（a）所示，短路处的边界条件为

$$\dot I_a = 0, \quad \dot V_b - z_f \dot I_b - z_g(\dot I_b + \dot I_c) = 0$$

$$\dot V_c - z_f \dot I_c - z_g(\dot I_b + \dot I_c) = 0$$

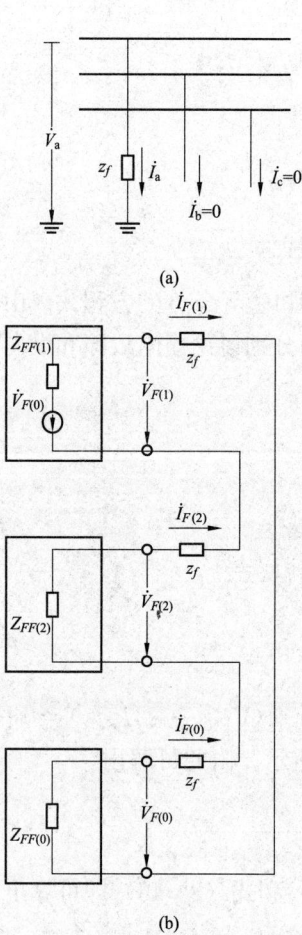

图 3-24　单相短路及其复合序网
（a）短路处的边界条件；
（b）对应边界条件的复合序网

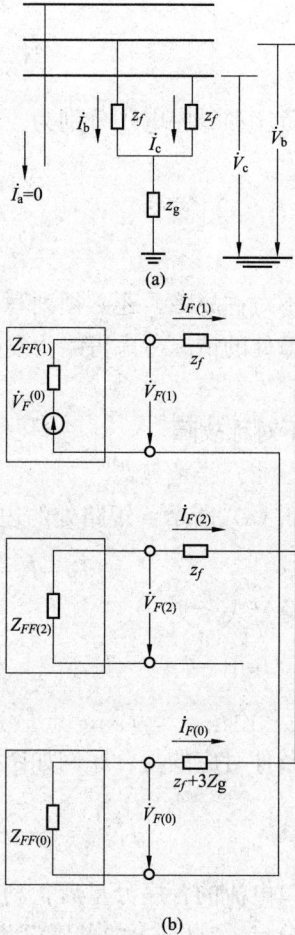

图 3-25　两相短路接地及其复合序网
（a）短路处的边界条件；
（b）对应边界条件的复合序网

将后两个条件用对称分量表示为

$$a^2\dot V_{F(1)} + a\dot V_{F(2)} + \dot V_{F(0)} - z_f(a^2\dot I_{F(1)} + a\dot I_{F(2)} + \dot I_{F(0)}) - 3z_g\dot I_{F(0)} = 0$$

$$a\dot V_{F(1)} + a^2\dot V_{F(2)} + \dot V_{F(0)} - z_f(a\dot I_{F(1)} + a^2\dot I_{F(2)} + \dot I_{F(0)}) - 3z_g\dot I_{F(0)} = 0$$

整理后可得

$$a^2(\dot V_{F(1)} - z_f\dot I_{F(1)}) + a(\dot V_{F(2)} - z_f\dot I_{F(2)}) + [\dot V_{F(0)} - (z_f + 3z_g)\dot I_{F(0)}] = 0$$

$$a(\dot V_{F(1)} - z_f\dot I_{F(1)}) + a^2(\dot V_{F(2)} - z_f\dot I_{F(2)}) + [\dot V_{F(0)} - (z_f + 3z_g)\dot I_{F(0)}] = 0$$

由此可以解出

$$\dot{V}_{F(1)} - z_f \dot{I}_{F(1)} = \dot{V}_{F(2)} - z_f \dot{I}_{F(2)} = \dot{V}_{F(0)} - (z_f + 3z_g)\dot{I}_{F(0)} \tag{3-51}$$

再有

$$\dot{I}_{F(1)} + \dot{I}_{F(2)} + \dot{I}_{F(0)} = 0 \tag{3-52}$$

满足边界条件式（3-51）和式（3-52）的复合序网，如图 3-25（b）所示。由复合序网可解出

$$\dot{I}_{F(1)} = \frac{\dot{V}_F^{(0)}}{Z_{FF(1)} + z_f + \dfrac{(Z_{FF(2)} + z_f)(Z_{FF(0)} + z_f + 3z_g)}{Z_{FF(2)} + Z_{FF(0)} + 2z_f + 3z_g}} \tag{3-53}$$

故障口电流的负序和零序分量分别为

$$\begin{cases} \dot{I}_{F(2)} = -\dfrac{Z_{FF(0)} + z_f + 3z_g}{Z_{FF(2)} + Z_{FF(0)} + 2z_f + 3z_g} \dot{I}_{F(1)} \\[4mm] \dot{I}_{F(0)} = -\dfrac{Z_{FF(2)} + z_f}{Z_{FF(2)} + Z_{FF(0)} + 2z_f + 3z_g} \dot{I}_{F(1)} \end{cases} \tag{3-54}$$

3. 两相（b 相和 c 相）短路

两相短路的边界条件，如图 3-26 所示。两相短路可以作为两相短路接地时 z_g 趋于无限大的特例处理。将图 3-25（b）中的零序网络断开，即得两相短路的复合序网。因此，故障口的正序和负序电流为

$$\dot{I}_{F(1)} = -\dot{I}_{F(2)} = \frac{\dot{V}_F^{(0)}}{Z_{FF(1)} + Z_{FF(2)} + 2z_f} \tag{3-55}$$

三、纵向不对称故障

1. 单相（a 相）断开

设故障处 b 相和 c 相的阻抗为 z_f，如图 3-27 所示，则边界条件为

$$\dot{I}_a = 0, \quad \Delta\dot{V}_b - z_f\dot{I}_b = 0, \quad \Delta\dot{V}_c - z_f\dot{I}_c = 0$$

容易看出，上述边界条件与 $z_g = 0$ 时两相短路接地的边界条件相似。因此，两相短路接地的复合序网及故障口各序电流的计算式，都可用于单相断开的计算，只是故障口自阻抗和开路电压的计算不同而已。

2. 两相（b 相和 c 相）断开

设故障处 a 相的阻抗为 z_f，如图 3-28 所示，则边界条件为

$$\dot{I}_b = \dot{I}_c = 0, \quad \Delta\dot{V}_a - z_f\dot{I}_a = 0$$

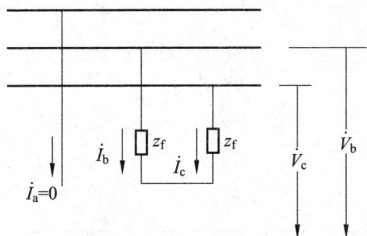

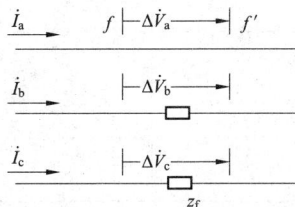

图 3-26　两相短路　　　　　图 3-27　单相断开　　　　　图 3-28　两相断开

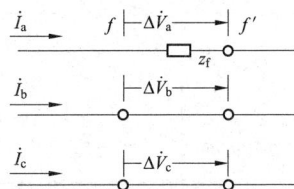

此边界条件与单相接地短路的边界条件相似。因此，复合序网的接法以及故障口各序电

流的计算式也与单相接地短路相同，只需注意，横向故障和纵向故障的故障口自阻抗和开路电压的计算是不同的。

3. 串联补偿电容的非全相击穿

输电线路的串联补偿电容有可能发生单相或两相击穿，这也属于纵向不对称故障。这类故障也按非全相断开处理比较方便，如图 3-29 所示。

图 3-29　串联补偿电容的非全相击穿
(a) 单相击穿；(b) 两相击穿

四、简单不对称故障的计算通式

综上所述，无论是发生横向还是纵向简单不对称故障时，故障口正序电流的计算式都可写成

$$\dot I_{F(1)}=\frac{\dot V_F^{(0)}}{Z_{FF(1)}+Z_\triangle} \tag{3-56}$$

而负序和零序电流分别为

$$\begin{cases} \dot I_{F(2)}=K_2\dot I_{F(1)} \\ \dot I_{F(0)}=K_0\dot I_{F(1)} \end{cases} \tag{3-57}$$

对应各种不对称故障的故障附加阻抗 $Z_\triangle$ 和系数 K_2 及 K_0 的计算式如表 3-2 所示。

表 3-2　　　　各种不对称故障时的 $Z_\triangle$、K_2 和 K_0

故障类型	$Z_\triangle$	K_2	K_0
单相短路	$Z_{FF(2)}+Z_{FF(0)}+3z_f$	1	1
两相短路接地	$z_f+\dfrac{(Z_{FF(2)}+z_f)(Z_{FF(0)}+z_f+3z_g)}{Z_{FF(2)}+Z_{FF(0)}+2z_f+3z_g}$	$-\dfrac{Z_{FF(0)}+z_f+3z_g}{Z_{FF(2)}+Z_{FF(0)}+2z_f+3z_g}$	$-\dfrac{Z_{FF(2)}+z_f}{Z_{FF(2)}+Z_{FF(0)}+2z_f+3z_g}$
两相短路	$Z_{FF(2)}+2z_f$	-1	0
单相断开	$z_f+\dfrac{(Z_{FF(2)}+z_f)(Z_{FF(0)}+z_f)}{Z_{FF(2)}+Z_{FF(0)}+2z_f}$	$-\dfrac{Z_{FF(0)}+z_f}{Z_{FF(2)}+Z_{FF(0)}+2z_f}$	$-\dfrac{Z_{FF(2)}+z_f}{Z_{FF(2)}+Z_{FF(0)}+2z_f}$
两相断开	$Z_{FF(2)}+Z_{FF(0)}+3z_f$	1	1

横向故障时，短路节点为 f，且

$$\dot V_F^{(0)}=\dot V_f^{(0)}, \quad Z_{FF(q)}=Z_{ff(q)} \quad (q=1,2,0) \tag{3-58}$$

纵向故障时，故障口节点号为 f 和 f'，且

$$\dot{V}_F^{(0)} = \dot{V}_f^{(0)} - \dot{V}_{f'}^{(0)} \tag{3-59}$$

$$Z_{FF(q)} = Z_{ff(q)} + Z_{ff'(q)} - 2Z_{ff'(q)} \quad (q = 1, 2, 0) \tag{3-60}$$

简单不对称故障计算的原理框图如图 3-30 所示。该框图对横向和纵向故障计算都适用。由图 3-30 可以看出，简单不对称短路计算程序一般由以下几部分组成：

（1）输入数据。一般短路电流计算应输入发电机参数（次暂态电抗及负序电抗），线路的正、零序参数（包括有互感线路的互感参数），变压器参数及节点负荷参数。在简化的短路电流计算中，因为一般只计线路、变压器的电抗，而不计电阻及线路电容、节点负荷等，因此可相应地减少输入数据的数目。

在输入的数据中还应包括故障信息，如故障线段两侧的节点号，故障地点以及故障类型。同时要输入所需计算结果的信息，如要求哪些支路和节点的相电流、相电压或序分量等。

（2）潮流计算。在计及故障前运行方式的影响时，计算短路电流前要先作一次潮流计算以确定各节点的电压，并求出各发电机的次暂态电动势。在简化的短路电流计算中，如假定故障前节点电压为单位标幺值，也可省略潮流计算。

（3）形成序网及序网导纳（或阻抗）矩阵。利用输入的正、负、零序参数形成计算不对称短路用的正、负、零序网络。在正序网络中，发电机用图 3-1（b）所示的电流源等值电路。在计及负荷影响时，一般用恒定阻抗来表示负荷。

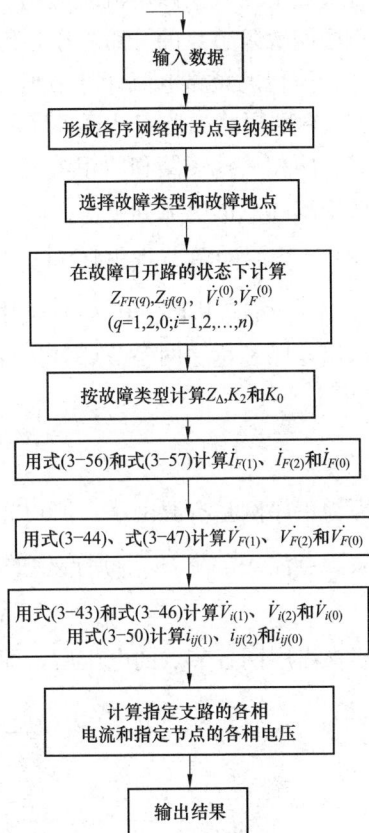

图 3-30　简单不对称故障计算原理框图

负序网络的结构以及线路、变压器支路的负序参数与正序网络相同，发电机则应取负序电抗。在考虑负荷影响时，负荷的负序阻抗随其性质及其组成成分的不同而有所差别。在没有确切的负荷负序阻抗时，对于接在 6～10kV 母线上的综合负荷一般可取

$$Z_2 = 0.18 + j0.24(标幺值) \tag{3-61}$$

对于接在 35kV 以上母线的综合负荷一般可取

$$Z_2 = 0.19 + j0.36(标幺值) \tag{3-62}$$

在对计算精度要求不高时，可以不计综合负荷的电阻，而取 $x_2 = 0.35$（标幺值）。以上各阻抗标幺值的基准功率为负荷的额定功率，基准电压为接负荷处的额定电压。

关于零序网的构成及其参数在本章第三节中已有详细说明，在此不再重复。

根据构成各序网的支路参数，可按第一章所述方法形成各序网的导纳（或阻抗）矩阵。如采用导纳矩阵时，应对导纳矩阵进行三角分解，为计算故障点的自、互阻抗做好准备。

（4）求序网故障点的自阻抗及正序网故障点的开路电压。序网故障点的自阻抗即各序网

节点阻抗矩阵中故障节点的自阻抗元素 Z_{FF}。在应用导纳矩阵进行计算时，只要在故障节点注入一单位电流（其他节点电流均等于零），即可利用三角分解后的导纳矩阵求出各节点的电压。求得的故障节点电压值就是故障点的自阻抗，其他各节点的电压值就相当于故障点对其他各节点 i 的互阻抗 Z_{iF}。求得的这一列阻抗矩阵元素应保留在指定的内存单元中，以便在求各节点电压及支路电流时应用［见以下第（6）项］。

正序网故障节点的开路电压，即故障前该节点的电压值，可以从上述潮流计算的结果中得到。在简化的短路电流计算中则可取其标幺值等于 1。

（5）判别短路类型和计算各序网故障点的电流和电压。如上所述，不对称短路分单相接地短路、两相接地短路和两相短路。根据给定的故障信息，可分别按各种短路的计算式求出各序网中故障点的电流和电压。

（6）计算序网各节点电压和支路电流。当已知各序网故障节点 f 电流 $\dot{I}_{F(0)}$、$\dot{I}_{F(1)}$ 和 $\dot{I}_{F(2)}$ 之后，可应用上述第（4）项中求得的零序和负序网故障点 f 对其他节点 i 的互阻抗值，求出零序和负序网各节点对各自序网中性点的电压

$$\dot{V}_{i0} = \dot{I}_{F(0)} Z_{fi0} \tag{3-63}$$

$$\dot{V}_{i2} = \dot{I}_{F(2)} Z_{fi2} \tag{3-64}$$

因为正序网是有源网络，所以正序网中各节点的电压 $\dot{V}_{i1}$ 是故障前的节点电压 $\dot{V}_i^{(0)}$ 加上在故障点注入电流 $\dot{I}_{F(1)}$ 所产生的电压之和

$$\dot{V}_{i1} = \dot{V}_i^{(0)} + \dot{I}_{F(1)} Z_{fi1} \tag{3-65}$$

当求出序网各节点的电压后，即可按下式计算正序网和负序网中任一 ij 支路中的电流

$$\dot{I}_{ij1} = \frac{\dot{V}_{i1} - \dot{V}_{j1}}{z_{ij1}} = \frac{(\dot{V}_i^{(0)} - \dot{V}_j^{(0)}) + (Z_{fi(1)} - Z_{fj(1)}) \dot{I}_{F(1)}}{z_{ij1}} \tag{3-66}$$

$$\dot{I}_{ij2} = \frac{\dot{V}_{i2} - \dot{V}_{j2}}{z_{ij2}} = \frac{Z_{fi(2)} - Z_{fj(2)}}{z_{ij2}} \dot{I}_{F(2)} \tag{3-67}$$

式中：z_{ij1}、z_{ij2} 分别为正序网和负序网中 ij 支路的阻抗。

在简化的短路计算中，如假定故障前各节点电压相等，则可写成

$$\begin{cases} \dot{I}_{ij1} = \dfrac{\dot{V}_{i1} - \dot{V}_{j1}}{z_{ij1}} = \dfrac{Z_{fi1} - Z_{fj1}}{z_{ij1}} \dot{I}_{F(1)} \\ \dot{I}_{ij2} = \dfrac{\dot{V}_{i2} - \dot{V}_{j2}}{z_{ij2}} = \dfrac{Z_{fi2} - Z_{fj2}}{z_{ij2}} \dot{I}_{F(2)} \end{cases} \tag{3-68}$$

对 ij 支路零序电流的计算必须区分 ij 支路与其他支路有无互感。

如果在零序网中，ij 支路和 pq 支路间有互感，则根据式（3-22）可知

$$\begin{aligned} \dot{I}_{ij0} &= Y_{ij0}(\dot{V}_{i0} - \dot{V}_{j0}) + Y_{(ij-pq)0}(V_{p0} - V_{q0}) \\ &= \dot{I}_{F(0)} \left[Y_{ij0}(Z_{fi0} - Z_{fj0}) + Y_{(ij-pq)0}(Z_{fp0} - Z_{fq0}) \right] \end{aligned} \tag{3-69}$$

如 ij 支路与其他支路无互感，则可按下式求零序电流

$$\dot{I}_{ij(0)} = \frac{V_{i(0)} - \dot{V}_{j(0)}}{Z_{ij}} = \frac{Z_{fi0} - Z_{fj0}}{z_{ij0}} \dot{I}_{F(0)} \tag{3-70}$$

（7）计算指定支路的各相电流和指定节点的各相电压。

【例 3-3】　对于［例 3-1］的电力系统，试分别对 a 点两相短路接地和线路 L1 在节点 a 侧单相断线进行计算。系统各元件参数与［例 3-1］相同，输电线零序电抗为 $X_0 = 3X_1$，变压器 T1 和 T2 为 $Y_0/\triangle$ 接法，T3 为 $Y/\triangle$ 接法，负荷 LD3 略去。

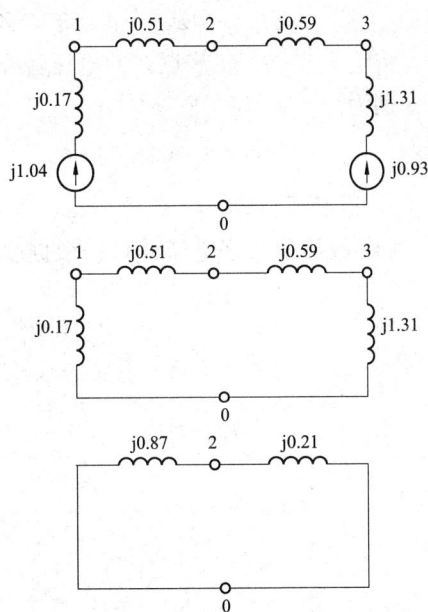

图 3-31　节点 2 短路时的各序网络

解　（一）a 点两相短路接地

（1）形成各序网节点导纳矩阵。将图 3-7（a）中的节点 b、a、c 分别改记为节点 1、2、3，且利用［例 3-1］已得计算结果，计及线路 $X_0 = 3X_1$，作出节点 2 短路时的各序网络，如图 3-31 所示。线路 L3 和变压器 T3 因无电流通过被略去。

根据图中的数据，可得各序节点导纳矩阵为

$$\boldsymbol{Y}_{(1)} = \boldsymbol{Y}_{(2)} = \begin{bmatrix} -j7.843 & j1.961 & 0 \\ j1.961 & -j3.655 & j1.695 \\ 0 & j1.695 & -j2.458 \end{bmatrix}$$

$$\boldsymbol{Y}_{(0)} = [-j2.558]$$

（2）对导纳矩阵 $\boldsymbol{Y}_{(1)}$ 进行三角分解，形成因子表。

$$d_{11} = Y_{11} = -j7.843,\ 1/d_{11} = j0.1275$$
$$u_{12} = Y_{12}/d_{11} = j1.961/(-j7.843) = -0.25$$
$$d_{22} = Y_{22} - u_{22}^2 d_{11} = -j3.656 - (-0.25)^2 \times (-j7.843) = -j3.166$$
$$1/d_{22} = j0.316$$
$$u_{23} = Y_{23}/d_{22} = j1.695/(-j3.166) = -0.535$$
$$d_{33} = Y_{33} - u_{23}^2 d_{22}$$
$$= -j2.458 - (-0.535)^2 \times (-j3.166) = -j1.55$$
$$1/d_{33} = j0.645$$

将 u_{ij} 置于上三角的非对角线部分，取 d_{ii} 的倒数置于对角线上，便得因子表

$$\begin{bmatrix} j0.1275 & -0.25 & 0 \\ 0 & j0.316 & -0.535 \\ 0 & 0 & j0.645 \end{bmatrix}$$

导纳矩阵 $\boldsymbol{Y}_{(0)}$ 只有一阶，直接求其逆阵。

（3）短路发生在节点 2，在故障口开路的情况下求阻抗矩阵第 2 列元素及 $\dot{V}_2^{(0)}$。利用式（1-68）、式（1-70）和式（1-72）可得

$$x_1 = 0,\ x_2 = 1,\ x_3 = -u_{23}x_2 = 0.535$$
$$\omega_1 = 0,\ \omega_2 = x_2/d_{22} = j0.316$$
$$\omega_3 = x_3/d_{33} = 0.535 \times j0.645 = j0.345$$
$$Z_{23} = \omega_3 = j0.345$$
$$Z_{22} = \omega_2 - u_{23}Z_{23} = j0.316 - (-0.536) \times j0.345 = j0.501$$
$$Z_{21} = 0 - u_{12}Z_{22} = -(-0.25) \times j0.501 = j0.125$$

于是有

$$Z_{FF(1)}=Z_{22}=\text{j}0.501, \quad Z_{FF(2)}=Z_{FF(1)}=\text{j}0.501, \quad Z_{FF(0)}=\text{j}0.391$$

将接于节点 1 和节点 3 的电压源支路化为等效的电流源支路，可得这两个节点的注入电流分别为

$$\dot{I}_1=\text{j}1.04/\text{j}0.17=6.118, \quad \dot{I}_3=\text{j}0.93/\text{j}1.31=0.71$$

$$\dot{V}_F^{(0)}=V_2^{(0)}=Z_{21}\dot{I}_1+Z_{23}\dot{I}_3=\text{j}0.125\times6.118+\text{j}0.345\times0.71=\text{j}1.011$$

（4）故障口各序电流计算。根据表 3-2 可得

$$Z_{\triangle}=\frac{Z_{FF(2)}Z_{FF(0)}}{Z_{FF(2)}+Z_{FF(0)}}=\frac{\text{j}0.501\times\text{j}0.391}{\text{j}0.501+\text{j}0.391}=\text{j}0.2173$$

$$K_2=-\frac{Z_{FF(0)}}{Z_{FF(2)}+Z_{FF(0)}}=-\frac{\text{j}0.391}{\text{j}0.501+\text{j}0.391}=-0.4383$$

$$K_0=-\frac{Z_{FF(2)}}{Z_{FF(2)}+Z_{FF(0)}}=-\frac{\text{j}0.501}{\text{j}0.501+\text{j}0.391}=-0.5617$$

$$\dot{I}_{F(1)}=\frac{\dot{V}_F^{(0)}}{Z_{FF(1)}+Z_{\triangle}}=\frac{\text{j}1.011}{\text{j}0.501+\text{j}0.2173}=1.407$$

$$\dot{I}_{F(2)}=K_2\dot{I}_{F(1)}=-0.4383\times1.407=-0.6167$$

$$\dot{I}_{F(0)}=K_0\dot{I}_{F(1)}=-0.5617\times1.407=-0.7903$$

（二）线路 L1 在节点 a 侧单相断线

（1）形成各序网节点导纳矩阵。设节点 2 和 4 构成故障口节点对，可作出线路 L1 在节点 a 侧单相断线时的各序网络，如图 3-32 所示。

各序节点导纳矩阵如下

$$\mathbf{Y}_{(1)}=\mathbf{Y}_{(2)}$$

$$=\begin{bmatrix} -\text{j}7.843 & \text{j}1.961 & 0 & 0 \\ \text{j}1.961 & -\text{j}1.961 & 0 & 0 \\ 0 & 0 & -\text{j}2.458 & \text{j}1.695 \\ 0 & 0 & \text{j}1.695 & -\text{j}1.695 \\ & & 2 & 4 \end{bmatrix}$$

$$\mathbf{Y}_{(0)}=\begin{matrix}2\\4\end{matrix}\begin{bmatrix} -\text{j}1.149 & 0 \\ 0 & -\text{j}1.408 \end{bmatrix}$$

（2）对导纳矩阵 $\mathbf{Y}_{(1)}$ 进行三角分解，形成因子表如下

$$\begin{bmatrix} \text{j}0.1275 & -0.25 & 0 & 0 \\ & \text{j}0.68 & 0 & 0 \\ & & \text{j}0.407 & -0.69 \\ & & & \text{j}1.9 \end{bmatrix}$$

对导纳矩阵 $\mathbf{Y}_{(0)}$ 直接求其逆矩阵

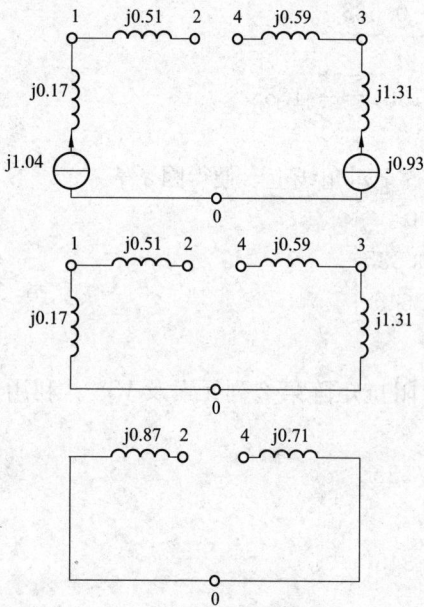

图 3-32　系统线路 L1 在节点 a 侧断线时的各序网络

$$\boldsymbol{Z}_{(0)} = \begin{matrix} 2 \\ 4 \end{matrix} \begin{bmatrix} j0.87 & 0 \\ 0 & j0.71 \end{bmatrix}$$

（3）在故障口开路的情况下，求故障口的各序自阻抗和电压 $\dot{V}_F^{(0)}$。利用式（1-68）、式（1-70）和式（1-72）分别计算阻抗矩阵第 2 列和第 4 列的元素，可得

$$Z_{12} = j0.17, \; Z_{22} = j0.68, \; Z_{23} = Z_{24} = 0$$

$$Z_{14} = Z_{24} = 0, \; Z_{34} = j1.31, \; Z_{44} = j1.9$$

故障口自阻抗为

$$Z_{FF(1)} = Z_{22} + Z_{44} - 2 \times Z_{24} = j0.68 + j1.9 = j2.58$$

$$Z_{FF(2)} = Z_{FF(1)} = j2.58$$

$$Z_{FF(0)} = Z_{22(0)} + Z_{44(0)} - 2 \times Z_{24(0)}$$
$$= j0.87 + j0.71 = j1.58$$

故障口开路电压为

$$\dot{V}_F^{(0)} = \dot{V}_2^{(0)} - \dot{V}_4^{(0)} = Z_{21} \times \dot{I}_1 - Z_{43} \times \dot{I}_3 = j0.17 \times 6.118 - j1.31 \times 0.71 = j0.11$$

（4）由表 3-2 可求得单相断线时故障口的各序电流计算如下

$$Z_\triangle = \frac{Z_{FF(2)} \times Z_{FF(0)}}{Z_{FF(2)} + Z_{FF(0)}} = \frac{j2.58 \times j1.58}{j2.58 + j1.58} = j0.98$$

$$K_2 = \frac{Z_{FF(0)}}{Z_{FF(2)} + Z_{FF(0)}} = -\frac{j1.58}{j2.58 + j1.58} = -0.38$$

$$K_0 = \frac{Z_{FF(2)}}{Z_{FF(2)} + Z_{FF(0)}} = -\frac{j2.58}{j2.58 + j1.58} = -0.62$$

$$\dot{I}_{F(1)} = \frac{\dot{V}_F^{(0)}}{Z_{FF(1)} + Z_\triangle} = \frac{j0.11}{j2.58 + j0.98} = 0.0309$$

$$\dot{I}_{F(2)} = K_2 \dot{I}_{F(1)} = -0.38 \times 0.0309 = -0.0117$$

$$\dot{I}_{F(0)} = K_0 \dot{I}_{F(1)} = -0.62 \times 0.0309 = -0.0192$$

第五节　复杂故障的计算方法

一、分析复杂故障的一般方法

所谓复杂故障是指网络中有两处或两处以上同时发生不对称故障的情况。电力系统中常见的复杂故障是某处发生不对称短路时，有一处或两处的开关非全相跳闸。

掌握了简单故障分析计算的原理和方法，就不难处理复杂故障。从以上两节可以看到，处理简单故障的基本方法是：从故障口把网络与故障支路隔开，把发生故障考虑为在故障口向网络注入了故障电流的各序分量，然后联立求解各序网络故障口的电压方程和边界条件方程以得到故障口电流的各序分量，最后计算网络中的电流和电压分布。这种方法也完全适用于复杂故障的分析计算。

二、不对称故障的通用复合序网

运用对称分量法分析仅有一处故障的简单故障时，习惯上总是取 a 相作为特殊相。所谓特殊相，是指在故障处该相的状态不同于其他两相。例如，研究单相接地或单相断线故障

时，常认为故障发生在 a 相，而 b、c 两相则无故障。这样，唯一的故障相 a 相就是特殊相。又如，研究两相接地短路或两相断线故障时，常认为故障发生在 b、c 两相。这样，唯一的特殊相仍然为 a 相。此外，各电流、电压的对称分量也总以 a 相为参考相，即各序网络方程以及故障边界条件中，均以 a 相的相应序分量表示。在研究简单故障时，这种将特殊相和参考相统一起来的好处是以对称分量表示的边界条件比较简单，其中不含相移运算子 a。从而，按这些边界条件建立起来的复合序网将无例外地是各序网络的串联或并联，它们之间具有直接的电气连接。

在具体应用中，如与实际发生故障所对应的特殊相并非 a 相，则只要将该相视为 a 相，并按相应的顺序改变其他两相的名称，仍可套用所有以 a 相为特殊相时的分析方法和结果。例如，实际的特殊相为 b 相时，可将 b 相视为 a 相、c 相视为 b 相、a 相视为 c 相，依此类推。这是因为不论特殊相为何相，电流、电压之间的相对关系与特殊相为 a 相时相同。

但对同时发生一个以上故障的复杂故障而言，上述方法的可行性就无法保证，因不能奢求所有故障的特殊相都属同一相。例如，完全可能出现某一点 a 相短路而另一点 b 相断线的情况，为解决此类问题，必须应用通用边界条件和通用复合序网。

1. 短路故障的通用复合序网

任何短路故障都可以用图 3 - 33 表示，所不同的只是图 3 - 33 中 Z_a、Z_b、Z_c、z_g 的取值。由图 3 - 33 可见，a 相短路时，可取 $Z_a=0$，$Z_b=\infty$，$Z_c=\infty$，从而可得

$$\dot{V}_a=z_g\dot{I}_a,\ \dot{I}_b=0,\ \dot{I}_c=0$$

以对称分量表示时，则有

$$\dot{I}_{a1}=\dot{I}_{a2}=\dot{I}_{a0},\ \dot{V}_{a1}+\dot{V}_{a2}+\dot{V}_{a0}=3z_g\dot{I}_{a0} \tag{3-71}$$

b 相短路时，可取 $Z_b=0$，$Z_a=\infty$，$Z_c=\infty$，从而得

$$\dot{V}_b=z_g\dot{I}_b,\ \dot{I}_a=0,\ \dot{I}_c=0$$

以对称分量表示时，则有

$$\dot{I}_{b1}=\dot{I}_{b2}=\dot{I}_{b0},\ \dot{V}_{b1}+\dot{V}_{b2}+\dot{V}_{b0}=3z_g\dot{I}_{b0} \tag{3-72}$$

如仍取 a 相为参考相，则可改写为

$$a^2\dot{I}_{a1}=a\dot{I}_{b2}=\dot{I}_{a0};\ a^2\dot{V}_{a1}+a\dot{V}_{a2}+\dot{V}_{a0}=3z_g\dot{I}_{a0} \tag{3-73}$$

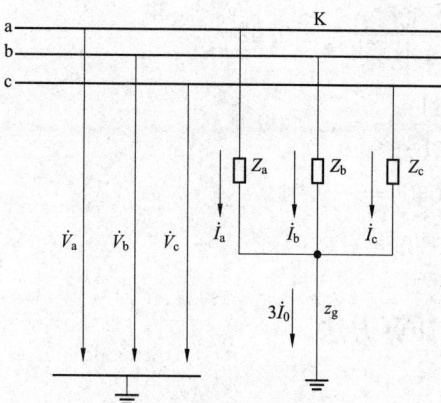

图 3 - 33　通用短路故障

类似地，c 相短路而仍取 a 相为参考相时，则有

$$a\dot{I}_{a1}=a^2\dot{I}_{a2}=\dot{I}_{a0};\ a\dot{V}_{a1}+a^2\dot{V}_{a2}+\dot{V}_{a0}=3z_g\dot{I}_{a0} \tag{3-74}$$

式（3-71）、式（3-73）和式（3-74）是 a、b、c 三相分别发生单相短路接地，但均取 a 相为参考相时的边界条件。可以将它们归纳为如下更具普遍意义，并适用于任何特殊相的通用边界条件

$$\begin{cases} n_1\dot{I}_{a1}=n_2\dot{I}_{a2}=n_0\dot{I}_{a0} \\ n_1\dot{V}_{a1}+n_2\dot{V}_{a2}+n_0(\dot{V}_{a0}-3z_g\dot{I}_{a0})=0 \end{cases} \tag{3-75}$$

与该通用边界条件相对应的通用复合序网如图 3-34 所示。式（3-75）中的 n_1、n_2、n_0 分别为相应的算子符号，其值取决于故障的特殊相。图 3-34 中的 f_1、f_2、f_0 分别为正、负、零序网络中的短路点；N_1、N_2 分别为正、负序网络中的零电位点，而 N_0 则为零序网络中变压器的中性点。图 3-34 中出现的互感线圈，通常称为理想（移相）变压器，它们是不改变电压、电流的大小，而仅起隔离和移相作用的无损耗变压器其变比分别是 n_1、n_2、n_0。由于这些理想变压器的引入，正、负、零序网络之间不再有直接的电气连接。

类似于单相短路，可直接列出两相接地短路时的通用边界条件为

$$\begin{cases} n_1\dot{I}_{a1} + n_2\dot{I}_{a2} + n_0\dot{I}_{a0} = 0 \\ n_1\dot{V}_{a1} = n_2\dot{V}_{a2} = n_0(\dot{V}_{a0} - 3z_g\dot{I}_{a0}) \end{cases} \tag{3-76}$$

与此对应的通用复合序网如图 3-35 所示。

故障相	n_1	n_2	n_0
a	1	1	1
b	a^2	a	1
c	a	a^2	1

故障相	n_1	n_2	n_0
b,c	1	1	1
c,a	a^2	a	1
a,b	a	a^2	1

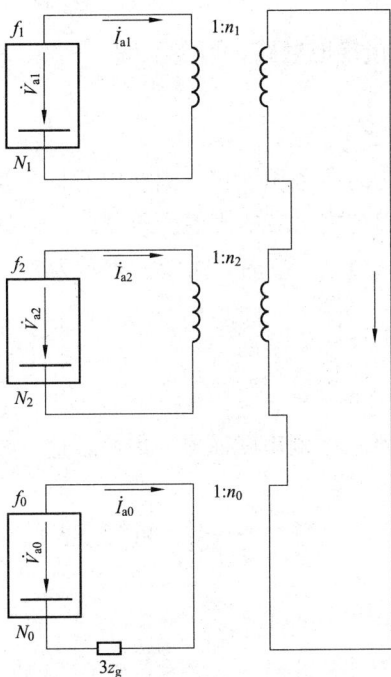

图 3-34　单相短路通用复合序网　　　　图 3-35　两相接地短路通用复合序网

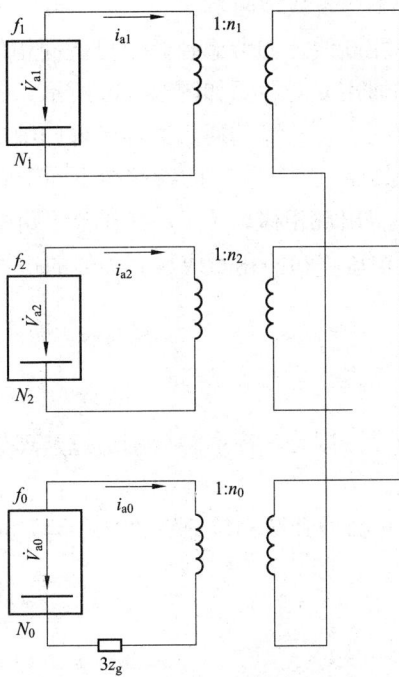

　　至于相间短路，由于其与两相接地短路的差别仅在于没有零序分量，如将图 3-35 中的零序网络删去，即可得分析这种短路的通用复合序网。

2. 断线故障通用复合序网

　　任何断线故障都可以用图 3-36 表示，所不同的只是图 3-36 中 Z_a、Z_b、Z_c 的取值不同。

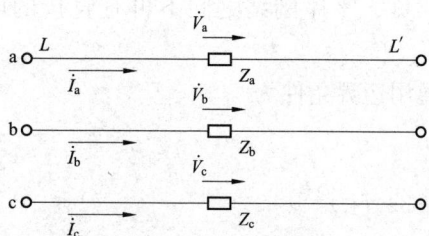

图 3-36　通用断线故障

　　由图 3-26 可见，b、c 相断线时，可取 $Z_a=0$，$Z_b=\infty$，$Z_c=\infty$，从而可得

$$\dot{V}_a=0,\ \dot{I}_b=0,\ \dot{I}_c=0$$

以对称分量表示时，则有

$$\dot{I}_{a1}=\dot{I}_{a2}=\dot{I}_{a0},\ \dot{V}_{a1}+\dot{V}_{a2}+\dot{V}_{a0}=0 \tag{3-77}$$

类似地，a、c 相断线时，则有 $\dot{I}_{b1}=\dot{I}_{b2}=\dot{I}_{b0}$，$\dot{V}_{b1}+\dot{V}_{b2}+\dot{V}_{b0}=0$ 仍以 a 相为参考相时，则有

$$a^2\dot{I}_{a1}=a\dot{I}_{a2}=\dot{I}_{a0},\ a^2\dot{V}_{a1}+a\dot{V}_{a2}+\dot{V}_{a0}=0 \tag{3-78}$$

a、b 相断线而仍以 a 相为参考相时，则有

$$a\dot{I}_{a1}=a^2\dot{I}_{a2}=\dot{I}_{a0},\ a\dot{V}_{a1}+a^2\dot{V}_{a2}+\dot{V}_{a0}=0 \tag{3-79}$$

　　对照式（3-77）～式（3-79）和式（3-71）、式（3-73）、式（3-74）可建立两相断线的通用边界条件，从而作出类似图 3-34 的通用复合序网，如图 3-37 所示。图 3-37 与图 3-34 的不同仅在于其中的 L_1、L_2、L_0 和 L_1'、L_2'、L_0' 分别为断口的两个端口，而且图 3-37 中不出现接地阻抗 z_g。

　　至于单相断线，如考虑到其边界条件相似于两相接地短路，可参照图 3-35、图 3-37 作出相应的通用复合序网如图 3-38 所示。

　　可将上述各类故障的通用边界条件归纳如下：

　　（1）如具体故障所对应的特殊相不同于固定不变的参考相 a 相，则在以对称分量表示的边界条件中将出现相移算子 a，在复合序网中将出现与之对应的理想变压器。

　　（2）单相短路和两相断线具有类似的边界条件，当 $z_g=0$ 时，可统一表示为

$$\begin{cases} n_1\dot{I}_{a1}=n_2\dot{I}_{a2}=n_0\dot{I}_{a0} \\ n_1\dot{V}_{a1}+n_2\dot{V}_{a2}+n_0\dot{V}_{a0}=0 \end{cases} \tag{3-80}$$

对应的复合序网则是三序网络分别通过其理想变压器二次侧串联而成。因此，这一类故障又统称串联型故障。

　　（3）单相断线和两相接地短路具有类似的边界条件，当 $z_g=0$ 时，可统一表示为

$$\begin{cases} n_1\dot{V}_{a1}=n_2\dot{V}_{a2}=n_0\dot{V}_{a0} \\ n_1\dot{I}_{a1}+n_2\dot{I}_{a2}+n_0\dot{I}_{a0}=0 \end{cases} \tag{3-81}$$

对应的复合序网则是三序网络分别通过其理想变压器在二次侧并联而成。因此，这类故障又称作并联型故障。

故障相	n_1	n_2	n_0
b,c	1	1	1
c,a	a^2	a	1
a,b	a	a^2	1

故障相	n_1	n_2	n_0
a	1	1	1
b	a^2	a	1
c	a	a^2	1

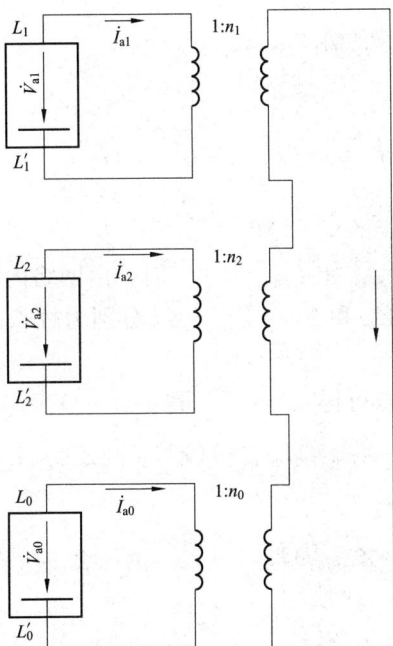

图 3 - 37　两相断线通用复合序网　　　　图 3 - 38　单相断线通用复合序网

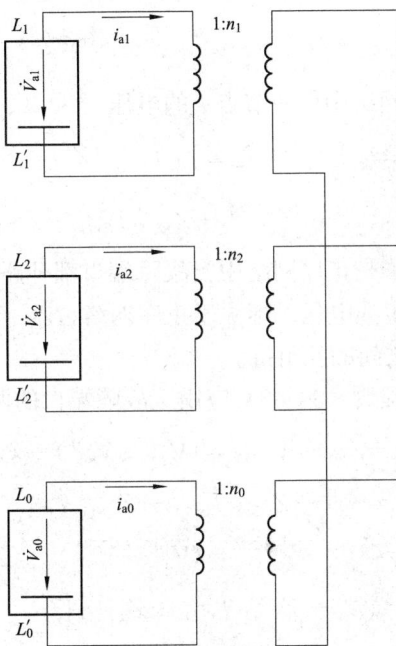

（4）复合序网中理想变压器的变比取决于与具体故障相对应的特殊相别，可归纳如表 3 - 3 所示。

表 3 - 3　　　　　　　　　不同故障特殊相对应的理想变压器变比

特殊相	n_1	n_2	n_0
a	1	1	1
b	a^2	a	1
c	a	a^2	1

综上所述，通过将所有短路、断线故障归纳为串联和并联两大类型，并采用通用的边界条件和复合序网，即可将看似非常繁杂的复杂故障分析变成简单明了而且颇有条理的故障分析。

三、双重故障的分析计算

假定系统中发生了一处串联型故障和一处并联型故障。串联型故障口记为端口 S，它的两个节点为 s 和 s'；并联型故障口记为端口 P，它的两个节点为 p 和 p'。发生故障相当于从故障口分别向各序网络注入了故障电流的该序分量，如图 3-39 所示。

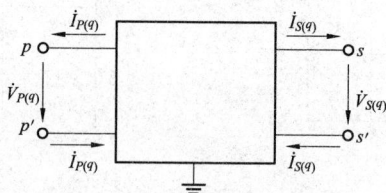

图 3-39　双重故障的端口

正序网络中任一节点 i 的电压

$$\dot{V}_{i(1)} = \sum_{j \in G} Z_{ij(1)} \dot{I}_j - (Z_{is(1)} - Z_{is'(1)}) \dot{I}_{S(1)} - (Z_{ip(1)} - Z_{ip'(1)}) \dot{I}_{P(1)}$$

$$= \dot{V}_i^{(0)} - Z_{iS(1)} \dot{I}_{S(1)} - Z_{iP(1)} \dot{I}_{P(1)} \qquad (3-82)$$

式中：$\dot{V}_i^{(0)}$ 是正序网络中当故障端口都开路（即 $\dot{I}_{S(1)} = \dot{I}_{P(1)} = 0$）时，由网络内的电源在节点 i 产生的电压。不限于正序网络，$Z_{iS} = Z_{is} - Z_{is'}$ 和 $Z_{iP} = Z_{ip} - Z_{ip'}$ 分别为故障口 S 和 P 与节点 i 之间的互阻抗。

将方程式（3-82）应用于故障端口的两对节点可得

$$\dot{V}_{S(1)} = \dot{V}_{s(1)} - \dot{V}_{s'(1)} = (\dot{V}_s^{(0)} - \dot{V}_{s'}^{(0)}) - (Z_{sS(1)} - Z_{s'S(1)}) \dot{I}_{S(1)} - (Z_{sP(1)} - Z_{s'P(1)}) \dot{I}_{P(1)}$$

$$= \dot{V}_S^{(0)} - Z_{SS(1)} \dot{I}_{S(1)} - Z_{SP(1)} \dot{I}_{P(1)} \qquad (3-83)$$

$$\dot{V}_{P(1)} = \dot{V}_{p(1)} - \dot{V}_{p'(1)} = (\dot{V}_p^{(0)} - \dot{V}_{p'}^{(0)}) - (Z_{pS(1)} - Z_{p'S(1)}) \dot{I}_{S(1)} - (Z_{pP(1)} - Z_{p'P(1)}) \dot{I}_{P(1)}$$

$$= \dot{V}_P^{(0)} - Z_{PS(1)} \dot{I}_{S(1)} - Z_{PP(1)} \dot{I}_{P(1)} \qquad (3-84)$$

式中：$\dot{V}_S^{(0)}$ 和 $\dot{V}_P^{(0)}$ 分别为故障口 S 和 P 的开路电压；$Z_{SS} = Z_{ss} + Z_{s's'} - 2Z_{ss'}$ 和 $Z_{PP} = Z_{pp} + Z_{p'p'} - 2Z_{pp'}$ 分别为端口 S 和 P 的自阻抗；$Z_{PS} = Z_{SP} = Z_{ps} + Z_{p's'} - Z_{ps'} - Z_{p's}$ 称为端口 S 和端口 P 之间的互阻抗。如果网络内所有电压源都短接，电流源都断开，仅在端口 S 的节点 s 注入同时在节点 s' 流出单位电流时，在端口 P 产生的电压在数值上即等于 Z_{PS}。

由此可见，端口自阻抗和端口间互阻抗的物理意义与节点自阻抗和节点间互阻抗的物理意义完全一致。实际上，节点阻抗矩阵可以看作是端口阻抗矩阵的特例，如果把网络中每一个节点都同零电位点组成一个端口，这时的端口阻抗矩阵就是节点阻抗矩阵。

方程式（3-83）和式（3-84）可用矩阵合写为

$$\begin{bmatrix} \dot{V}_{S(1)} \\ \dot{V}_{S(2)} \end{bmatrix} = \begin{bmatrix} \dot{V}_S^{(0)} \\ \dot{V}_P^{(0)} \end{bmatrix} - \begin{bmatrix} Z_{SS(1)} & Z_{SP(1)} \\ Z_{PS(1)} & Z_{PP(1)} \end{bmatrix} \begin{bmatrix} \dot{I}_{S(1)} \\ \dot{I}_{P(1)} \end{bmatrix} \qquad (3-85)$$

可简记为

$$\mathbf{V}_{F(1)} = \mathbf{V}_{F(1)}^{(0)} = -\mathbf{Z}_{FF(1)} \mathbf{I}_{F(1)} \qquad (3-86)$$

同简单故障时的方程式完全一致。

同样地，可以写出负序和零序网络中任一节点 i 的电压计算式为

$$\dot{V}_{i(q)} = -Z_{iS(q)}\dot{I}_{S(q)} - Z_{iP(q)}\dot{I}_{P(q)} \qquad (q=2,\ 0) \tag{3-87}$$

负序和零序网络故障口的电压方程可用矩阵形式分别写成

$$\begin{bmatrix} \dot{V}_{S(2)} \\ \dot{V}_{P(2)} \end{bmatrix} = -\begin{bmatrix} Z_{SS(2)} & Z_{SP(2)} \\ Z_{PS(2)} & Z_{PP(2)} \end{bmatrix} \begin{bmatrix} \dot{I}_{S(2)} \\ \dot{I}_{P(2)} \end{bmatrix} \tag{3-88}$$

$$\begin{bmatrix} \dot{V}_{S(0)} \\ \dot{V}_{P(0)} \end{bmatrix} = -\begin{bmatrix} Z_{SS(0)} & Z_{SP(0)} \\ Z_{PS(0)} & Z_{PP(0)} \end{bmatrix} \begin{bmatrix} \dot{I}_{S(0)} \\ \dot{I}_{P(0)} \end{bmatrix} \tag{3-89}$$

或简写为

$$\begin{cases} \boldsymbol{V}_{F(2)} = -\boldsymbol{Z}_{FF(2)}\boldsymbol{I}_{F(2)} \\ \boldsymbol{V}_{F(0)} = -\boldsymbol{Z}_{FF(0)}\boldsymbol{I}_{F(0)} \end{cases} \tag{3-90}$$

方程式（3-85）、式（3-88）和式（3-89），再加上边界条件方程式（3-80）和式（3-81），就是求解两个故障口电流和电压各序分量所需要的全部方程式。这些方程式中总共包含了 12 个待求量。

实际计算时，与简单故障的分析计算相似，先联解一部分方程，或者组成复合序网，以消去若干个未知量，降低联立方程的阶次。至于 12 个未知量中，留下哪些变量，消去哪些变量，可根据不同的考虑，采取不同的处理方法。常见的一种方法是组成复合序网，将各序网络在并联型故障口并联，在串联型故障口串联，这样就消去了并联型故障口的各序电流和串联型故障口的各序电压，只留下并联型故障口的某序（一般是正序）电压和串联型故障口的某序（一般是正序）电流作为待求量。采用这种做法，最后要求解的方程式的阶次恰好等于故障的重数。其实，在应用计算机求解时，对上述方程组也可以不再作任何处理，就 12 阶线性方程直接求解，同时获得所有故障口电压和电流的各序分量，从而可以省去不少中间换算。

习　题

3-1　试说明计算机分析对称故障和不对称故障的一般流程。

3-2　请写出简单不对称故障的计算通式。

3-3　什么是通用复合序网，试给出单相接地—两相接地、单相接地—两相短路双重故障的通用复合序网。

3-4　在图 3-40（a）所示的电力系统中，负荷全部忽略不计。试计算 f 点三相短路时的短路电流及网络中的电流分布。各支路电抗的标幺值如图 3-40（b）所示。

3-5　对于图 3-40（a）的电力系统，试分别对 a 点两相短路接地和线路 L2 在节点 a 侧单相断线进行计算。系统各元件参数与习题 3-4 相同，输电线零序电抗为 $X_0 = 3X_1$，变压器 T1 和 T2 为 $Y_0/\triangle$ 接法，T3 为 $Y/\triangle$ 接法。

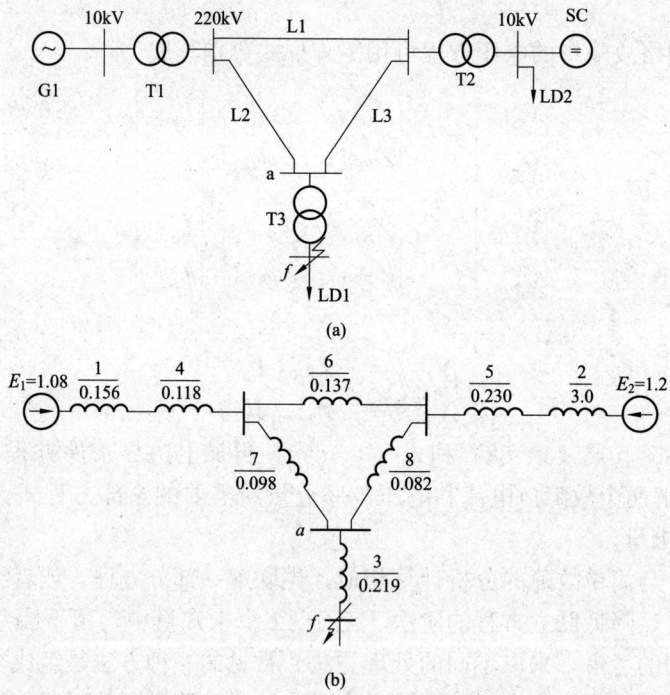

(a)

(b)

图 3-40   题 3-4 和题 3-5 图

(a) 电力系统；(b) 各支路电抗的标幺值

第四章　发电机组和负荷的数学模型

　　建立描述电力系统各元件的数学模型是采用计算机分析电力系统各种专门问题的基础。电力系统的主要元件包括发电机、负荷、输电线路和变压器等，输电线路和变压器等构成电力网络，其数学模型已在第一章中介绍。本章主要介绍在电力系统稳定分析中所用的发电机组和负荷的数学模型。

第一节　同步发电机的数学模型

　　在稳定分析中，同步发电机的数学模型包括转子运动方程、电磁暂态过程方程以及电动势方程。转子运动方程描述转子运动的机械暂态过程；电磁暂态过程方程描述同步发电机暂态和次暂态电动势的变化规律；电动势方程反映接入网络后，同步发电机电动势与机端电压、电流之间的关系。根据各种情况对计算精确度的不同要求，同步发电机可以采用不同程度的简化模型。

一、同步发电机的转子运动方程

发电机转子运动方程为[5]

$$\frac{T_J}{\omega_N}\frac{d^2\delta}{dt^2}=\Delta M_* \approx P_{T^*}-P_{e^*}=\Delta P_* \tag{4-1}$$

式中：δ 为发电机转子 q 轴与以同步速度旋转的系统参考轴间的电角度，rad 或度（°），与 ω_N 的单位相对应；ω_N 为同步转速，rad/s 或°/s；T_J 为发电机组的惯性时间常数，s；P_{T^*} 和 P_{e^*} 分别为原动机输出的机械功率和发电机的电磁功率标幺值。

　　式（4-1）可写成如下的状态方程形式

$$\begin{cases}\dfrac{d\delta}{dt}=\omega-\omega_N\\[2mm]\dfrac{d\omega}{dt}=\dfrac{\omega_N}{T_J}(P_{T^*}-P_{e^*})\end{cases} \tag{4-2}$$

若将转速用标幺值表示，则状态方程可写为

$$\begin{cases}\dfrac{d\delta}{dt}=(\omega_*-1)\omega_N\\[2mm]\dfrac{d\omega_*}{dt}=\dfrac{1}{T_J}(P_{T^*}-P_{e^*})\end{cases} \tag{4-3}$$

以下为叙述方便，将省略上式中表示标幺值的"*"。

二、同步发电机的基本方程

同步发电机的基本方程即派克（Park）方程，反映了同步发电机内部各电磁量之间的关系，用标幺值表示的同步发电机的电动势方程和磁链方程为[5]

$$\begin{cases} v_d = \dot{\psi}_d - \omega\psi_q - R_a i_d \\ v_q = \dot{\psi}_q + \omega\psi_d - R_a i_q \\ v_0 = \dot{\psi}_0 - R_a i_0 \\ v_f = \dot{\psi}_f + R_f i_f \\ 0 = \dot{\psi}_D + R_D i_D \\ 0 = \dot{\psi}_Q + R_Q i_Q \end{cases} \tag{4-4}$$

$$\begin{cases} \psi_d = -X_d i_d + X_{ad} i_f + X_{ad} i_D \\ \psi_q = -X_q i_q + X_{aq} i_Q \\ \psi_0 = -X_0 i_0 \\ \psi_f = -X_{ad} i_d + X_f i_f + X_{ad} i_D \\ \psi_D = -X_{ad} i_d + X_{ad} i_f + X_D i_D \\ \psi_Q = -X_{aq} i_q + X_Q i_Q \end{cases} \tag{4-5}$$

式（4-4）和式（4-5）是同步发电机精确的数学描述，完整地考虑了励磁绕组和阻尼绕组的动态。式中各符号的含义可参阅参考文献［5］第 6 章的相关公式。下面引入一些假设，仅推导同步发电机考虑励磁系统动态（即考虑 E_q' 变化的动态方程）的三阶模型。

（1）不计定子电动势方程中的变压器电动势，即认为 $\dot{\psi}_d = \dot{\psi}_q = 0$。这条假设忽略了定子绕组中电流的非周期分量和转子绕组中电流的周期分量。

（2）发电机为同步转速，$\omega = 1$。

（3）不考虑阻尼绕组。

（4）不考虑零序分量。

这样，发电机的基本方程简化为

$$\begin{cases} v_d = -\psi_q - R_a i_d \\ v_q = \psi_d - R_a i_q \\ v_f = \dot{\psi}_f + R_f i_f \end{cases} \tag{4-6}$$

$$\begin{cases} \psi_d = -X_d i_d + X_{ad} i_f \\ \psi_q = -X_q i_q \\ \psi_f = -X_{ad} i_d + X_f i_f \end{cases} \tag{4-7}$$

根据式（4-6）和式（4-7），可得

$$v_d = X_q i_q - R_a i_d \tag{4-8}$$

$$v_q = -X_d i_d + X_{ad} i_f - R_a i_q \tag{4-9}$$

将 $E_q = X_{ad} i_f$ 代入得

$$v_q = -X_d i_d + E_q - R_a i_q \tag{4-10}$$

在式（4-6）的第三式两端乘以 X_{ad}/R_f 可得

$$v_f \frac{X_{ad}}{R_f} = \frac{X_{ad}}{R_f} \times \frac{X_f}{X_f} \times \frac{d\psi_f}{dt} + X_{ad} i_f$$

或

$$X_{ad}i_{fe}=\frac{X_f}{R_f}\times\frac{d}{dt}\left(\frac{X_{ad}}{x_f}\psi_f\right)+X_{ad}i_f$$

其中 $i_{fe}=V_f/R_f$ 是励磁电流的强制分量。

将 $E_q=X_{ad}i_f$，$E'_q=\frac{X_{ad}}{X_f}\psi_f$，$T'_{d0}=\frac{X_f}{R_f}$ 代入上式，可得

$$E_{qe}=T'_{d0}\frac{dE'_q}{dt}+E_q \tag{4-11}$$

其中 $E_{qe}=X_{ad}i_{fe}$ 是空载电动势的强制分量。

如果计及 $E'_q=E_q-(X_d-X'_d)i_d$，可得发电机方程为

$$v_d=X_qi_q-R_ai_d \tag{4-12}$$

$$v_q=E'_q-X'_di_d-R_ai_q \tag{4-13}$$

$$T'_{d0}\frac{dE'_q}{dt}=E_{qe}-E'_q-(X_d-X'_d)i_d \tag{4-14}$$

式（4-12）～式（4-14）与转子运动方程一起构成了同步发电机的三阶模型。

上述三阶模型中，如果 $\frac{dE'_q}{dt}=0$，即可得 E'_q 恒定模型，即同步发电机的二阶模型。此二阶模型计及了同步发电机的凸极效应。如果 $X'_d=X_q$，则可得暂态电抗 X'_d 后 E' 恒定的二阶经典模型。此时，定子电压、电流满足如下关系

$$\dot{V}=\dot{E}'-(R_a+jX'_d)\dot{I} \tag{4-15}$$

如果计及阻尼绕组的作用，考虑次暂态电动势 E''_q、E''_d 的变化，将得到同步发电机更高阶的数学模型。

三、发电机的电磁功率

同步发电机定子绕组输出的总电磁功率为

$$P_e=v_ai_a+v_bi_b+v_ci_c \tag{4-16}$$

经过 Park 变换，可得 $dq0$ 坐标系下同步发电机的三相功率为

$$P_e=\frac{3}{2}(v_di_d+v_qi_q)+3v_0i_0 \tag{4-17}$$

为了对复杂电力系统的功率特性建立明晰的概念，下面从较简单的情况出发进行分析。

发电机用一个电动势 E_G 和阻抗 z_G 来表示。至于用何种电动势和阻抗作等值电路，则视发电机的类型、励磁调节器的性能以及给定的计算条件而定。

负荷用阻抗表示。当负荷点的运行电压为 V_{LD}，吸收功率为 P_{LD}、Q_{LD} 时，负荷阻抗按下式计算

$$Z_{LD}=R_{LD}\pm jX_{LD}=\frac{V^2_{LD}}{S_{LD}}(\cos\varphi_{LD}\pm j\sin\varphi_{LD})=\frac{V^2_{LD}}{P^2_{LD}+Q^2_{LD}}(P_{LD}\pm jQ_{LD}) \tag{4-18}$$

上式中，感性负荷时取正号。

采取上述简化处理后，便可作出全系统的等值电路，这将是一个多电压源的线性网络，如图 4-1 所示。该网络的节点导纳矩阵可由潮流计算用的节点导纳矩阵修改后得到。

对于发电机节点，在每一发电机节点 i 后面，追加发电机内阻抗 z_{Gi} 支路，增加一个电压源节点 i'，该节点的注入电流 $\dot{I}_{Gi}$ 等于原发电机节点的注入电流，而原发电机节点 i 的注

入电流则等于零。接入 z_{Gi} 和增加节点 i' 后，应对原潮流计算用的导纳矩阵进行修改，发电机有几个，修改后的导纳矩阵将增加几阶。节点 i' 的自导纳及其与节点 i 之间的互导纳分别为 y_{Gi} 和 $-y_{Gi}$，原节点 i 的自导纳应增加 y_{Gi}。

对于负荷节点，在每一负荷节点 k 并联接入负荷的等值阻抗 Z_{LDk}（或导纳 Y_{LDk}），并令原负荷节点注入电流 $\dot{I}_k=0$ 即可。由于负荷阻抗并联接在负荷节点与参考点之间，所以网络的节点数不增加。但原潮流计算用的导纳矩阵中负荷节点 k 的自导纳应增加 Y_{LDk}。

经过上述修改后，可得到图 4-1 所示网络的节点导纳矩阵。如果原网络有 N 个节点，其中发电机节点有 n 个，则经上述修改后的导纳矩阵将有 $N+n$ 阶。若对节点重新编号，把发电机电压源节点编为 1、2、…、n 号，则其余 $n+1$、$n+2$、…、$n+N$ 号节点都成了无注入电流的节点。将修改后的导纳矩阵分块，节点方程可写成

$$\begin{bmatrix} \boldsymbol{I}_G \\ 0 \end{bmatrix} = \begin{bmatrix} \boldsymbol{Y}_{GG} & \boldsymbol{Y}_{GN} \\ \boldsymbol{Y}_{NG} & \boldsymbol{Y}_{NN} \end{bmatrix} \begin{bmatrix} \boldsymbol{E}_G \\ \boldsymbol{V}_N \end{bmatrix} \tag{4-19}$$

根据方程式消元的方法，展开上式，消去 $\boldsymbol{V}_N$（即消去注入电流为零的节点），即可求得仅保留发电机电压源节点的导纳矩阵 $\boldsymbol{Y}_G$

$$\boldsymbol{Y}_G = \boldsymbol{Y}_{GG} - \boldsymbol{Y}_{GN} \boldsymbol{Y}_{NN}^{-1} \boldsymbol{Y}_{NG} \tag{4-20}$$

于是，仅保留发电机电压源节点的网络方程为

$$\boldsymbol{I}_G = \boldsymbol{Y}_G \boldsymbol{E}_G \tag{4-21}$$

式中：$\boldsymbol{I}_G = [\dot{I}_{G1}\,\dot{I}_{G2}\cdots\dot{I}_{Gn}]^T$ 为各发电机输出电流的列向量；$\boldsymbol{E}_G = [\dot{E}_{G1}\,\dot{E}_{G2}\cdots\dot{E}_{Gn}]^T$ 为各发电机电动势的列向量。

展开式（4-21），可以求得发电机电流

$$\dot{I}_{Gi} = \sum_{j=1}^{n} Y_{ij}\dot{E}_{Gj} \qquad (i=1,\ 2,\ \cdots,\ n) \tag{4-22}$$

将电流代入到发电机功率计算式 $S_{Gi}=P_{Gi}+jQ_{Gi}=\dot{E}_{Gi}\overset{*}{\dot{I}}_{Gi}$ 中，经整理后得

$$\begin{cases} P_{Gi} = E_{Gi}^2 |Y_{ii}| \sin\alpha_{ii} + \displaystyle\sum_{j=1,\ j\neq i}^{n} E_{Gi}E_{Gj} |Y_{ij}| \sin(\delta_{ij}-\alpha_{ij}) \\[2mm] Q_{Gi} = E_{Gi}^2 |Y_{ii}| \cos\alpha_{ii} - \displaystyle\sum_{j=1,\ j\neq i}^{n} E_{Gi}E_{Gj} |Y_{ij}| \cos(\delta_{ij}-\alpha_{ij}) \end{cases} \tag{4-23}$$

其中

$$\begin{cases} \alpha_{ii} = 90° - \tan^{-1}\dfrac{-B_{ii}}{G_{ii}} \\[3mm] \alpha_{ij} = 90° - \tan^{-1}\dfrac{B_{ij}}{-G_{ij}} \end{cases} \tag{4-24}$$

应该指出，节点导纳矩阵中的自导纳 Y_{ii} 的倒数，就是通常所谓的输入阻抗 Z_{ii}；而互导纳 Y_{ij} 的负倒数，就是通常所谓的转移阻抗 Z_{ij}。这样，复杂电力系统的功率特性也可表

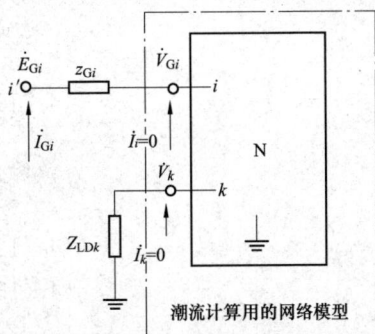

图 4-1　网络模型

示为

$$
\begin{cases}
P_{Gi} = \dfrac{E_{Gi}^2}{|Z_{ii}|}\sin\alpha_{ii} + \displaystyle\sum_{j=1,\,j\neq i}^{n} \dfrac{E_{Gi}E_{Gj}}{|Z_{ij}|}\sin(\delta_{ij}-\alpha_{ij}) \\[3mm]
Q_{Gi} = \dfrac{E_{Gi}^2}{|Z_{ii}|}\cos\alpha_{ii} - \displaystyle\sum_{j=1,\,j\neq i}^{n} \dfrac{E_{Gi}E_{Gj}}{|Z_{ij}|}\cos(\delta_{ij}-\alpha_{ij})
\end{cases} \tag{4-25}
$$

式中：α_{ii}、α_{ij} 为相应阻抗角的余角，即

$$
\begin{cases}
a_{ii} = 90° - \tan^{-1}\dfrac{X_{ii}}{R_{ii}} \\[3mm]
a_{ij} = 90° - \tan^{-1}\dfrac{X_{ij}}{R_{ij}}
\end{cases} \tag{4-26}
$$

式（4-25）也是电力系统稳定分析计算中常用的公式。

由式（4-23）或式（4-25）可以看到，复杂电力系统功率特性有以下特点：

（1）任一发电机输出的电磁功率，都与所有发电机的电动势及电动势间的相对角有关，因而任何一台发电机运行状态的变化，都要影响到其余所有发电机的运行状态。

（2）任一台发电机的功角特性，是它与其余所有发电机的转子间相对角（共 $n-1$ 个）的函数，是多变量函数，因而不能在 P-δ 平面上画出功角特性。同时，功率极限的概念也不明确，一般也不能确定其功率极限。

第二节　励磁调节系统的数学模型

在上述的简化同步电机模型中，均不考虑励磁系统的调节作用，当需要研究发电机励磁系统对暂态过程的影响时，即考虑式（4-14）中 E_{qe} 的变化时，应引入励磁调节系统的数学模型。

励磁调节系统向发电机提供励磁功率，起着调节电压、保持发电机端电压或枢纽点电压恒定的作用，并可控制并列运行发电机的无功功率分配，它对发电机的动态行为有很大影响，可以帮助提高电力系统的稳定极限。特别是现代电力电子技术的发展，使快速响应、高放大倍数的励磁系统得以实现，这极大地改善了电力系统的暂态稳定性。

同步电机的励磁调节系统由主励磁系统和励磁调节器两部分组成。主励磁系统为发电机的励磁绕组提供励磁电流；励磁调节器用于对励磁电流进行调节或控制。下面分别介绍主励磁系统和励磁调节器的数学模型。

一、主励磁系统的数学模型

励磁系统按励磁功率源的不同进行分类，主要分为三大类：①直流励磁系统，它通过直流励磁机供给发电机励磁功率；②交流励磁系统，它通过交流励磁机及半导体可控或不可控整流供给发电机励磁功率；③静止励磁系统，它从机端或电网经变压器取得功率，经可控整流供给发电机励磁功率，其形式通常为自并励的或自复励的。下面以直流励磁机为例给出主励磁系统的传递函数框图。

同时具有自励和他励绕组的典型直流励磁机的原理接线如图 4-2 所示。图中，R_{ef}、L_{ef} 和 R_{sf}、L_{sf} 分别为自励和他励绕组的电阻、电感；R_c 为可变调节电阻；v_f、v_{sf} 分别为励磁机输出电压和他励绕组的输入电压；i_{ef}、i_{sf}、i_{cf} 分别为励磁机的自励、他励和复励电流。

以他励绕组的输入电压 v_{sf} 和复励电流 i_{cf} 为输入量，v_f 为输出量的直流励磁机的传递函数框图如图 4-3 所示[6]。其中 S_E 为直流励磁机的饱和系数；k_E、T_E 和 k_{cf} 分别称为励磁机的自励系数、时间常数和复励增益系数。

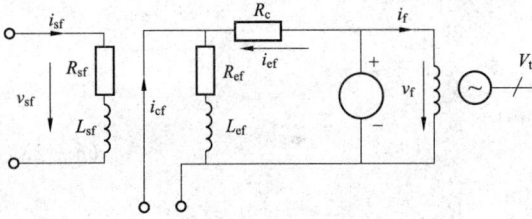

图 4-2　直流励磁机的原理接线图　　　　图 4-3　直流励磁机的传递函数框图

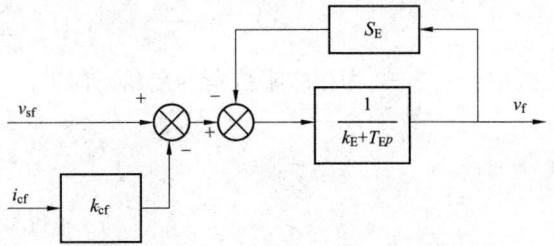

直流励磁机的传递函数为

$$\frac{v_{f*}}{v_{sf*}+k_{cf}i_{cf*}}=\frac{1}{(S_E+k_E+T_Ep)} \tag{4-27}$$

只有自励绕组和复励电流时，传递函数为

$$\frac{v_{f*}}{k_{cf}i_{cf*}}=\frac{1}{(S_E+k_E+T_Ep)} \tag{4-28}$$

只有他励绕组时，传递函数为

$$\frac{v_{f*}}{v_{sf*}}=\frac{1}{(S_E+1+T_Ep)} \tag{4-29}$$

二、励磁调节器的数学模型

典型的励磁调节系统结构如图 4-4 所示，发电机端电压 V_G 经量测环节后与给定的参考电压 V_{ref} 相比较，得到的电压偏差信号经电压调节器放大后，输出电压 V_T 作为励磁机的励磁电压，以控制励磁机的输出电压，即发电机的励磁电压 V_f，从而达到调节机端电压的目的。为了提高励磁调节系统的稳定性及改善其动态品质，引入励磁电压软负反馈环节。V_s 为附加励磁控制信号，一般是电力系统稳定器（Power System Stabilizer，PSS）的输出。

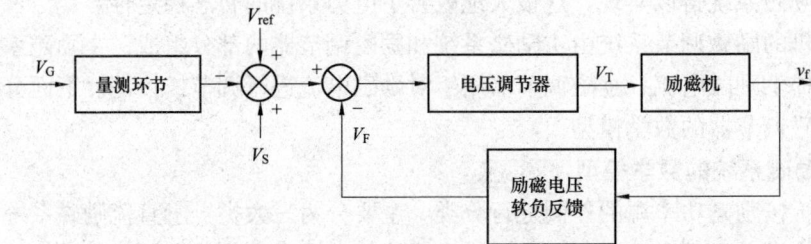

图 4-4　励磁调节系统结构

实际电力系统中，励磁调节系统的种类繁多，下面以带晶闸管励磁调节器的直流机励磁系统为例讨论其数学模型。晶闸管励磁调节器由测量滤波、综合放大、移相触发、晶闸管输出及励磁电压软负反馈等环节组成。当机端电压变化时，测量单元测得的电压信号与给定电压相比较，得到的电压偏差信号经放大后作用于移相触发单元，产生不同相位的触发脉冲，进而改变晶闸管的导通角，使调节器的输出电压发生变化达到调节机端电压的目的。晶闸管励磁调节器的传递函数框图如图 4-5 所示[6]。

图 4-5 中，①为量测环节，可表示为一个时间常数为 T_R 的惯性环节，由于 T_R 极小，常予以忽略；②、③为由综合放大、移相触发及晶闸管输出等单元组成的电压调节器，通常可用一个超前滞后环节和一个惯性放大环节表示，超前滞后环节反映了调节器的相位特性，由于 T_B、T_C 一般

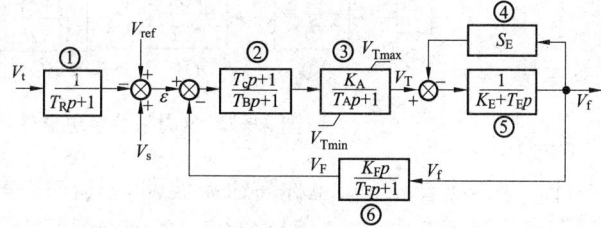

图 4-5　晶闸管励磁调节器的传递函数框图

很小，可予以忽略。惯性放大环节放大倍数为 K_A，时间常数为 T_A，晶闸管励磁调节器中，K_A 标幺值可达几百，时间常数 T_A 约为几十毫秒。④、⑤为直流励磁机传递函数，为一计及饱和作用的惯性环节；⑥为励磁电压负反馈环节，为一惯性微分环节，放大倍数为 K_F，时间常数为 T_F，稳态时 $v_f = 0$，即不影响励磁系统静特性。V_{Tmax}、V_{Tmin} 为限幅环节。

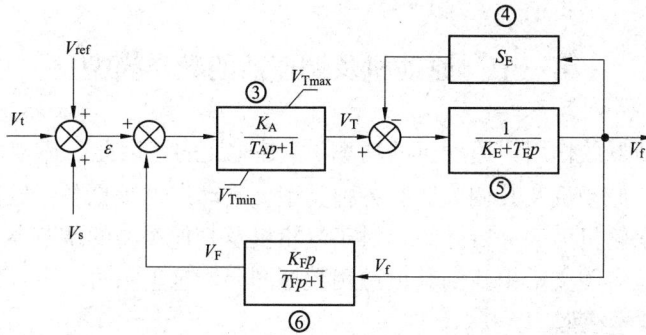

图 4-6　晶闸管励磁调节器的简化框图

对于图 4-5，当忽略量测环节时间常数，或将之计入调节器总时间常数时，可去掉量测环节；同时忽略电压调节器的超前滞后环节，便可得到典型的简化的励磁调节器传递函数框图，如图 4-6 所示，即三阶励磁系统模型，其基本方程为

$$\begin{cases} T_A \dfrac{dV_T}{dt} = -V_T + K_A(V_{ref} - V_t + V_S - V_F) \\[2mm] T_E \dfrac{dv_f}{dt} = -(K_E + S_E)v_f + V_T \\[2mm] T_F \dfrac{dV_F}{dt} = -V_F + \dfrac{K_F}{T_E}(V_T - (K_E + S_E)v_f) \end{cases} \tag{4-30}$$

三、电力系统稳定器的数学模型

电力系统稳定器 PSS 是广泛用于励磁控制的辅助调节器，其功能是抑制电力系统低频振荡或改善系统阻尼特性，从而提高电力系统的稳定性。其基本原理是通过对励磁调节器提供一个辅助控制信号（如图 4-4～图 4-6 中的 V_S），从而使发电机产生一个与转子电角速度偏差 $\Delta\omega$ 同相位的电磁转矩分量。适当整定 PSS 参数可使其提供抑制低频振荡的附加阻尼力矩。PSS 有多种形式，在此介绍一种常用形式的传递函数框图，如图 4-7 所示[6]。

图 4-7 中，①为 PSS 的增益；②为测量环节，T_6 为时间常数，由于其数值很小，常忽

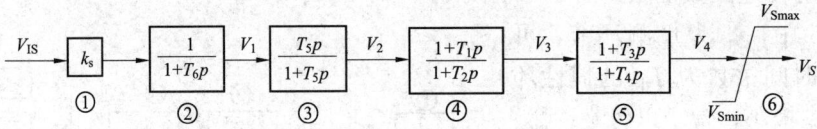

图 4-7　电力系统稳定器的传递函数框图

略不计；③为隔直环节，也称高通滤波器，其作用是阻断稳态输入信号，从而使 PSS 在系统稳态运行时不起作用。时间常数 T_5 的值通常较大，约为 5s；④和⑤分别为两个超前—滞后环节。PSS 至少应有一个超前-滞后环节，而且大多数情况下是一个。时间常数 T_3 和 T_4 为零时即相当于只有一个超前—滞后环节；⑥为限幅环节。PSS 的输入信号 V_{IS} 通常为发电机的电角速度、端电压、电磁功率、系统频率或者是它们的组合。输出信号 V_S 作为励磁调节器的一个附加输入信号，加在励磁调节器参考电压 V_{ref} 的相加点上（见图 4-6）。值得注意的是，PSS 在系统中的安装位置及其参数必须正确选择才能起到积极作用。相关问题可参阅文献［10］。

第三节　原动机及调速器的数学模型

由于原动机调节器的作用，原动机的功率 P_T 是时变的，因此，需求解描述原动机及其调节器的微分方程。原动机及其调节器有各种类型，其动态方程也各不相同。下面以装有离心飞摆式调速器的水轮机为例进行介绍。对于汽轮机及其他类型的调节器，其处理的原理和方法基本相同，可从有关文献中找到其传递函数框图[3]，这里不再一一介绍。

一、水轮机的数学模型

在水轮机动态特性模拟中，主要考虑水轮机及其引水管道中由于水流惯性所引起的暂态过程，即通常所说的水锤效应。

图 4-8　水锤效应

原动机的功率 P_T 与进水量及水压成比例。在稳态运行时，水轮机引水管中水的流速一定，因此沿管道各点水的压力也恒定不变。当调节器开大导水翼开度时，进入水轮机的流量增大，引水管道下段的水流速度加快。但因水流的惯性，引水管道上段的水流速度还来不及变化，所以，进入水轮机的水压下降。水压下降的作用超过流量增加的作用，所以，水轮机的功率 P_T 反而下降了。要等到整个引水管道中水流都加快，流量增加和压力恢复后，水轮机的功率才开始增大。相反，当导水翼开度关小时，进入水轮机的水流量减少，引水管上段的水流量因惯性还来不及变化，这样，引水管下段水压升高，进入水轮机的水压升高。水压升高的作用超过流量减少的作用，水轮机的功率反而增大（见图 4-8 中虚线），这种现象称为水锤效应。导水翼停止变化（停止开大或关小）后，原动机功率的增大或减小也属于水锤效应。水锤效应的大小与导水翼开度 μ 的变化速度及引水管道的长度有关。

计及水锤效应，水轮机及引水系统的动态特性可近似地用下列方程表示

$$0.5T_{\mathrm{w}}\frac{\mathrm{d}P_{\mathrm{T}}}{\mathrm{d}t}+P_{\mathrm{T}}=\mu-T_{\mathrm{w}}\frac{\mathrm{d}\mu}{\mathrm{d}t} \tag{4-31}$$

式中：T_{w} 为水锤时间常数，其大小与引水管道长度有关。

与式（4-31）对应的传递函数为

$$P_{\mathrm{T}}=\frac{1-T_{\mathrm{w}}p}{1+0.5T_{\mathrm{w}}p}\mu \tag{4-32}$$

二、离心飞摆式调速器的数学模型

离心飞摆式调速器的原理及静态特性在参考文献［5］中已作了较详细的叙述。现将软反馈环节补充画在图4-9中。

当发电机电磁功率增大使调速器的转速降低时，调速器的接力器上移而开大水轮机的导水翼，从而使原动机的功率增加，转速回升。当接力器活塞上移时，连杆5及缓冲壶使A点上移，并以飞摆套筒B为支点使O点向上移动，构成反馈机构。连杆5产生与接力器活塞位移成比例的硬反馈，其目的是在调节过程结束时，使配压阀回复到中间位置，关闭接力器的油路，同时产生静态调差。当接力器活塞极缓慢上移时，缓冲壶外套上移，由于弹簧的作用将壶内活塞下移，壶内活塞下部的油经调节小孔H流到上部，C点的位置保持不变。当

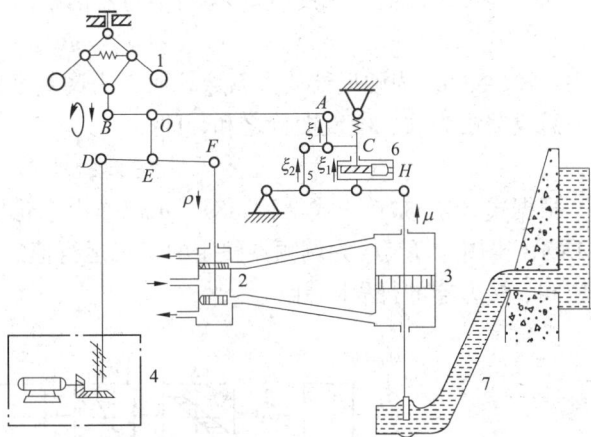

图4-9　离心飞摆式调速系统原理结构
1—离心飞摆；2—配压阀；3—接力器；4—调频器；
5—硬反馈连杆；6—缓冲壶；7—压力水管

接力器活塞快速上移时，缓冲壶下部的油来不及经小孔流到上部，这样，缓冲壶外套将带动其活塞一起上移，使C点也上移从而产生反馈作用。所以，缓冲壶产生的是一个与接力器活塞移动速度有关的软反馈，其目的是减缓调节速度，改善调节过程的品质，下面将根据上述调节过程导出各环节的动态方程。

对于离心飞摆，当不计飞摆及套筒的质量以及忽略摩擦等阻尼因素时，套筒的相对位移 η（以机组从空载到满载时套筒行程为基准值的标幺值表示）与转速偏差成比例，即

$$\eta=K_{\delta}(\omega_{\mathrm{N}}-\omega)=-K_{\delta}\Delta\omega=-\frac{1}{\delta_{\mathrm{r}}}\Delta\omega \tag{4-33}$$

式中：K_{δ} 为测速部件的放大系数；δ_{r} 为测速部件的灵敏度。

对于配压阀，当忽略其惯性时，用标幺值表示的相对行程为

$$\rho=\eta-\xi+K_{\gamma}\mu_0 \tag{4-34}$$

式中：μ_0 为导水翼开度的稳态值，由调频器整定。

对于接力器，当配压阀移动而打开接力器的油路时，压力油开始进入接力器并推动活塞移动。活塞移动速度取决于进油量。当压力油的压力一定时，进油量与进油口大小成正比，即与 ρ 成正比，故有

$$\frac{\mathrm{d}\mu}{\mathrm{d}t}=\frac{1}{T_{\mathrm{S}}}\rho \qquad (4-35)$$

式中：T_{S} 称为接力器的时间常数；μ 为接力器活塞的相对行程，也代表导水翼的开度。

对于缓冲壶，如前所述，C 点的移动量与接力器活塞移动速度有关，通常近似地用一个微分惯性环节表示，即

$$T_{\beta}\frac{\mathrm{d}\xi_1}{\mathrm{d}t}+\xi_1=K_{\beta}T_{\beta}\frac{\mathrm{d}\mu}{\mathrm{d}t} \qquad (4-36)$$

式中：ξ_1 为软反馈量；T_{β} 为软反馈时间常数；$K_{\beta}=\beta/\delta_{\mathrm{r}}$ 为软反馈放大系数；β 为软反馈系数。

对于连杆硬反馈，其反馈量 ξ_2 与接力器活塞位移成正比，即

$$\xi_2=K_{\gamma}\mu \qquad (4-37)$$

式中：$K_{\gamma}=\delta/\delta_{\mathrm{r}}$ 为硬反馈放大系数，而 δ 为调差系数。

总反馈量为软、硬反馈量之和，即

$$\xi=\xi_1+\xi_2 \qquad (4-38)$$

根据式（4-33）～式（4-38），可以作出水轮机及其调节系统的传递函数框图如图 4-10 所示。图中，$K_{\gamma}\mu_0$ 为调频器整定的稳态运行值。图 4-10 中还考虑了调速器的失灵区和配压阀、接力器的行程限制。

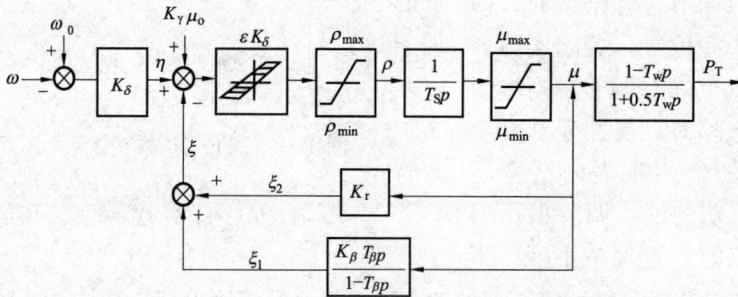

图 4-10　水轮机及其调节系统的传递函数框图

为了便于采用数值解法，调速系统方程式（4-33）～式（4-38）可改写为（不计失灵区）

$$\begin{cases}\dfrac{\mathrm{d}\mu}{\mathrm{d}t}=\dfrac{1}{T_{\mathrm{S}}}\rho=\dfrac{1}{T_{\mathrm{S}}}[-K_{\delta}\Delta\omega-\xi_1-K_{\gamma}(\mu-\mu_0)]\\[2mm]\dfrac{\mathrm{d}\xi_1}{\mathrm{d}t}=K_{\beta}\dfrac{\mathrm{d}\mu}{\mathrm{d}t}-\dfrac{\xi_1}{T_{\beta}}\\[2mm]\dfrac{\mathrm{d}P_{\mathrm{T}}}{\mathrm{d}t}=\dfrac{2}{T_{\mathrm{W}}}(\mu-P_{\mathrm{T}})-2\dfrac{\mathrm{d}\mu}{\mathrm{d}t}\end{cases} \qquad (4-39)$$

式中：各变量的初值为 $\mu_{(0)}=\mu_0$，$\xi_{1(0)}=0$，$P_{\mathrm{T}(0)}=P_0$，$\Delta\omega_{(0)}=0$。在计算过程中，当 ρ、μ 达到它们的行程上下限时，便不再变化而取为常数。

第四节 负荷的数学模型

在电力系统分析计算中,负荷曾采用各种不同的数学模型。如稳态潮流计算曾使用恒定功率模型;无功平衡计算曾使用电压静态特性模型;频率调整计算曾使用频率静态特性模型等。在电力系统稳定计算中,常采用以下四种负荷模型或它们的组合。

一、恒定阻抗(导纳)模型

稳定计算中最简单的负荷模型是恒定阻抗模型,即认为在暂态过程中负荷的等值阻抗保持不变。其数值根据扰动前稳态情况下负荷节点的电压 V_{LD0} 和功率 $S_{LD0}=P_{LD0}+jQ_{LD0}$ 由下式求出

$$Y_{LD}=\frac{\overset{*}{S}_{LD0}}{V_{LD0}^2}=\frac{P_{LD0}-jQ_{LD0}}{V_{LD0}^2}=G_{LD}+jB_{LD} \tag{4-40}$$

用恒定阻抗模拟负荷,方法比较简单,但计算结果与实际负荷特性相差较大,因而只适合某些近似计算或者模拟端电压变化不大、本身容量较小从而对电力系统影响也较小的负荷。

二、考虑感应电动机机械暂态过程的综合负荷动态模型

感应电动机是电力系统负荷的主要成分,因此,暂态稳定计算中采用的综合负荷动态特性应该主要考虑感应电动机的暂态过程。考虑感应电动机机械暂态过程的负荷动态模型是忽略感应电动机的电磁暂态过程,只考虑机械暂态过程中转差变化对其等值阻抗的影响。感应电动机的等值电路如图4-11所示。从图4-11可以看到,感应电动机端所呈现的阻抗,与它的转差 s 有关。在暂态过程中,s 随时间变化,所以感应电动机的阻抗是时变的。k 时段末典型感应电动机的阻抗为

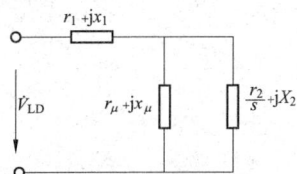

图 4-11 感应电动机等值电路
(时变阻抗模型)

$$Z_{LDM(k)}=r_1+jX_1+\frac{(r_\mu+jX_\mu)\left(\frac{r_2}{s_{(k)}}+jX_2\right)}{(r_\mu+jX_\mu)+\left(\frac{r_2}{s_{(k)}}+jX_2\right)} \tag{4-41}$$

转差随时间的变化规律由感应电动机转子运动方程确定。该方程为

$$\frac{\mathrm{d}s}{\mathrm{d}t}=\frac{1}{T_{JM}}(M_T-M_e) \tag{4-42}$$

式中:T_{JM} 为转子惯性时间常数;M_T 为机械负荷转矩;M_e 为电磁转矩。

感应电动机的机械负荷转矩可表示为

$$M_T=k[\alpha+(1-\alpha)(1-s_{(k)})^\beta] \tag{4-43}$$

式中:α 为机械负载转矩中与转速无关部分所占的比例,或称为静止阻力矩,且 $0<\alpha<1$;β 为与机械负载特性有关的指数;k 为电动机的负荷率,由稳态运行情况下 M_e 和 M_T 相平衡的条件决定,即当 α、β 给定时,应选择 k 值使稳态情况下满足 $M_e=M_T$。

感应电动机的电磁转矩可表示为

$$M_e = \frac{2M_{emax}}{\dfrac{s_{(k)}}{s_{cr}} + \dfrac{s_{cr}}{s_{(k)}}} \left(\frac{V_L}{V_{LN}}\right)^2 \tag{4-44}$$

式中：M_{emax} 为感应电动机最大电磁转矩；s_{cr} 为感应电动机的临界转差。V_L 为感应电动机端电压的实际值；V_{LN} 为感应电动机端电压的额定值。

在进行暂态稳定计算时，同时求解式（4-41）～式（4-44），便可求得不同时刻感应电动机负荷的等值阻抗，并把它应用于网络运算中。但实际负荷的大小和功率因数与典型感应电动机不完全相同。为此，对每一个具体的负荷节点来说，按典型感应电动机参数求得某一瞬间的阻抗之后，还必须对其加以修正才能作为此时刻的负荷阻抗。修正公式如下

$$Z_{LD(k)} = Z_{LDM(k)} \frac{Z_{LD0}}{Z_{LDM0}}$$

$$= \left[r_1 + jX_1 + \frac{(r_\mu + jX_\mu)\left(\dfrac{r_2}{s_{(k)}} + jX_2\right)}{(r_\mu + jX_\mu) + \left(\dfrac{r_2}{s_{(k)}} + jX_2\right)} \right] \frac{Z_{LD0}}{Z_{LDM0}} \tag{4-45}$$

式中：Z_{LD0} 和 Z_{LDM0} 分别为正常状态下实际负荷和典型负荷的阻抗值，下标"(k)"表示上述阻抗在第 k 时段末的值。

典型感应电动机负荷的参数，可根据系统负荷的实际情况取不同的数值。常用的一组数据如下

$$r_1 + jX_1 = 0.0465 + j0.295$$
$$r_2 + jX_2 = 0.02 + j0.12$$
$$r_\mu + jX_\mu = 0.35 + j3.5$$
$$s_0 = 0.014$$
$$s_{cr} = 0.0625$$
$$M_{emax} = 1.282$$
$$k = 0.56$$
$$\alpha = 0.15$$
$$\beta = 2$$
$$T_{JM} = 3.7$$

实际电力系统的负荷并不全是感应电动机，因此，可以考虑一部分负荷用恒定阻抗表示，其比例取为总负荷的 25%～35%。

三、考虑感应电动机机电暂态过程的综合负荷动态模型

这种模型的特点是同时计及感应电动机转子绕组的电磁暂态过程和转子机械运动的暂态过程。与同步电动机一样，由于定子绕组中的暂态过程十分迅速，因此感应电动机也不计定子绕组的暂态过程。这种模型较精确地反映了转子绕组电磁暂态过程对电磁力矩的影响，相对于只考虑机械暂态的负荷动态模型在暂态过程中具有更高的仿真精度，并在电力系统稳定分析中广泛应用。实际上，就电机的暂态过程方程而言，可以将感应电动机看成 d、q 轴完全对称的同步电机。因此，计及转子绕组电磁暂态过程的感应电动机方程可由同步电机的数学模型推导而来，经推导可得感应电动机定子电压方程以及转子回路电磁暂态过程的微分方程分别为[3]

$$\dot{V}_{\text{L}} = (1-s)\dot{E}'_{\text{M}} - [r_1 + \text{j}(1-s)X']\dot{I}_{\text{M}} \tag{4-46}$$

$$T'_{\text{d0}}\frac{\mathrm{d}\dot{E}'_{\text{M}}}{\mathrm{d}t} = -(1+\text{j}sT'_{\text{d0}})\dot{E}'_{\text{M}} - \text{j}(X-X')\dot{I}_{\text{M}} \tag{4-47}$$

式中：$\dot{E}'_{\text{M}}$、$\dot{V}_{\text{L}}$ 分别为感应电动机的暂态电动势和端电压；$X=X_1+X_\mu$；$X'\approx X_1+X_2//$ X_μ；$T'_{\text{d0}}=(X_2+X_\mu)/r_2$ 为定子开路时转子回路的时间常数；$\dot{I}_{\text{M}}$ 为电动机定子实际电流。r_1、X_1、X_2、X_μ 的含义同图 4-11。

实际计算中，有时将式（4-46）中的 s 略去，即定子电压方程为

$$\dot{V}_{\text{L}} = \dot{E}'_{\text{M}} - (r_1 + \text{j}X')\dot{I}_{\text{M}} \tag{4-48}$$

感应电动机的电磁转矩为

$$M_{\text{e}} = -\text{Re}(\dot{E}'_{\text{M}}\overset{*}{\dot{I}}_{\text{M}}) \tag{4-49}$$

其中，取负号的原因是因为电动机电磁转矩的规定正方向与同步电机相反。

式（4-46）～式（4-49）、式（4-42）～式（4-44）一起构成了计及机电暂态的典型感应电动机的数学模型。

用暂态电动势 E'_{M} 和暂态电抗 X' 表示的感应电动机等值电路如图 4-12 所示。

这样，在网络方程中，负荷节点便转化为含恒定内阻抗的电压源节点。其处理方法与采用暂态阻抗后电动势 E' 等于常数的发电机的处理相同。E'_{M} 是时变的，其值由电磁暂态方程式（4-47）解出，因而该模型也称为感应电动机的时变电压源模型。

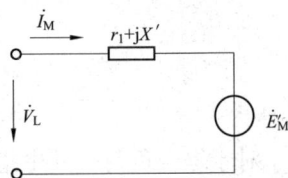

图 4-12　典型感应电动机的时变电压源模型

对于综合负荷，可以应用上述考虑感应电动机机械暂态过程时所介绍的方法进行类似的简化处理。对应于综合负荷中的感应电动机部分，可将式（4-48）和式（4-47）改为

$$\begin{cases} \dot{V}_{\text{L}} = \dot{E}'_{\text{M}} - k_{\text{M}}(r_1 + \text{j}X')\dot{I}_{\text{M}} \\ T'_{\text{d0}}\dfrac{\mathrm{d}\dot{E}'_{\text{M}}}{\mathrm{d}t} = -(1+\text{j}sT'_{\text{d0}})\dot{E}'_{\text{M}} - \text{j}k_{\text{M}}(X-X')\dot{I}_{\text{M}} \end{cases} \tag{4-50}$$

式（4-50）相当于将典型感应电动机的参数 r_1、X 和 X' 分别乘以系数 k_{M}，以反映全部感应电动机负荷。k_{M} 的取值应使稳态运行情况下（$\dfrac{\mathrm{d}\dot{E}'_{\text{M}}}{\mathrm{d}t}=0$）由感应电动机部分吸收的总功率 $P_{\text{LM}(0)}+\text{j}Q_{\text{LM}(0)}$ 和节点电压 $\dot{V}_{\text{L}(0)}$ 所决定的电流满足式（4-50），并可同时得出 $\dot{E}'_{\text{M}}$ 的稳态值。

对于实际电力系统的综合负荷，除感应电动机外，还应考虑其中一部分为恒定阻抗。综合负荷接入网络时的等值电路如图 4-13 所示。其中 $R_{\text{LD}}+\text{j}X_{\text{LD}}$ 为恒定阻抗部分。

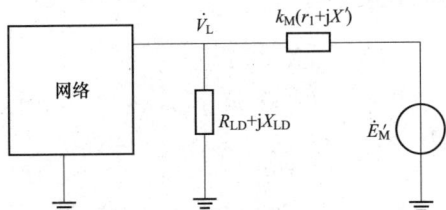

图 4-13　综合负荷接入网络

四、负荷的电压静态特性模型

负荷功率随端电压和频率缓慢变化而改变的特性称为负荷的静态特性。在一般的电力系统机电暂态过程中，电网的频率变化很小，因此，稳定计算

中通常只考虑负荷功率随电压变化的特性，即负荷的电压静态特性。负荷吸收的功率与节点电压的关系可以用二次多项式和指数形式表示。

当用二次多项式表示时

$$\begin{cases} P_{LD} = P_{LD0} \left[a_p \left(\dfrac{V_{LD}}{V_{LD0}} \right)^2 + b_p \left(\dfrac{V_{LD}}{V_{LD0}} \right) + c_p \right] \\ Q_{LD} = Q_{LD0} \left[a_q \left(\dfrac{V_{LD}}{V_{LD0}} \right)^2 + b_q \left(\dfrac{V_{LD}}{V_{LD0}} \right) + c_q \right] \end{cases} \tag{4-51}$$

式中：P_{LD0}、Q_{LD0} 和 V_{LD0} 分别为扰动前稳态运行情况下负荷所吸收的有功功率、无功功率和节点电压。

式（4-51）表示的负荷模型实际上相当于认为负荷由恒定阻抗、恒定电流和恒定功率三部分组成，系数 a、b、c 分别表示各部分负荷在总负荷中所占的比例，很显然它们应满足

$$a_p + b_p + c_p = 1$$
$$a_q + b_q + c_q = 1 \tag{4-52}$$

负荷的电压静态特性也可以表示成如下的指数形式

$$\begin{cases} P_{LD} = P_{LD0} \left(\dfrac{V_{LD}}{V_{LD0}} \right)^{\alpha} \\ Q_{LD} = Q_{LD0} \left(\dfrac{V_{LD}}{V_{LD0}} \right)^{\beta} \end{cases} \tag{4-53}$$

对于综合负荷，其中指数 α 通常在 $0.5 \sim 1.8$；指数 β 随节点不同变化很大，典型值一般为 $1.5 \sim 6$。

本节主要介绍了电力系统稳定分析中常用的负荷动态模型和静态模型，动态模型是用微分方程描述的，而静态模型用代数方程表示。在暂态稳定分析中，负荷常采用恒定阻抗模型和动态模型，或者它们的组合；在小干扰稳定分析中，负荷大都采用静态特性模型。综合负荷数学模型的选取对电力系统暂态稳定分析的结果有很大影响。但由于负荷的随机性，要准确模拟负荷的实时动态响应特性是非常困难的。多年来各国学者对负荷模型进行了大量研究，且提出了对负荷模型和参数进行在线辨识的方法，但至今未得到满意的结果，还有待进一步的研究。

习　题

4-1　计及阻尼绕组的作用，根据 Park 方程，推导反映同步电机次暂态电势 E_q''、E_d'' 变化的下列微分方程和相应的代数方程（可参阅参考文献 [1]、[6]）

$$T_{d0}'' \frac{dE_q''}{dt} = T_{d0}'' \frac{dE_q'}{dt} - E_q'' + E_q' - (X_d' - X_d'') i_d$$

$$T_{q0}'' \frac{dE_d''}{dt} = -E_d'' + (X_q - X_q'') i_q$$

$$v_d = E_d'' + X_q'' i_q - R_a i_d$$

$$v_q = E_q'' - X_d'' i_d - R_a i_q$$

4-2　同步发电机参数如下：$X_d = 1.11$，$X_q = 1.08$，$X'_d = 0.2$，$X''_d = 0.13$，$X''_q = 0.15$，如果发电机额定满载运行，试计算发电机电动势 E_q，E'_q，E'，E''_q，E''_d。

4-3　对图 4-5 所示晶闸管励磁调节器的传递函数框图，列出相应的方程式。

4-4　已知典型感应电动机参数标幺值 $r_1 + jx_1 = 0.0465 + j0.295$，$r_2 + jX_2 = 0.02 + j0.12$，$x_\mu = 3.5$，$s_{cr} = 0.0625$，$M_{emax} = 1.282$，$k = 0.56$，$\alpha = 0.15$，$\beta = 2$，$T_{JM} = 3.7s$；稳态运行时的转差 $s_0 = 0.014$，端电压为 $1 + j0$。当采用考虑感应电动机机械暂态过程的动态模型时，试计算当端电压突然降至 $0.5 + j0$ 后，0.05s 内的转差变化（可用欧拉法求解微分方程，取积分步长为 0.01s）。

第五章 电力系统暂态稳定计算

第一节 概 述

电力系统暂态稳定分析的主要目的是检验系统在遭受大扰动后各发电机组保持同步运行的能力。如果能保持同步运行，并具有可以接受的电压和频率水平，则称此电力系统在这一大扰动下是暂态稳定的；否则就是暂态不稳定的。暂态稳定通常指保持第一或第二个振荡周期不失步。大扰动一般指短路故障、投入或切除大容量发电机组和负荷以及输电或变电设备等。为了保证电力系统运行的安全性，在系统规划、设计和运行过程中都需要进行大量的暂态稳定分析，通过暂态稳定分析可以研究和考察各种稳定措施的效果以及稳定控制的性能，从而得到提高电力系统暂态稳定的措施。电力系统一旦失去暂态稳定将造成大面积停电，给国民经济带来巨大损失。因此，对于暂态稳定分析的研究具有极其重要的意义。

当电力系统受到大扰动时，发电机输入的机械功率和输出的电磁功率失去平衡，引起转子速度及角度发生变化，各机组间发生相对摇摆（或振荡），这种摇摆可能有两种不同的结局，如图 5-1 所示。一种是这种摇摆（或振荡）的幅值逐渐衰减，各发电机之间的相对运动逐渐消失，系统中各发电机仍然保持同步运行，并过渡到一个新的稳定运行状态，这时，称系统在此扰动下是暂态稳定的，如图 5-1（a）所示。另一种结局是在暂态过程中某些发电机转子间始终存在相对运动，使得转子间的相对角度不断增大，最终导致这些发电机之间失去了同步，此时系统的功率及电压发生剧烈的振荡，这种情况下，称系统失去了暂态稳定，如图 5-1（b）所示。这时，应将失步的发电机切除并采取其他稳定控制措施。这种研究系统在大扰动后能否保持同步运行的问题称为功角稳定问题。除此以外，系统在大扰动下还可能出现电压急剧降低而无法恢复的情况，这是另一类失去暂态稳定的形式，称为暂态电压失稳，属于电压稳定范畴。这种情况也应采取紧急措施恢复电压，从而恢复系统的正常运行。这两大类暂态稳定问题常常互相影响，互相关联。为了防止在大扰动下系统失去暂态稳定，在电力系统中需要根据预想的典型大扰动，分析系统在这些典型扰动下的暂态稳定性，并提出相应的稳定控制措施，这就是电力系统暂态稳定分析的基本任务。其中主要分析的是

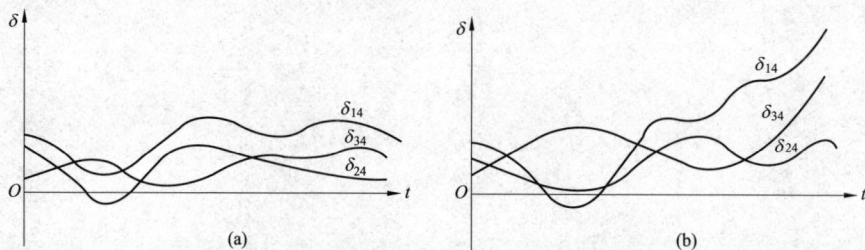

图 5-1 扰动后发电机转子相对角度变化情况示例
(a) 稳定情况；(b) 不稳定情况

功角稳定问题。

显然，电力系统的暂态稳定性不但决定于扰动的性质及其发生的地点，而且与扰动前系统的运行情况有关。因此，通常需要针对不同的稳态运行情况以及各种不同的扰动分别进行暂态稳定性分析。然而，如果要求系统在所有可能的运行情况下，遭受各种可能发生的扰动后，都能保持暂态稳定，则不但没有必要而且也不经济。为此，各国对于暂态稳定性的要求都有自己的标准。我国在《电力系统安全稳定导则》[13]中作出了详细的规定。

由大扰动引起的电力系统暂态过程，是一个电磁暂态过程和发电机转子机械运动暂态过程交织在一起的复杂过程。如果计及原动机调速器、发电机励磁调节器等调节设备的暂态过程，则更加复杂。因此，在电力系统暂态稳定性分析中常常作以下简化处理：

（1）忽略发电机定子绕组和电力网中电磁暂态过程的影响，只考虑交流系统中基波分量电压、电流和功率以及发电机转子绕组中非周期分量的变化。这样，交流电力网中各元件的数学模型将可以简单地用它们的基波等值阻抗电路来描述。发电机定子和转子绕组的电流、系统的电压以及发电机的电磁功率等，在大扰动瞬间均可以突变。

（2）在不对称故障或非全相运行期间，略去发电机定子回路基波负序分量电压、电流对电磁转矩的影响。至于基波零序分量电流，由于一般不流过定子绕组，故无需考虑。

此外，根据对计算结果精度的要求不同，以及由于分析方法本身的限制，还将对元件的数学模型采取各种不同程度的简化，有时甚至对一部分发电机或系统中的某些部分进行动态等值的简化处理。

电力系统暂态稳定分析目前主要有两种方法，即时域仿真（time simulation）法（或称数值解法），又称逐步积分（step by step）法，以及直接法（direct method），又称暂态能量函数法（transien tenergy function method）。时域仿真法直观，可适应大规模的电力系统，并可适应各种不同的元件模型和系统故障及操作，因而得到广泛应用。本章只介绍时域仿真法暂态稳定分析。

时域仿真法将电力系统各元件模型根据元件间的拓扑关系形成全系统的模型，这是一组联立的微分方程组和代数方程组，然后以稳态工况或潮流解为初值，求扰动下的数值解，即逐步求得系统状态量和代数量随时间的变化曲线，并根据发电机转子摇摆曲线来判别系统在大扰动下能否保持同步运行，即暂态稳定性。

第二节　电力系统暂态稳定计算的基本原理

一、全系统数学模型的组成

现代电力系统主要由发电机（包括励磁系统、PSS、原动机及调速器）、交直流输电网络、负荷以及各类柔性交流输电系统（Flexible AC Transmission System，FACTS）元件组成。发电机、负荷以及其他动态元件通过电力网络相互联系，图 5-2 所示为电力系统暂定分析全系统数学模型的构成。其中发电机包括机械暂态和电磁暂态两部分。机械暂态部分通过发电机转子运动方程来描述，它反映了当发电机输入机械功率 P_T 和输出电功率 P_e 不平衡时引起发电机转速 ω 和转子角 δ 的变化。发电机转速信号送入调速系统和参考速度相比较，其偏差作为调速器的控制输入量，以控制原动机输出的机械功率 P_T。发电机转子角 δ 则用于进行发电机 dq 坐标下电量和网络 xy 同步坐标下电量间的接口。电磁暂态部分通过发电机定子、转子绕组在 dq 坐标下的电压方程来描述，它以励磁系统输出励磁电压 v_f 作为输入量，发电机端电压和电流经坐标变换，可跟同步坐标下的网络方程接口，并联立求解。所解得的机端电压 V_G 反馈回励磁系统，励磁系统将机端电压和参考电压 V_{ref} 相比较，以控制发电机励磁电压 v_f。而发电机输出的电磁功率 P_e 将影响转子的功率平衡及转子速度和角度的变化。

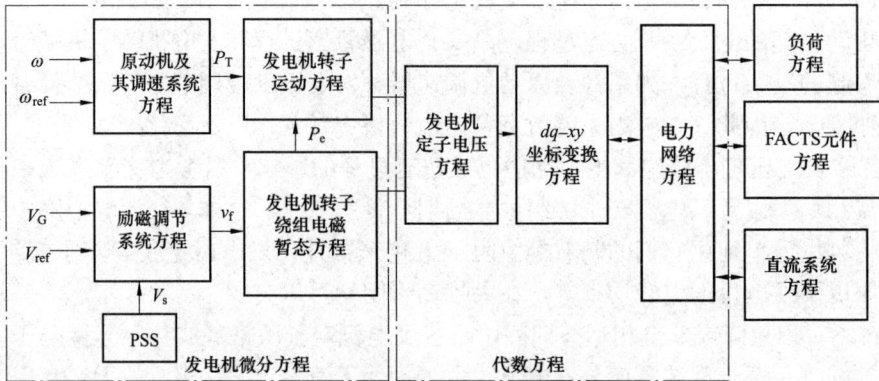

图 5-2　电力系统暂态稳定分析全系统数学模型构成

由图 5-2 可以看出，暂态稳定计算全系统的数学模型包含描述电力系统有关元件动态特性的微分方程和电力网络等的代数方程。其一般形式可以写为

$$\begin{cases} \dfrac{\mathrm{d}\boldsymbol{x}}{\mathrm{d}\boldsymbol{t}} = \boldsymbol{f}(\boldsymbol{x},\ \boldsymbol{y}) \\ \boldsymbol{g}(\boldsymbol{x},\ \boldsymbol{y}) = \boldsymbol{0} \end{cases} \tag{5-1}$$

式中：$\boldsymbol{x}$、$\boldsymbol{y}$ 分别为状态变量和代数变量；代数变量 $\boldsymbol{y}$ 表示电力网络的运行参数，由于在暂态稳定计算中一般不考虑电力网络的暂态过程，因此，$\boldsymbol{y}$ 在计算过程中是可以突变的量。

在比较完整的电力系统暂态稳定计算中，式（5-1）中的微分方程包括：

（1）描述转子角度 δ 与转速 ω 随原动机与发电机间不平衡功率（P_T—P_e）动态变化的发电机转子运动方程。

（2）描述同步发电机电动势变化规律的微分方程。

（3）描述同步发电机原动机及其调速系统动态特性的微分方程。

（4）描述同步发电机励磁调节系统及 PSS 动态特性的微分方程。

（5）描述感应电动机和同步电动机负荷动态特性的微分方程。

（6）描述直流系统整流器和逆变器控制特性的微分方程。

（7）描述各类 FACTS 元件（如 SVC、TCSC 等）动态特性的微分方程。

其中直流控制系统和 FACTS 元件的微分方程在本书中没有讲述，可参阅相关参考文献[3，4]。

式（5-1）中的代数方程包括：

（1）电力网络方程：描述 xy 坐标下节点电压与节点注入电流之间的关系。

（2）同步发电机定子电压方程：描述 dq 坐标下定子电压、电流之间的关系。

（3）直流线路的电压方程。

式（5-1）的具体形式不仅与电力系统有关元件及电力网络的结构和参数有关，而且与计算时选用的数学模型有关。在电力系统暂态稳定计算过程中，式（5-1）的具体形式和内容并不是一成不变的。实际上，当系统受到大扰动后，电力网络的结构和参数可能由于某些操作而发生改变。例如，当系统发生短路故障后，输电线路继电保护和自动重合闸的动作将引起电力网络结构发生一系列的变化，因此，在计算过程中描述网络的代数方程式必须相应地改变。此外，当系统发生大扰动后，可能要采取某些措施以提高系统的稳定性，例如，投入强行励磁、切除发电机、快关汽门等，这就使得发电机组有关元件的结构或参数发生变化，因此必须相应地改变描述这些元件特性的微分方程式。

同步发电机 dq 坐标下的电量要与电力网络 xy 坐标下的电量接口，必须进行 xy 坐标与 dq 坐标间的变换。

在暂态稳定计算中，如果将同步旋转的参考电压选为与 x 轴重合，则发电机转子 q 轴与 x 轴间的夹角，即为转子的"绝对"角 δ，如图 5-3 所示。两种坐标量之间有如下的关系

$$\begin{bmatrix} A_q \\ A_d \end{bmatrix} = \begin{bmatrix} \cos\delta & \sin\delta \\ \sin\delta & -\cos\delta \end{bmatrix} \begin{bmatrix} A_x \\ A_y \end{bmatrix} \quad (5-2)$$

或

$$\begin{bmatrix} A_x \\ A_y \end{bmatrix} = \begin{bmatrix} \cos\delta & \sin\delta \\ \sin\delta & -\cos\delta \end{bmatrix} \begin{bmatrix} A_q \\ A_d \end{bmatrix} \quad (5-3)$$

式中：A_d、A_q、A_x、A_y 分别为向量 $\dot{A}$ 在 dq 坐标和 xy 坐标轴上的投影。$\dot{A}$ 可以表示电压、电流、磁链和各种电动势。

二、暂态稳定计算的基本原理

电力系统暂态稳定计算的时域仿真法可以归结为：以遭受大扰动时刻的运行状态作为初始状态（通常把这个时刻定为 $t=0$），对于式（5-1）型的微分方程组和代数方程组用某种数值解法推算 $t=0$ 以后系统运行状态的变化过程，并随时根

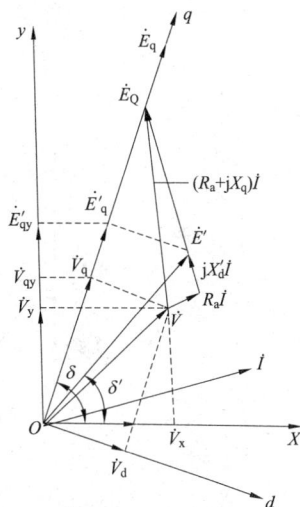

图 5-3　坐标系的变换

据系统故障的演变及操作去修改式（5-1）的具体内容。最后得到功角 δ 随时间变化的曲线即发电机转子摇摆曲线，并据此判别系统的暂态稳定性。电力系统暂态稳定计算的一般过程如图 5-4 所示。其中各框的作用及内容简单说明如下。

①、②两框的作用是进行状态变量初值计算。在暂态稳定计算之前，首先应进行潮流计算，确定扰动前系统的运行状态，求出电力网络的运行参数 $y_{(0)}$，并由此求出电力系统中有关元件的状态参数初始值 $x_{(0)}$。

第③框是形成有关元件动态特性的微分方程式和电力网络的代数方程式（5-1）。

从第④框开始就进入扰动以后电力系统运行状态变化过程的递推计算。首先置时间 $t=0$。假设暂态稳定的计算已进行到 t 时刻，变量 $x_{(t)}$、$y_{(t)}$ 为已知量，下面推算 $t+\Delta t$ 时刻系统的运行状态。时间间隔 Δt 称为步长，暂态稳定计算中一般取 0.05s。

第⑤框首先检查在 t 时刻系统有无故障或操作，如果有，则进入第⑥框修改微分方程或代数方程中有关的方程式。当 t 时刻的故障或操作是发生在电力网络内时，电力网络的运行参数 $y_{(t)}$ 在该时刻可能发生突变，因此，进入第⑧框求解网络方程，计算故障或操作以后电力网络的运行参数 $y_{(t+0)}$（状态变量 $x_{(t)}$ 不会突变），然后用（$x_{(t)}$，$y_{(t+0)}$）代入微分方程求解。否则，直接代（$x_{(t)}$，$y_{(t)}$）求解。

① 由扰动前系统的潮流计算求初值 $y_{(0)}$

② 由 $y_{(0)}$ 求出系统中有关元件状态变量的初值 $x_{(0)}$

③ 形成微分方程 f 和代数方程 g

④ $t=0$

⑤ 是否故障或操作　　N

⑥ 修改微分方程 f 和代数方程 g

⑦ 是否网络故障或操作　　N

⑧ 解网络方程求得扰动后系统的运行参数 $y_{(t+0)}$

⑨ 用 $y_{(t)}$ 或 $y_{(t+0)}$ 代入求解微分方程和代数方程计算 $x_{(t+\Delta t)}$ 和 $y_{(t+\Delta t)}$

⑩ 系统是否稳定　　N

⑪ $t=t+\Delta t$

⑫ N　　$t > t_{\max}$

⑬ 计算结束

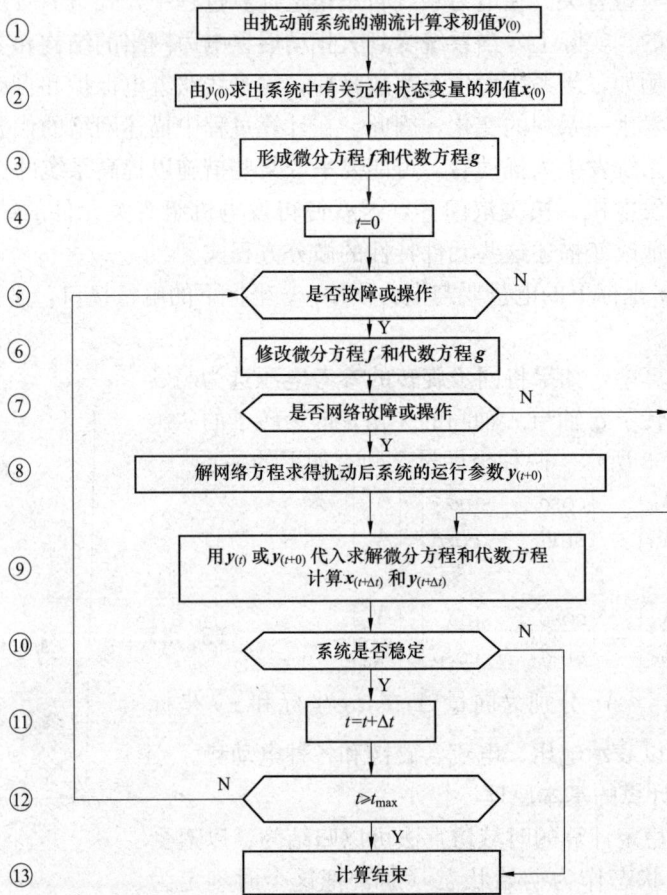

图 5-4　电力系统暂态暂定计算的原理框图

　　第⑨框进行微分方程和代数方程的求解，可采用微分方程与代数方程交替求解或联立求解的方法计算 $t+\Delta t$ 时刻的 $x_{(t+\Delta t)}$ 和 $y_{(t+\Delta t)}$。

　　推算出 $t+\Delta t$ 时刻系统运行状态以后，进入第⑩框，根据适当的判据（如发电机转子间的相对角度是否大于 180°等）判断系统是否稳定，如已判明系统失去稳定，则结束计算。否则，继续推算下一时刻系统的运行状态，一直计算到预先给定的最大时刻 $t_{\max}$。

　　运行经验表明，对于一般电力系统来说，通常失去暂态稳定的过程发展很快，在遭受扰动后 1～2s 以内就能判断系统是否失去稳定。在这种情况下，暂态稳定的计算容许采用比较多的简化。例如，由于调速器有一定的惯性，在这样短的时间内原动机的功率不会发生很大的变化，因此可以忽略调速器的作用而假定原动机的功率保持不变。此外，由于发电机励磁绕组的时间常数比较大，在短时间内其磁链也不会发生显著的变化，因此可以忽略励磁调节系统的影响而假定发电机暂态电动势保持不变等。

　　对于有远距离输电或弱联系的联合电力系统，有时系统失去稳定的过程发展比较慢，往往计算到几秒甚至 10s 以上才能判断系统是否稳定。在这种情况下，必须计及发电机、励磁调节系统以及原动机调速系统的暂态过程。

第三节　暂态稳定分析的网络数学模型及其修改

电力系统暂态稳定计算的数学模型包括描述电力系统有关元件动态特性的微分方程和电力网络的代数方程。发电机和负荷的微分方程在第四章已进行了介绍，电力网络的数学模型也在第一章作了介绍，但在暂态稳定计算中电力网络的数学模型还需要作一些相应的处理，因此，这一节将主要针对暂态稳定计算中电力网络数学模型的处理进行讨论。

与潮流、短路计算一样，在暂态稳定计算中电力网络可以用阻抗矩阵或导纳矩阵来描述。本章讨论式（1-5）所示的以导纳矩阵为基础的网络方程

$$\dot{\boldsymbol{I}} = \boldsymbol{Y}\dot{\boldsymbol{V}} \qquad (5-4)$$

式中：$\dot{\boldsymbol{I}}$、$\dot{\boldsymbol{V}}$ 分别为电力网络节点注入电流和节点电压组成的列矩阵；$\boldsymbol{Y}$ 为节点导纳矩阵。这里的导纳矩阵 $\boldsymbol{Y}$ 由电力网络的接线和参数所决定，不包括发电机和负荷的参数。

式（5-4）也可写成以下的实数形式

$$
\begin{bmatrix}
\begin{bmatrix} I_{x1} \\ I_{y1} \end{bmatrix} \\
\vdots \\
\begin{bmatrix} I_{xi} \\ I_{yi} \end{bmatrix} \\
\vdots \\
\begin{bmatrix} I_{xn} \\ I_{yn} \end{bmatrix}
\end{bmatrix}
=
\begin{bmatrix}
\begin{bmatrix} G_{11} & -B_{11} \\ B_{11} & G_{11} \end{bmatrix} & \cdots & \begin{bmatrix} G_{1i} & -B_{1i} \\ B_{1i} & G_{1i} \end{bmatrix} & \cdots & \begin{bmatrix} G_{1n} & -B_{1n} \\ B_{1n} & G_{1n} \end{bmatrix} \\
& \vdots & & \vdots & \\
\begin{bmatrix} G_{i1} & -B_{i1} \\ B_{i1} & G_{i1} \end{bmatrix} & \cdots & \begin{bmatrix} G_{ii} & -B_{ii} \\ B_{ii} & G_{ii} \end{bmatrix} & \cdots & \begin{bmatrix} G_{in} & -B_{in} \\ B_{in} & G_{in} \end{bmatrix} \\
& \vdots & & \vdots & \\
\begin{bmatrix} G_{n1} & -B_{n1} \\ B_{n1} & G_{n1} \end{bmatrix} & \cdots & \begin{bmatrix} G_{ni} & -B_{ni} \\ B_{ni} & G_{ni} \end{bmatrix} & \cdots & \begin{bmatrix} G_{nn} & -B_{nn} \\ B_{nn} & G_{nn} \end{bmatrix}
\end{bmatrix}
\begin{bmatrix}
\begin{bmatrix} V_{x1} \\ V_{y1} \end{bmatrix} \\
\vdots \\
\begin{bmatrix} V_{xi} \\ V_{yi} \end{bmatrix} \\
\vdots \\
\begin{bmatrix} V_{xn} \\ V_{yn} \end{bmatrix}
\end{bmatrix}
$$

$$(5-5)$$

式中：G_{ij}、B_{ij} 分别为导纳矩阵中元素 Y_{ij} 的实部和虚部；I_{xi}、I_{yi} 和 V_{xi}、V_{yi} 分别为节点注入电流和节点电压的实部和虚部，n 为电力网络的节点数。

在暂态稳定计算中，如果对每一时刻都能先求出发电机及负荷向电力网络的注入电流，亦即给出式（5-4）中左端项 $\dot{\boldsymbol{I}}$，就可以利用网络方程式（5-4）求出电力网络的电压 $\dot{\boldsymbol{V}}$。但是，一般来说发电机和负荷的注入电流都与相应的节点电压有关，因此必须对网络方程进行一些变换才能够求解，这就涉及到在电力网络方程中对发电机节点和负荷节点的处理问题。

此外，如前所述，在进行电力系统暂态稳定计算时必须考虑故障和操作对网络方程的影响。系统发生的故障和进行的操作可能使电力网络发生三相不对称，因此网络方程中除了反映电力系统的正序网络以外还可能与负序网络及零序网络有关。这样在故障和操作情况下如何处理网络方程也成为暂态稳定计算中要解决的问题。

下面分别讨论这些问题。

一、发电机节点与网络的连接

1. 不计发电机的凸极效应

在这种情况下，近似假定 $X'_d = X_q$，发电机采用暂态电抗 X'_d 后的电动势 E' 恒定的模型。发电机端电压和电流的关系为

$$\dot{E}' = \dot{V}_G + \dot{I}_G(R_a + jX'_d) \tag{5-6}$$

由此可得发电机向电力网络的注入电流为

$$\dot{I}_G = \frac{\dot{E}'}{R_a + jX'_d} - \frac{\dot{V}_G}{R_a + jX'_d} \tag{5-7}$$

设节点 g 为发电机节点，则可以将上式改写为

$$\dot{I}_g = \frac{\dot{E}'_g}{R_{ag} + jX'_{dg}} - \frac{\dot{V}_g}{R_{ag} + jX'_{dg}} \tag{5-8}$$

与该节点相应的网络方程式为

$$\dot{I}_i = Y_{gg}\dot{V}_g + \sum_{\substack{j \in G \\ j \neq g}} Y_{gj}\dot{V}_j$$

将式（5-8）代入上式得

$$\frac{\dot{E}'_g}{R_{ag} + jX'_{dg}} - \frac{\dot{V}_g}{R_{ag} + jX'_{dg}} = Y_{gg}\dot{V}_g + \sum_{\substack{i \in G \\ j \neq g}} Y_{gj}\dot{V}_j$$

移项合并以后得到

$$\frac{\dot{E}'_g}{R_{ag} + jX'_{dg}} = \left(Y_{gg} + \frac{1}{R_{ag} + jX'_{dg}}\right)\dot{V}_g + \sum_{\substack{j \in G \\ j \neq g}} Y_{gj}\dot{V}_j \tag{5-9}$$

经过以上变换，与发电机节点相对应的网络方程式（5-9）的注入电流中就不再包含电压 $\dot{V}_g$。

通常在暂态稳定计算过程较短（不超过 1s）和计算精度要求不高时，可采用这种发电机模型。这时可近似认为 $\dot{E}'_g$ 的幅值在计算过程中维持不变，其相位角则随发电机转子的摇摆情况而变化。因此，当由发电机转子运动方程式解出转子角度以后，$\dot{E}'_g$ 就完全确定。所以在解网络方程式时，式（5-9）左端的注入电流 $\dfrac{\dot{E}'_g}{R_{ag} + jX'_{dg}}$ 实际上为已知量。

应该指出，以上对发电机节点方程的变换，也可以理解为把图 4-1 的电压源等值电路转换为电流源等值电路，如图 5-5 所示。将图 5-5 中阻抗 $R_a + jX'_d$ 并入网络时，就应修正导纳矩阵中对角元素 Y_{gg} 为

$$Y'_{gg} = Y_{gg} + \frac{1}{R_{ag} + jX'_{dg}} \tag{5-10}$$

这正是式（5-9）右端第一项括弧中的内容，图中电流源就是式（5-9）的左端项。

2. 用直接解法计入发电机的凸极效应

一般发电机都存在凸极效应，即 $X'_d \neq X_q$。在这种情况下，发电机用 E'_q 表示时，必须按 d 轴和 q 轴分别建立电压平衡方程式［见式（4-12）、式（4-13）］，即

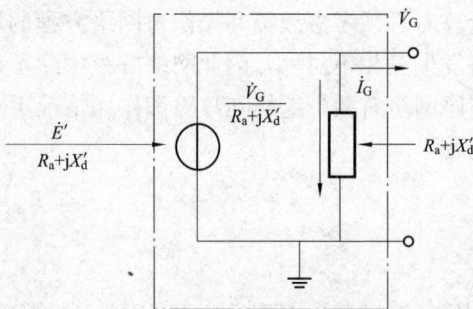

图 5-5　简化发电机的等值电路

$$\begin{cases} E'_q = V_q + R_a I_q + X'_d I_d \\ 0 = V_d + R_a I_d - X_q I_q \end{cases} \tag{5-11}$$

写成矩阵的形式为

$$\begin{bmatrix} E'_q - V_q \\ -V_d \end{bmatrix} = \begin{bmatrix} R_a & X'_d \\ -X_q & R_a \end{bmatrix} \begin{bmatrix} I_q \\ I_d \end{bmatrix} \tag{5-12}$$

上述方程是按 dq 坐标列写的，而采用直角坐标表示网络方程时，其电压和电流相量是以 xy 坐标为基准的。因此，为了参与网络运算，必须进行 dq 坐标与 xy 坐标间的变换。利用式（5-2）和式（5-3）的关系，以坐标变换矩阵左乘式（5-12）

$$\begin{bmatrix} \cos\delta & \sin\delta \\ \sin\delta & -\cos\delta \end{bmatrix} \begin{bmatrix} E'_q & -V_q \\ & -V_d \end{bmatrix} = \begin{bmatrix} \cos\delta & \sin\delta \\ \sin\delta & -\cos\delta \end{bmatrix} \begin{bmatrix} R_a & X'_d \\ -X_q & R_a \end{bmatrix} \begin{bmatrix} \cos\delta & \sin\delta \\ \sin\delta & -\cos\delta \end{bmatrix} \begin{bmatrix} I_x \\ I_y \end{bmatrix}$$

经过简化整理以后可得

$$\begin{bmatrix} I_x \\ I_y \end{bmatrix} = \begin{bmatrix} G_x & B_x \\ B_y & G_y \end{bmatrix} \begin{bmatrix} E'_q \cos\delta - V_x \\ E'_q \sin\delta - V_y \end{bmatrix} \tag{5-13}$$

其中

$$\begin{cases} G_x = \dfrac{R_a + (X_q - X'_d)\sin\delta\cos\delta}{R_a^2 + X'_d X_q} \\[2mm] B_x = \dfrac{X_q \sin^2\delta + X'_d \cos^2\delta}{R_a^2 + X'_d X_q} \\[2mm] B_y = -\dfrac{X'_d \sin^2\delta + X_q \cos^2\delta}{R_a^2 + X'_d X_q} \\[2mm] G_y = \dfrac{R_a + (X'_d - X_q)\sin\delta\cos\delta}{R_a^2 + X'_d X_q} \end{cases} \tag{5-14}$$

这些系数是"绝对"角 δ 的函数，因此，它们必须根据每个时间段的功角值，不断加以修改。

由式（5-13）可以看出，当计及发电机凸极效应时，发电机节点注入电流不能像式（5-7）那样用一个复数方程表示，必须分别列出电流的实部和虚部。在这种情况下，根据实数表示的网络方程式（5-5），发电机节点 g 的方程式为

$$\begin{bmatrix} I_{xg} \\ I_{yg} \end{bmatrix} = \begin{bmatrix} G_{gg} & -B_{gg} \\ B_{gg} & G_{gg} \end{bmatrix} \begin{bmatrix} V_{xg} \\ V_{yg} \end{bmatrix} + \sum_{\substack{j \in G \\ j \neq g}} \begin{bmatrix} G_{gj} & -B_{gj} \\ B_{gj} & G_{gj} \end{bmatrix} \begin{bmatrix} V_{xj} \\ V_{yj} \end{bmatrix} \tag{5-15}$$

由式（5-13）可以得到

$$\begin{bmatrix} I_{xg} \\ I_{yg} \end{bmatrix} = \begin{bmatrix} G_{xg} & B_{xg} \\ B_{yg} & G_{yg} \end{bmatrix} \begin{bmatrix} E'_{qg}\cos\delta_g \\ E'_{qg}\sin\delta_g \end{bmatrix} - \begin{bmatrix} G_{xg} & B_{xg} \\ B_{yg} & G_{yg} \end{bmatrix} \begin{bmatrix} V_{xg} \\ V_{yg} \end{bmatrix} \tag{5-16}$$

将式（5-16）代入式（5-15），整理后得

$$\begin{bmatrix} G_{xg} & B_{xg} \\ B_{yg} & G_{yg} \end{bmatrix} \begin{bmatrix} E'_{qg}\cos\delta_g \\ E'_{qg}\sin\delta_g \end{bmatrix} = \begin{bmatrix} G_{gg} + G_{xg} & -B_{gg} + B_{xg} \\ B_{gg} + B_{yg} & G_{gg} + G_{yg} \end{bmatrix} \begin{bmatrix} V_{xg} \\ V_{yg} \end{bmatrix} + \sum_{\substack{j \in G \\ j \neq g}} \begin{bmatrix} G_{gj} & -B_{gj} \\ B_{gj} & G_{gj} \end{bmatrix} \begin{bmatrix} V_{xj} \\ V_{yj} \end{bmatrix} \tag{5-17}$$

或写为

$$\begin{bmatrix} I'_{xg} \\ I'_{yg} \end{bmatrix} = \begin{bmatrix} G'_{gg} & B'_{gg} \\ B''_{gg} & G''_{gg} \end{bmatrix} \begin{bmatrix} V_{xg} \\ V_{yg} \end{bmatrix} + \sum_{\substack{j \in \mathbf{G} \\ j \neq g}} \begin{bmatrix} G_{gj} & -B_{gj} \\ B_{gj} & G_{gj} \end{bmatrix} \begin{bmatrix} V_{xj} \\ V_{yj} \end{bmatrix} \qquad (5-18)$$

其中

$$\begin{cases} I'_{xg} = E'_{qg} G_{xg} \cos\delta_g + E'_{qg} B_{xg} \sin\delta_g \\ I'_{yg} = E'_{qg} B_{yg} \cos\delta_g + E'_{qg} G_{yg} \sin\delta_g \end{cases} \qquad (5-19)$$

$$\begin{cases} G'_{gg} = G_{gg} + G_{xg} \\ B'_{gg} = -B_{gg} + B_{xg} \\ B''_{gg} = B_{gg} + B_{yg} \\ G''_{gg} = G_{gg} + G_{yg} \end{cases} \qquad (5-20)$$

式（5-18）和式（5-15）具有同样的结构。把方程式（5-18）（节点 g 的方程式）与其他节点的方程式写在一起，表示为矩阵的形式，可得

$$\begin{bmatrix} I_{x1} \\ I_{y1} \\ \vdots \\ I'_{xg} \\ I'_{yg} \\ \vdots \\ I_{xn} \\ I_{yn} \end{bmatrix} = \begin{bmatrix} \begin{bmatrix} G_{11} & -B_{11} \\ B_{11} & G_{11} \end{bmatrix} & \cdots & \begin{bmatrix} G_{1g} & -B_{1g} \\ B_{1g} & G_{1g} \end{bmatrix} & \cdots & \begin{bmatrix} G_{1n} & -B_{1n} \\ B_{1n} & G_{1n} \end{bmatrix} \\ \vdots & & \vdots & & \vdots \\ \begin{bmatrix} G_{g1} & -B_{g1} \\ B_{g1} & G_{g1} \end{bmatrix} & \cdots & \begin{bmatrix} G'_{gg} & B'_{gg} \\ B''_{gg} & G''_{gg} \end{bmatrix} & \cdots & \begin{bmatrix} G_{gn} & -B_{gn} \\ B_{gn} & G_{gn} \end{bmatrix} \\ \vdots & & \vdots & & \vdots \\ \begin{bmatrix} G_{n1} & -B_{n1} \\ B_{n1} & G_{n1} \end{bmatrix} & \cdots & \begin{bmatrix} G_{ng} & -B_{ng} \\ B_{ng} & G_{ng} \end{bmatrix} & \cdots & \begin{bmatrix} G_{nn} & -B_{nn} \\ B_{nn} & G_{nn} \end{bmatrix} \end{bmatrix} \begin{bmatrix} V_{x1} \\ V_{y1} \\ \vdots \\ V_{xg} \\ V_{yg} \\ \vdots \\ V_{xn} \\ V_{yn} \end{bmatrix}$$

$$(5-21)$$

比较上式与原来的网络方程式（5-5）可以看出，两者的不同之处只表现在与发电机节点有关的方程式中。

（1）与发电机节点（节点 g）对应的对角分块矩阵元素发生了变化，应根据式（5-20）修正原来网络方程式中有关的元素。

（2）与发电机节点对应的注入电流变成了虚拟的等值电流源，其注入电流可根据式（5-19）求出。

在暂态稳定计算中，解微分方程算出该时刻各发电机的 δ 之后，由式（5-14）计算出各发电机的 G_x、B_x、G_y、B_y 系数，用以修正各发电机节点的自导纳二阶子矩阵元素，并用式（5-19）求出各发电机的计算用注入电流 I'_x 和 I'_y；求解网络方程（5-21），得到发电机的端电压 V_x 和 V_y；再用式（5-13）求出发电机的定子电流 I_x 和 I_y。接着便可计算发电机的电磁功率，即

$$P_e = V_x I_x + V_y I_y + (I_x^2 + I_y^2) R_a \qquad (5-22)$$

二、负荷节点与网络的连接

关于负荷的数学模型在第四章中已进行了介绍，以下仅就电力系统暂态稳定计算时，采用不同负荷数学模型对电力网络方程的影响作简要说明。

（1）当负荷用恒定阻抗模型时，可将该阻抗直接并入网络，这样相应的节点实际上已转化为联络节点。因而，只需要在形成网络的导纳矩阵时用负荷阻抗去修正负荷节点的自导纳即可。负荷的阻抗 Z_{LD0}（或导纳）可以根据正常运行情况下潮流计算的结果求得〔见

式（4-40）]。

（2）当负荷采用计及感应电动机机械暂态过程的动态模型时，负荷仍然用阻抗来模拟[见式（4-41）]，并用该阻抗去修正负荷节点的自导纳。但这个阻抗不是恒定的，而是随综合负荷中电动机的转差 s 在变化。因此，在暂态稳定计算过程中，每一时段都必须根据电动机的转差重新求综合负荷的等值阻抗。这样就使得网络导纳矩阵的对角元素在计算过程中不断变化。所以在对网络方程求解时，每个时段都需要对网络导纳矩阵重新进行三角分解。由于扰动前后转差 s 不能突变，因此这种情况下负荷等值导纳也不应突变，其初值等于根据正常运行情况下潮流计算结果求得的 Z_{LD0}。

（3）当负荷采用计及感应电动机机电暂态过程的动态模型时，可以把图4-12所示的电压源形式变换为电流源形式（类似于图5-5对发电机节点的处理），其等值阻抗可以并入网络导纳矩阵，从而使负荷变成一个简单的电流源。

负荷采用上述数学模型时，电力网络方程都是线性的。应该指出，通常在一个暂态稳定计算程序中可能选用以上三种数学模型的某种组合。例如，对电力系统机电暂态过程影响较小的负荷可以用恒定阻抗来模拟，而影响较大的负荷可采用其他两种模型中的一种。

三、网络故障及操作的处理

当发生网络故障或操作时，需要修改导纳矩阵（见图5-4中框⑥），以反映故障或操作。下面针对两种通常考虑的故障和操作说明导纳矩阵的修改方法。

1. 对称故障及操作

对称故障及操作包括三相短路和三相断线的情况，以及为了提高系统暂态稳定性所采取的一些措施，例如自动投入电气制动，串联电容强行补偿等，如图5-6所示。这些对称的故障或操作又可以归纳为横向和纵向两种类型。三相短路和电气制动属于横向，三相断线和串联电容强行补偿属于纵向。

（1）横向对称故障（或操作）。当电力系统某一节点发生三相短路时，如不考虑电弧电阻，原则上应该在短路节点与地之间追加一个零阻抗的支路。但当采用导纳矩阵来描述电力网络时，就会使短路节点的自导纳变成无穷大，从而引起计算的溢出。因此，一般处理三相短路的方法是在短路点与地之间追加一个小阻抗支路，这个小阻抗的选择应该在保证计算不发生溢出的条件下取尽可能小的值，例如可以取 10^{-8}。

电气制动的投入也可以用这种方法来模拟，只不过这时在相应的节点与地之间需要追加一个制动电阻 R_{ZD} 所形成的支路。

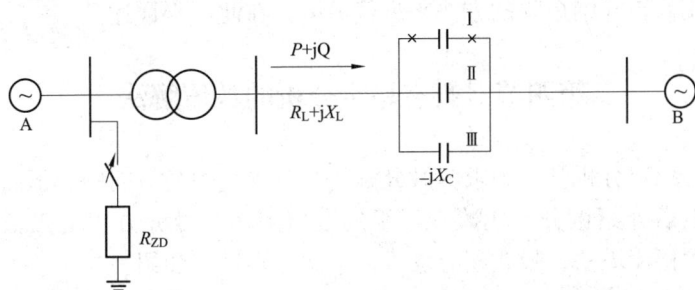

图5-6　电气制动及串联电容强行补偿

（2）纵向对称故障（或操作）。当由于故障或操作使电力网络某一部分发生三相断线时，可以根据第一章第二节所述的方法去修正导纳矩阵，即在网络原有节点 i、j 之间切除一条导纳为 y_{ij} 的支路，可以当作是在节点 i、j 之间增加一条导纳为 $-y_{ij}$ 的支路来处理，并按式（1-31）修正导纳矩阵中的有关元素。但在程序处理上必须注意处理两回或多回平行线的输电线只断开其中一部分线路（例如只断开一回）的情况。

串联电容强行补偿使输电线路的电抗由 X_L 变为 (X_L-X_C)，可以根据第一章第二节所述的原网络节点 i、j 之间的导纳由 y_{ij} 改变为 y_{ij}' 这种情况来修正导纳矩阵，即根据式（1-30）、式（1-31）计算导纳矩阵相关元素的修正量。

2. 不对称短路或开断

在忽略负序分量电压、电流对发电机电磁转矩影响的情况下，对于不对称短路，根据正序等效定则可以在短路点接入一个由短路类型决定的附加接地阻抗 $Z_\triangle$，从而形成正序增广网络。对于故障的按相开断或非全相断线，则可在断口处串入一个由断线类型决定的附加阻抗 $Z_\triangle$ 来反映对正序分量的影响。然后根据短路或断口的位置以及附加阻抗的数值来修正网络导纳矩阵。附加阻抗与短路或断线类型之间的关系分别如表 5-1 和表 5-2 所示[5]。

表 5-1　　　　　　　　　　　　短路点的附加阻抗

短路类型	附加阻抗 $Z_\triangle$
单相短路	$Z_{(2)\Sigma}+Z_{(0)\Sigma}$
两相短路	$Z_{(2)\Sigma}$
两相短路接地	$Z_{(2)\Sigma}Z_{(0)\Sigma}/\ (Z_{(2)\Sigma}+Z_{(0)\Sigma})$

注　$Z_{(2)\Sigma}$ 为短路点的负序等值阻抗；$Z_{(0)\Sigma}$ 为短路点的零序等值阻抗。

表 5-2　　　　　　　　　　　　断线时断口的附加阻抗

断线类型	附加阻抗 $Z_\triangle$
单相断线	$Z_{(2)}\ Z_{(0)}\ /\ (Z_{(2)}\ +Z_{(0)}\ )$
两相断线	$Z_{(2)}\ +Z_{(0)}$

注　$Z_{(2)}$ 为断口的负序等值阻抗；$Z_{(0)}$ 为断口的零序等值阻抗。

应该注意的是，由于导纳矩阵中包含负荷的等值导纳，有的还包括发电机的虚拟导纳，因此在切除负荷或发电机时，也需对导纳矩阵进行相应的修正。另外，对网络发生复杂故障的情况，也可以用修正导纳矩阵的方法来进行模拟，在此不再详述。

第四节　暂态稳定分析的数值解法

电力系统暂态稳定分析归结为求解微分—代数方程组的初值问题。下面首先介绍微分方程的数值解法，然后介绍微分—代数方程组的数值解法。微分方程的数值解法有很多[12]，如改进欧拉法、龙格库塔法、隐式积分法等，下面分别进行介绍。

一、微分方程的数值解法

1. 改进欧拉法

改进欧拉法是在欧拉法的基础上经过改进而得到的，首先介绍欧拉法。

设一阶非线性微分方程为

$$\frac{\mathrm{d}x(t)}{\mathrm{d}t} = f(x(t),\ t) \qquad (5-23)$$

且已知 $t = t_0$ 时刻 x 的初始值为 $x(t_0) = x_{(0)}$，现在要求出 $t > t_0$ 以后满足上述方程的 $x(t)$。这就是所谓的常微分方程的初值问题。暂态稳定计算就是给定了扰动时刻的初值，求扰动后转子运动的规律 $\delta(t)$，这也属于常微分方程的初值问题。在暂态稳定计算中，非线性函数 f 都不显含时间变量 t，即

$$\frac{\mathrm{d}x(t)}{\mathrm{d}t} = f(x(t)) \qquad (5-24)$$

在 $t = 0$ 瞬间，已给定初值 $x_{(0)}$，于是可以求得此瞬间非线性函数值 $f(x_{(0)})$ 即 x 的变化速度为

$$\left.\frac{\mathrm{d}x}{\mathrm{d}t}\right|_0 = f(x_{(0)}) \qquad (5-25)$$

在一个很小的时间段 Δt 内，假设 x 的变化速度不变并等于 $\left.\frac{\mathrm{d}x}{\mathrm{d}t}\right|_0$，则第一个时间段内 x 的增量为

$$\Delta x_{(1)} = \left.\frac{\mathrm{d}x}{\mathrm{d}t}\right|_0 \Delta t \qquad (5-26)$$

第一个时间段末（即 $t_1 = \Delta t$）的 x 值为

$$x_{(1)} = x_{(0)} + \Delta x_{(1)} = x_{(0)} + \left.\frac{\mathrm{d}x}{\mathrm{d}t}\right|_0 \Delta t \qquad (5-27)$$

已知 $x_{(1)}$ 的值后，便可求得 $f(x_{(1)})$ 的值，$\left.\frac{\mathrm{d}x}{\mathrm{d}t}\right|_1 = f(x_{(1)})$，从而求得第二个时间段末（即 $t = 2\Delta t$）的 x 值为

$$x_{(2)} = x_{(1)} + \Delta x_{(2)} = x_{(1)} + \left.\frac{\mathrm{d}x}{\mathrm{d}t}\right|_1 \Delta t \qquad (5-28)$$

以此类推，得到欧拉法的递推公式为

$$x_{(k)} = x_{(k-1)} + \left.\frac{\mathrm{d}x}{\mathrm{d}t}\right|_{k-1} \Delta t \qquad (5-29)$$

欧拉法的几何意义如图 5-7 所示，从初始点 $x_{(0)}$，依方向场在该点的方向作直线，与 $t = t_1$ 交于点 $x_{(1)}$，以此类推作出一条折线 $\overline{x_{(0)}\ x_{(1)}\ x_{(2)}\ x_{(3)}}$，欧拉法即是用这条折线来近似代替积分曲线 $x = x(t)$，因此，欧拉法又称为折线法。其特点是算式简单，计算量小，但不够精确，一般不能满足工程计算的精度要求，需要加以改进。改进后的算法如下：

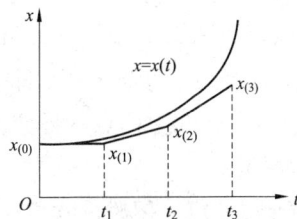

图 5-7　欧拉法的几何意义

对于任一时间段 k，先计算时间段初 x 的变化速度

$$\left.\frac{\mathrm{d}x}{\mathrm{d}t}\right|_{k-1}=f(x_{(k-1)}) \tag{5-30}$$

于是可以求得 k 时间段末 x 的近似值

$$x_{(k)}^{(0)}=x_{(k-1)}+\left.\frac{\mathrm{d}x}{\mathrm{d}t}\right|_{k-1}\Delta t \tag{5-31}$$

然后再根据 $x_{(k)}^{(0)}$ 计算 k 时间段末 x 的近似速度

$$\left.\frac{\mathrm{d}x}{\mathrm{d}t}\right|_{k}^{(0)}=f(x_{(k)}^{(0)}) \tag{5-32}$$

最后，以时间段初的初始速度和时间段末的近似速度的平均值，作为这个时间段的不变速度来求 x 的增量，即

$$\Delta x_{(k)}=\frac{1}{2}\left[\left.\frac{\mathrm{d}x}{\mathrm{d}t}\right|_{k-1}+\left.\frac{\mathrm{d}x}{\mathrm{d}t}\right|_{k}^{(0)}\right]\Delta t \tag{5-33}$$

从而求得 k 时间段末 x 的修正值为

$$x_{(k)}=x_{(k-1)}+\Delta x_{(k)}=x_{(k-1)}+\frac{1}{2}\left[\left.\frac{\mathrm{d}x}{\mathrm{d}t}\right|_{k-1}+\left.\frac{\mathrm{d}x}{\mathrm{d}t}\right|_{k}^{(0)}\right]\Delta t \tag{5-34}$$

这种算法称为改进欧拉法。式（5-33）类似于梯形面积计算公式，因此有时称为梯形法。由此可以看出改进欧拉法实际上分为以下两步：

（1）用欧拉法预报 k 时间段末 x 的近似值 $x_{(k)}^{(0)}$

$$\begin{cases}\left.\dfrac{\mathrm{d}x}{\mathrm{d}t}\right|_{k-1}=f(x_{(k-1)})\\x_{(k)}^{(0)}=x_{(k-1)}+\left.\dfrac{\mathrm{d}x}{\mathrm{d}t}\right|_{k-1}\Delta t\end{cases} \tag{5-35}$$

（2）用梯形法对近似值 $x_{(k)}^{(0)}$ 进行校正求得 k 时间段末 x 的修正值 $x_{(k)}$

$$\begin{cases}\left.\dfrac{\mathrm{d}x}{\mathrm{d}t}\right|_{k}^{(0)}=f(x_{(k)}^{(0)})\\x_{(k)}=x_{(k-1)}+\dfrac{1}{2}\left[\left.\dfrac{\mathrm{d}x}{\mathrm{d}t}\right|_{k-1}+\left.\dfrac{\mathrm{d}x}{\mathrm{d}t}\right|_{k}^{(0)}\right]\Delta t\end{cases} \tag{5-36}$$

对于一阶微分方程组上述递推算式中的 x、$f(x)$ 等要换成列向量或列向量函数。

欧拉法利用了 $[t_{k-1}, t_k]$ 区间上一点的导数值（切线斜率）推算 x_k，局部截断误差与 h^2 成比例（h 为步长），即其局部截断误差是 $O(h^2)$ 阶的；而改进欧拉法利用了 $[t_{k-1}, t_k]$ 区间上两点的导数值，拟合泰勒级数的前三项，局部截断误差减小为三阶无穷小项 $O(h^3)$。

【例5-1】 用改进欧拉法求解微分方程

$$\frac{\mathrm{d}x}{\mathrm{d}t}=t^2+t-x$$

其初值为 $t_0 = 0$，$x_{(0)} = 0$。

解 步长取 0.1，计算过程及结果如表 $5-3$ 所示。

这一微分方程的准确解为

$$x = -e^{-t} + t^2 - t + 1$$

当 t 取 0.5 时，$x = 0.143469$，故误差为

$$|0.144992 - 0.143469| = 0.001523$$

误差仅为 0.1523%，可见，改进欧拉法具有较高的精度。

表 5-3 改进欧拉法计算过程及结果

k	t_{k-1}	x_{k-1}	$\left.\dfrac{dx}{dt}\right|_{k-1}$	$x_k^{(0)}$	t_k	$\left.\dfrac{dx}{dt}\right|_k^0$	$\dfrac{\left.\frac{dx}{dt}\right|_{k-1} + \left.\frac{dx}{dt}\right|_k^{(0)}}{2}$	x_k
0	0	0	0	0	0.1	0.110000	0.055000	0.005500
1	0.1	0.005500	0.104500	0.015950	0.2	0.224050	0.164275	0.021928
2	0.2	0.021928	0.218073	0.043735	0.3	0.346265	0.282169	0.050144
3	0.3	0.050144	0.339856	0.084130	0.4	0.475870	0.407863	0.090931
4	0.4	0.090931	0.469069	0.137838	0.5	0.612162	0.540616	0.144992
5	0.5	0.144992						

2. 龙格-库塔法

从欧拉法的改进过程可以得到启示，若设法在区间 $[t_{k-1}, t_k]$ 内多用几个点的斜率值，然后将它们加权平均作为平均斜率值推算 x_k，则有可能构造出精确度更高的计算公式，这就是龙格-库塔法的基本思想，并由此衍生出了各阶龙格-库塔法。最常用的是四阶龙格-库塔法，利用 $[t_{k-1}, t_k]$ 区间上 4 点的导数值（切线斜率）推算 x_k，即

$$x_{(k)} = x_{(k-1)} + \frac{h}{6}(K_1 + 2K_2 + 2K_3 + K_4) \tag{5-37}$$

其中

$$\begin{cases} K_1 = f(t_{(k-1)}, x_{(k-1)}) \\ K_2 = f\left(t_{(k-1)} + \dfrac{h}{2}, x_{(k-1)} + \dfrac{h}{2}K_1\right) \\ K_3 = f\left(t_{(k-1)} + \dfrac{h}{2}, x_{(k-1)} + \dfrac{h}{2}K_2\right) \\ K_4 = f(t_{(k-1)} + h, x_{(k-1)} + hK_3) \\ h = \Delta t = t_k - t_{k-1} \end{cases} \tag{5-38}$$

因此，x 的增量值 Δx 是由 $[t_{k-1}, t_k]$ 区间的始端、中点和末端处斜率的估计值取加权平均所得。

龙格-库塔法的精确度较高，其局部截断误差为 $O(h^5)$，但运算量较大，每一步需要计

算函数值 f 4 次，其运算量是欧拉法的 4 倍。

【例 5-2】 用四阶龙格-库塔法求解 [例 5-1] 的微分方程。

解 取步长 $h=0.1$，计算过程及结果如表 5-4 所示。

由表 5-4 可知，采用龙格-库塔法，$t=0.5$ 时函数值为 $x=0.143470$，和准确值相比，其误差为

$$|0.143470-0.143469|=0.000001$$

与 [例 5-1] 相比龙格-库塔法精度更高，误差由 0.1523% 降低到 0.0001%。

3. 隐式梯形积分法

微分方程的数值解法可以分为显式解法和隐式解法两大类。欧拉法和龙格-库塔法属于显式解法，其递推公式的右端都是已知量，可以直接算出该时段终点的函数值 $x_{(k)}$。而隐式解法则是把微分方程化为差分方程，然后利用求解差分方程的方法确定函数值 $x_{(k)}$。

表 5-4　　　　　　　　　　　龙格-库塔法计算过程及结果

t_{k-1}	x_{k-1}	K_1	$t_{k-1}+\dfrac{h}{2}$	$x_{k-1}+\dfrac{h}{2}K_1$	K_2
0	0	0	0.05	0	0.052500
0.1	0.005163	0.104837	0.15	0.010405	0.162095
0.2	0.021269	0.218731	0.25	0.032206	0.280294
0.3	0.049182	0.340818	0.35	0.066223	0.406277
0.4	0.089680	0.470320	0.45	0.113196	0.539304
0.5	0.143470				

$t_{k-1}+\dfrac{h}{2}$	$x_{k-1}+\dfrac{h}{2}K_2$	K_3	$t_{k-1}+h$	$x_{k-1}+hK_3$	K_4
0.05	0.002625	0.049875	0.1	0.004988	0.105013
0.15	0.013267	0.159233	0.2	0.021086	0.218914
0.25	0.035284	0.277216	0.3	0.048991	0.341009
0.35	0.069496	0.403004	0.4	0.089483	0.470517
0.45	0.116646	0.535854	0.5	0.143266	0.606734

对于微分方程式 (5-24)，当已知 t_{k-1} 处的 $x_{(k-1)}$ 时，$x_{(k)}$ 的解可用积分形式表示为

$$x_{(k)}=x_{(k-1)}+\int_{t_{k-1}}^{t_k} f[x(t)]\mathrm{d}t \tag{5-39}$$

式 (5-39) 积分即为图 5-8 中阴影部分的面积。当 h 足够小时，$f(x)$ 在 $[t_{k-1}, t_k]$ 区间内可近似用直线代替，因此积分面积可用梯形 $ABCD$ 的面积代替，即

$$x_{(k)}=x_{(k-1)}+\frac{h}{2}[f(x_{(k-1)})+f(x_{(k)})] \tag{5-40}$$

式（5-40）即为隐式梯形积分法的差分方程，是一个关于 x_k 的非线性差分代数方程，且等式两端均含未知量 $x_{(k)}$，只能用隐式解法求解。式（5-40）类似于梯形的面积公式，因此称为隐式梯形积分法。

一般来说，微分方程隐式解法的特点就是把微分方程的求解问题转换成一系列代数方程的求解过程。

【例5-3】 用隐式梯形积分法求解一阶微分方程

$$\frac{\mathrm{d}x}{\mathrm{d}t} = -15x$$

初值 $t=0$ 时，$x_{(0)}=1$。

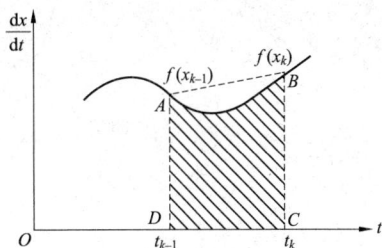

图5-8 隐式梯形积分法

解 根据式（5-40）将微分方程差分化为

$$x_{(k)} = x_{(k-1)} + \frac{h}{2}(-15x_{(k-1)} - 15x_{(k)})$$

采用求解代数方程式的方法可从上式计算出 $x_{(k)}$

$$x_{(k)} = \frac{2-15h}{2+15h}x_{(k-1)}$$

取步长 $h=0.1$ 可得

$$x_{(k)} = \frac{x_{(k-1)}}{7}$$

计算结果如表5-5所示。

表5-5 隐式梯形积分法计算过程及结果

时段 k	t_k	$x_{(k)}$
0	0	1
1	0.1	$\frac{1}{7}$
2	0.2	$\left(\frac{1}{7}\right)^2$
3	0.3	$\left(\frac{1}{7}\right)^3$
...	...	...
10	1	$\left(\frac{1}{7}\right)^{10}$

对于这个微分方程，不难求出它的解析解为

$$x = \mathrm{e}^{-15t}$$

图5-9给出了隐式梯形积分法计算过程的曲线。可以看出，隐式梯形积分法的计算过程平稳，数值稳定性好，计算精度高。下面与欧拉法求解作一比较。

当步长取0.1时，用欧拉法的计算结果如表5-6所示。

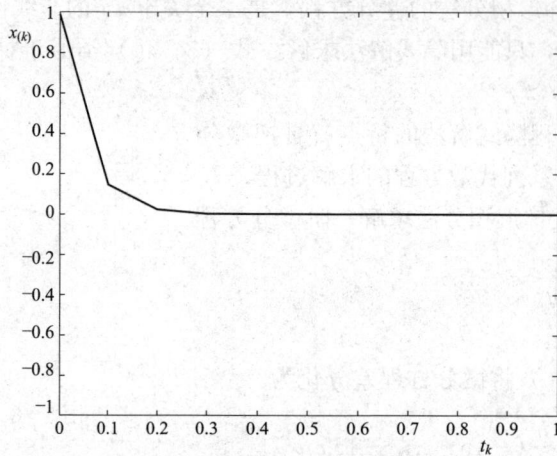

图 5-9   隐式梯形积分法计算过程

表 5-6   欧拉法计算过程及结果

时段 k	t_k	$x_{(k)}$	$\left.\dfrac{\mathrm{d}x}{\mathrm{d}t}\right|_k$	$\left.\dfrac{\mathrm{d}x}{\mathrm{d}t}\right|_k h$
0	0	1	−15	−1.5
1	0.1	−0.5	7.5	0.75
2	0.2	0.25	−3.75	−0.375
3	0.3	−0.125	1.875	0.1875
4	0.4	0.0625	−0.9375	−0.09375
…	…	…	…	…
9	0.9	−0.001953	0.029297	0.002930
10	1	0.000977		

可以看出，表 5-6 所列函数值随时间在作振荡的变化，如图 5-10 所示。

对比图 5-9 可以看出，隐式梯形积分法的数值稳定性比欧拉法好，计算精度比欧拉法高。

由此可以看出，不同的求解方法对微分方程的求解过程有很大的影响，因此在实际应用中，微分方程求解方法的选取是值得注意的问题。在显式法中，积分公式可直接用于对每个微分方程求解，因此计算量较小，但数值稳定性较差；在隐式法中，首先将微分方程差分化，然后对得到的代数方程联立求解，显然其求解更复杂，但数值稳定性更高。实际中，数值积分方法的选取应从计算速度、精度、数值稳定性、对刚性微分方程的适应性以及计算的灵活性等方面综合考虑。本节介绍的几种方法都已经在电力系统稳定计算中得到广泛应用。

二、微分-代数方程的数值解法

在暂态稳定分析时，需要进行微分-代数方程的求解，其关键问题是式（5-1）中微分方程和代数方程的交接处理，一般采用交替求解法或联立求解法。

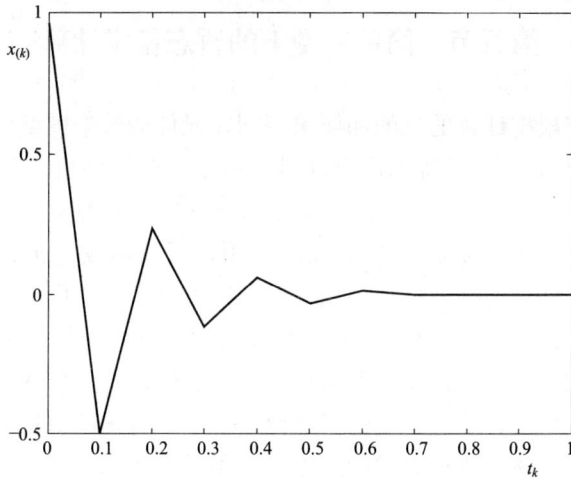

图 5-10 欧拉法计算过程

1. 交替求解法

对于式（5-1），当由 t 时刻状态推算 $t+\Delta t$ 时刻的状态时，先用 $y_{(t)}$（或 $y_{(t+0)}$）作为已知量代入微分方程 f 中，即

$$\frac{\mathrm{d}x}{\mathrm{d}t}=f[x,\ y_{(t)}] \tag{5-41}$$

用某种微分方程的数值解法（如改进欧拉法）求出 $x_{(t+\Delta t)}$。然后，再把求得的 $x_{(t+\Delta t)}$ 作为已知量代入网络方程 g 中，即

$$g[x_{(t+\Delta t)},\ y]=0 \tag{5-42}$$

求解得出 $y_{(t+\Delta t)}$。

这样求得的 $t+\Delta t$ 时刻的运行参数 $x_{(t+\Delta t)}$，$y_{(t+\Delta t)}$ 并不能严格地满足式（5-1）。事实上，一般 $y_{(t)}\neq y_{(t+\Delta t)}$，因此 $x_{(t+\Delta t)}$ 和 $y_{(t+\Delta t)}$ 必然不能满足式（5-41），即不能满足式（5-1）中的微分方程。换句话说，这样解出的运行参数有一定的误差。这种误差是由微分方程和代数方程交替求解带来的，称为交接误差。

为了消除交接误差可对交替解法进行迭代。

根据式（5-42）求出 $y_{(t+\Delta t)}$ 以后，返回式（5-41），以 $y_{(t+\Delta t)}$ 作为已知量代入 f，重新解微分方程得到 $x^{(1)}_{(t+\Delta t)}$。然后又以 $x^{(1)}_{(t+\Delta t)}$ 作为已知量，代入 g 求解 $y^{(1)}_{(t+\Delta t)}$，这样反复迭代下去，直到前后两次迭代的 $y_{(t+\Delta t)}$ 基本相等，即 $y^{(m)}_{(t+\Delta t)}\approx y^{(m+1)}_{(t+\Delta t)}$ 为止。

2. 联立求解法

联立求解法一般针对微分方程用隐式积分法求解的情况，首先将微分方程式用某种隐式积分公式（如梯形积分法）化为下一时刻 $t+\Delta t$ 的差分方程，然后将该差分方程与代数方程一起形成非线性代数方程组联立求解，得到 $x_{(t+\Delta t)}$，$y_{(t+\Delta t)}$。在这种情况下 $x_{(t+\Delta t)}$，$y_{(t+\Delta t)}$ 是同时求出的，因此完全没有交接误差。

第五节　简单模型下的暂态稳定计算

　　电力系统暂态稳定根据计算的目的和要求不同，元件的数学模型可以适当的简化。当只判断第一摇摆周期（1～1.5s）的暂态稳定性时，通常忽略原动机及其调速系统的作用而假定原动机的功率保持不变；此外由于发电机励磁绕组的时间常数较大，这样在短时间内其磁链也不会发生显著变化，而对励磁调节系统的作用，可以用发电机暂态电动势 E'_q（或 E'）保持恒定来近似模拟，即认为在第一摇摆周期内，励磁绕组中自由电流分量的变化由励磁调节系统的作用补偿，从而使励磁绕组的磁链 Ψ_f 在这段时间内保持不变。相应地，阻尼绕组的影响将略去不计。因此，简单模型中发电机采用暂态电动势 E'_q（或 E'）恒定的二阶模型；较小的负荷用恒定阻抗模拟，较大的负荷考虑感应电动机转子的机械暂态过程；电力网络只考虑交流系统，并采用导纳矩阵形式的网络方程。微分方程采用改进欧拉法求解，代数方程（网络方程）采用直接法求解。

　　下面以此简单模型下的暂态稳定计算为例，说明暂态稳定计算过程的实现，其基本原理仍然如图 5-4 所示。

一、初值计算

　　在进行暂态稳定计算之前，首先应进行潮流计算，并根据潮流计算的结果确定求解微分方程所需要的初值（见图 5-4 框①、框②）。在简化的暂态稳定计算程序中，初值计算包括求解扰动瞬间发电机的暂态电动势 $E'_{q(0)}$（或 $E'_{(0)}$）、转子角度 $\delta_{(0)}$、原动机的机械功率 $P_{T(0)}$ 以及综合负荷电动机的转差 $s_{(0)}$、等值导纳 $Y_{LD(0)}$ 等。这些参数在扰动瞬间是不会突变的，因此可以由扰动前的正常运行状态计算得到。

　　1. 发电机初值计算

　　由扰动前系统的潮流计算可得正常运行时各发电机的端电压 $\dot{V}_{G0}$ 和功率 $S_{G0}=P_{G0}+jQ_{G0}$，由此可得发电机注入网络的电流初值为

$$\dot{I}_{G0}=\frac{\overset{*}{S}_{G0}}{\overset{*}{V}_{G0}}=I_{Gx0}+jI_{Gy0} \tag{5-43}$$

式中：I_{Gx0}、I_{Gy0} 为电流 $\dot{I}_{G0}$ 在系统坐标 x 轴和 y 轴上的投影。

　　于是可求得虚拟电动势 $\dot{E}_{Q0}$

$$\dot{E}_{Q0}=\dot{V}_{G0}+(R_a+jX_q)\dot{I}_{G0}=E_{Q0}\angle\delta_0 \tag{5-44}$$

式中：R_a、X_q 分别为发电机定子电阻及 q 轴同步电抗；相位角 δ_0 即为发电机转子角度的初值。即

$$\delta_{(0)}=\delta_0 \tag{5-45}$$

　　在稳态情况下，发电机以同步转速运行，因此

$$\omega_{(0)}=\omega_N=2\pi f_N \tag{5-46}$$

　　利用坐标变换式（5-2），可以求出发电机电流的纵轴分量 I_{d0}

$$\dot{I}_{d0} = I_{Gx0}\sin\delta_0 - I_{Gy0}\cos\delta_0 \tag{5-47}$$

于是，根据同步发电机暂态过程的电动势方程可以求出暂态电动势 E'_{q0}

$$E'_{q0} = E_{Q0} - I_{d0}(X_q - X'_d) \tag{5-48}$$

于是发电机电动势初值为

$$E'_{q(0)} = E'_{q0} \tag{5-49}$$

在稳态情况下，原动机的机械功率 P_{T0} 等于发电机的电磁功率 P_{e0}，当计及定子绕组的功率损耗时可由下式求得

$$P_{T0} = P_{e0} = P_{G0} + I_{G0}^2 R_a \tag{5-50}$$

即

$$P_{T(0)} = P_{T0} \tag{5-51}$$

在简化的暂态稳定计算程序中，一般忽略原动机调速系统的作用并认为电动势 E'_q 保持不变，因此，在整个计算过程中

$$\begin{cases} E'_q = E'_{q(0)} \\ P_T = P_{T(0)} \end{cases} \tag{5-52}$$

2. 负荷初值计算

由潮流计算结果可得各负荷节点的电压 $\dot{V}_{LD0}$ 和负荷功率 $S_{LD0} = P_{LD0} + jQ_{LD0}$，从而可以确定各负荷正常运行情况下的等值导纳为

$$Y_{LD0} = \frac{\overset{*}{S}_{LD0}}{V_{LD0}^2} \tag{5-53}$$

对于按恒定阻抗模拟的负荷，其等值导纳在整个计算过程中维持不变，即 $Y_{LD} = Y_{LD0}$。如前所述，应将它包括在网络的导纳矩阵里。

对于考虑感应电动机机械暂态过程的综合负荷，由于扰动瞬间电动机的转差 s 不能突变，因此，转差的初值为扰动前的初始转差 s_0，即

$$s_{(0)} = s_0 \tag{5-54}$$

因此，负荷的等值导纳（或阻抗）也不应突变［见式（4-41）］，即扰动后瞬间负荷的等值导纳与正常运行情况下的等值导纳相同，即

$$Y_{LD(0)} = Y_{LD0} \tag{5-55}$$

二、形成微分方程和代数方程

在此简化模型下，全系统的微分方程仅包含发电机转子运动方程和典型感应电动机的转子运动方程

$$\begin{cases} \dfrac{d\delta}{dt} = (\omega - 1)\omega_N \\[2mm] \dfrac{d\omega}{dt} = \dfrac{1}{T_J}(P_T - P_e) \\[2mm] \dfrac{ds}{dt} = \dfrac{1}{T_{JM}}(M_T - M_e) \end{cases} \tag{5-56}$$

式中各符号的含义同第四章所述。

网络方程用实数形式描述见式（5-5）。当发电机计及凸极效应时，对网络方程的影响见式（5-21），即每一时刻 t_k，都应根据该时刻的转子角度 $\delta_{(k)}$ 按式（5-18）计算发电机

节点的虚拟注入电流，按式（5-20）修正发电机节点的自导纳。

对于用恒定阻抗模拟的负荷，可将其等值导纳直接并入电力网络，即用Y_{LD0}去修正负荷节点的自导纳，并在整个暂态过程中保持不变，相应的负荷节点转化为联络节点，注入电流为零。

对于考虑感应电动机机械暂态过程的综合负荷，其等值阻抗随转差s而变化，每一时刻t_k都应根据该时刻的转差$s_{(k)}$按式（4-45）重新计算综合负荷的等值阻抗，并用该阻抗去修正负荷节点的自导纳。

发电机和负荷节点经过上述处理后，由式（5-5）得到整个电力系统的网络方程式

$$
\begin{bmatrix} \vdots \\ \begin{bmatrix} I'_{xgk} \\ I'_{ygk} \end{bmatrix} \\ \vdots \\ \begin{bmatrix} 0 \\ 0 \end{bmatrix} \\ \vdots \\ \begin{bmatrix} 0 \\ 0 \end{bmatrix} \\ \vdots \end{bmatrix} = \begin{bmatrix} \vdots & & \vdots & & \vdots \\ \cdots \begin{bmatrix} G'_{ggk} & B'_{ggk} \\ B''_{ggk} & G''_{ggk} \end{bmatrix} \cdots & \begin{bmatrix} G_{gm} & -B_{gm} \\ B_{gm} & G_{gm} \end{bmatrix} \cdots & \begin{bmatrix} G_{gl} & -B_{gl} \\ B_{gl} & G_{gl} \end{bmatrix} \cdots \\ \vdots & & \vdots & & \vdots \\ \cdots \begin{bmatrix} G_{mg} & -B_{mg} \\ B_{mg} & G_{mg} \end{bmatrix} \cdots & \begin{bmatrix} G_{mn} & -B_{mn} \\ B_{mn} & G_{mn} \end{bmatrix} \cdots & \begin{bmatrix} G_{ml} & -B_{ml} \\ B_{ml} & G_{ml} \end{bmatrix} \cdots \\ \vdots & & \vdots & & \vdots \\ \cdots \begin{bmatrix} G_{lg} & -B_{lg} \\ B_{lg} & G_{lg} \end{bmatrix} \cdots & \begin{bmatrix} G_{lm} & -B_{lm} \\ B_{lm} & G_{lm} \end{bmatrix} \cdots & \begin{bmatrix} G_{llk} & -B_{llk} \\ B_{llk} & G_{llk} \end{bmatrix} \cdots \\ \vdots & & \vdots & & \vdots \end{bmatrix} \begin{bmatrix} \vdots \\ \begin{bmatrix} V_{xgk} \\ V_{ygk} \end{bmatrix} \\ \vdots \\ \begin{bmatrix} V_{xmk} \\ V_{ymk} \end{bmatrix} \\ \vdots \\ \begin{bmatrix} V_{xlk} \\ V_{ylk} \end{bmatrix} \\ \vdots \end{bmatrix}
$$

$$(5-57)$$

式中：下标g、m、l分别代表发电机、恒定阻抗负荷、感应电动机负荷节点号。发电机节点和感应电动机节点的自导纳在每一时刻t_k分别随$\delta_{(k)}$和$s_{(k)}$而变化。

式（5-57）表示的网络方程是线性方程，可用高斯消去法或三角分解法直接求解。

三、基于改进欧拉法的暂态稳定计算

假设暂态仿真过程已经计算到t_{k-1}时刻，下面讨论t_k（即$t_{k-1}+\Delta t$）时刻系统运行状态的计算过程。如图5-4框⑤～框⑨，新的时段计算前总是先判断系统在t_{k-1}时刻有无故障或操作发生。若无故障或操作发生，则直接以t_{k-1}时刻系统状态作为初值求解微分方程；否则需要计算出故障或操作后电力网络的运行参数，用它和t_{k-1}时刻的状态变量作为初值求解微分方程。用改进欧拉法的求解过程如下：

（1）由t_{k-1}时刻各发电机的$\delta_{i(k-1)}$和各电动机的$s_{j(k-1)}$按上述方法形成网络方程式（5-57），并采用直接法求解，得到系统所有节点的电压$V_{x(k-1)}$、$V_{y(k-1)}$，按式（5-13）求出各发电机节点的注入电流$I_{xi(k-1)}$、$I_{yi(k-1)}$。

（2）求t_{k-1}时刻各发电机的电磁功率，以及各电动机的机械转矩和电磁转矩。

各发电机的电磁功率为

$$P_{ei(k-1)} = (V_{x(k-1)}I_{x(k-1)} + V_{y(k-1)}I_{y(k-1)}) + (I^2_{x(k-1)} + I^2_{y(k-1)})R_a \tag{5-58}$$

各电动机的机械转矩和电磁转矩分别由式（4-43）和式（4-44）求得，即

$$M_{Tj(k-1)} = k[\alpha + (1-\alpha)(1-s_{j(k-1)})^\beta] \tag{5-59}$$

$$M_{ej(k-1)} = \frac{2M_{emax}}{\dfrac{s_{j(k-1)}}{s_{crj}} + \dfrac{s_{crj}}{s_{j(k-1)}}} \cdot \frac{V^2_{xj(k-1)} + V^2_{yj(k-1)}}{V^2_{xj(0)} + V^2_{yj(0)}} \tag{5-60}$$

式中：$V_{xj(0)}$、$V_{yj(0)}$ 为电动机节点 j 在干扰前正常运行状态下电压的实部和虚部。

（3）首先求出 t_{k-1} 时刻状态变量的导数，然后用欧拉法式（5-35）计算 t_k 时刻各状态变量的预报值。

t_{k-1} 时刻状态变量的导数为

$$\begin{cases} \dfrac{d\delta_i}{dt}\bigg|_{k-1} = (\omega_{i(k-1)} - 1)\omega_N \\[2mm] \dfrac{d\omega_i}{dt}\bigg|_{k-1} = \dfrac{\omega_N}{T_{Ji}}(P_{i0} - P_{ei(k-1)}) \\[2mm] \dfrac{ds_j}{dt}\bigg|_{k-1} = \dfrac{1}{T_{JMj}}(M_{Tj\,(k-1)} - M_{ej(k-1)}) \end{cases} \tag{5-61}$$

于是，t_k 时刻各状态变量的预报值为

$$\begin{cases} \delta_{i(k)}^{(0)} = \delta_{i(k-1)} + \dfrac{d\delta_i}{dt}\bigg|_{k-1}\Delta t \\[2mm] \omega_{i(k)}^{(0)} = \omega_{i(k-1)} + \dfrac{d\omega_i}{dt}\bigg|_{k-1}\Delta t \\[2mm] s_{j(k)}^{(0)} = s_{j(k-1)} + \dfrac{ds_j}{dt}\bigg|_{k-1}\Delta t \end{cases} \tag{5-62}$$

（4）类似第（1）步，由求得的 t_k 时刻各发电机的预报值 $\delta_{i(k)}^{(0)}$ 和各电动机的预报值 $s_{j(k)}^{(0)}$ 求解网络方程，得到系统所有节点的电压和各发电机节点注入电流的预报值 $V_{x(k-1)}^{(0)}$、$V_{y(k-1)}^{(0)}$ 和 $I_{xik}^{(0)}$、$I_{yik}^{(0)}$。

（5）类似第（2）步，根据式（5-58）～式（5-60）求 t_k 时刻各发电机电磁功率，以及各电动机的机械转矩和电磁转矩的预报值 $P_{ei(k)}^{(0)}$、$M_{Tj(k)}^{(0)}$ 和 $M_{ej(k)}^{(0)}$。

（6）计算 t_k 时刻各状态变量导数的预报值，然后用改进欧拉法式（5-36）计算 t_k 时刻各状态变量的校正值。t_k 时刻各状态变量导数的预报值为

$$\begin{cases} \dfrac{d\delta_i}{dt}\bigg|_k^0 = (\omega_{i(k)}^{(0)} - 1)\omega_N \\[2mm] \dfrac{d\omega_i}{dt}\bigg|_k^0 = \dfrac{1}{T_{Ji}}(P_{i0} - P_{ei(k)}^{(0)}) \\[2mm] \dfrac{ds_j}{dt}\bigg|_k^0 = \dfrac{1}{T_{JMj}}(M_{Tj\,(k)}^{(0)} - M_{ej\,(k)}^{(0)}) \end{cases} \tag{5-63}$$

于是，k 时刻各状态变量的校正值为

$$\begin{cases} \delta_{i(k)} = \delta_{i(k-1)} + \dfrac{1}{2}\left[\dfrac{d\delta_i}{dt}\bigg|_{k-1} + \dfrac{d\delta_i}{dt}\bigg|_k^{(0)}\right]\Delta t \\[2mm] \omega_{i(k)} = \omega_{i(k-1)} + \dfrac{1}{2}\left[\dfrac{d\omega_i}{dt}\bigg|_{k-1} + \dfrac{d\omega_i}{dt}\bigg|_k^{(0)}\right]\Delta t \\[2mm] s_{j(k)} = s_{j(k-1)} + \dfrac{1}{2}\left[\dfrac{ds_j}{dt}\bigg|_{k-1} + \dfrac{ds_j}{dt}\bigg|_k^{(0)}\right]\Delta t \end{cases} \tag{5-64}$$

当需要考虑励磁调节系统、原动机及调速系统等的动态时，只需在每一计算步长内增加相应的微分方程。

第六节　暂态稳定计算实例

本节给出用电力系统综合程序 PSASP 7.1 对 CEPRI 7 节点系统进行暂态稳定分析，对不同切故障时间以及不同故障类型对暂态稳定的影响进行了比较和仿真分析，给出了时域仿真结果。PSASP（Power System Analysis Software Package）是中国电科院开发的电力系统分析软件，可进行电力系统的各种分析计算，包括本书前面介绍的潮流计算和故障分析，以及第六章将要介绍的小干扰稳定分析。此外，还有很多商业化的电力系统分析软件，如 BPA、PSS/E、PSCAD、EMTP/EMTDC、NETOMAC 等，这些软件在实际电力系统的运行、规划、设计以及高校的教学科研中都得到了广泛的应用。

一、系统结构及参数

CEPRI 7 节点系统单线图如图 5-11 所示。该系统包含 3 台发电机、4 台变压器、4 回交流线、1 回直流线、1 个负荷和 1 台并联电抗器。部分元件参数如图 5-11 所示，更详细的模型及参数详见参考文献 [14]。

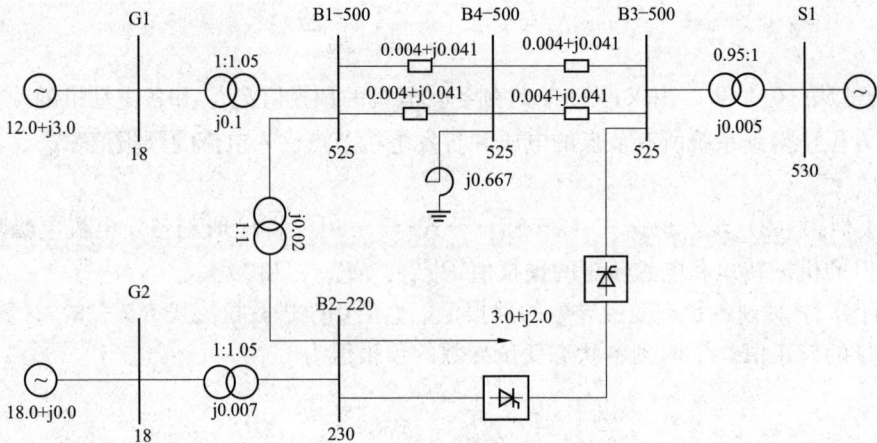

图 5-11　CEPRI 7 节点系统单线图

二、潮流计算结果

CEPRI 7 节点系统的潮流计算结果如表 5-7 和表 5-8 所示。其中电压是以平均额定电压作为基准值的标幺值，功率单位为 MW，无功功率单位为 Mvar。

表 5-7　　　　　　　　　　　　　　　　　节点电压及功率

母线名称	电压		发电机		负荷	
	幅值（p.u.）	相位角（°）	有功功率	无功功率	有功功率	无功功率
G1	1.00904	50.49724	12.0	3.0		
G2	1.03	53.72517	18.0	5.711		
S1	1.0	0.0	−25.5267	3.9103		
B1-500	1.03583	43.57333				
B2-220	1.04983	47.03027			3.0	2.0

续表

母线名称	电压		发电机		负荷	
	幅值（p.u.）	相位角（°）	有功功率	无功功率	有功功率	无功功率
B3-500	0.9395	6.92337				
B4-500	0.96565	26.01508				

表 5-8　　　　　　　　　　　　　　线路及变压器支路功率

类型	I 侧母线	J 侧母线	I 侧有功	I 侧无功	J 侧有功	J 侧无功
交流线	B1-500	B4-500	7.6393	1.0616	7.4168	0.8472
	B1-500	B4-500	7.6393	1.0616	7.4168	0.8472
	B4-500	B3-500	7.4168	0.1478	7.1889	-0.3312
	B4-500	B3-500	7.4168	0.1478	7.1889	-0.3312
变压器	G1	B1-500	12.0	3.0	12.0	1.4973
	G2	B2-220	18.0	5.711	18.0	3.4689
	B1-500	B2-220	-3.2786	-0.6259	-3.2786	-0.8335
	S1	B3-500	-25.5267	3.9103	-25.5267	0.7958
直流线	B2-220	B3-500	11.72	6.64	11.15	-6.13
电抗器	B4-500	0		1.3989		

三、暂态稳定仿真结果及分析

1. 不同切故障时间对暂态稳定的影响

设 0.0s 时在 B4-500 和 B3-500 线路 50% 处发生 AB 两相短路故障。不同切故障时间 t_c 的时域仿真结果如图 5-12～图 5-14 所示。图 5-12 是在 0.1s 切除故障线路时的功角摇摆曲线；图 5-13 是在 0.145s 切除故障线路的功角摇摆曲线；图 5-14 是在 0.15s 切除故障线路的功角摇摆曲线。

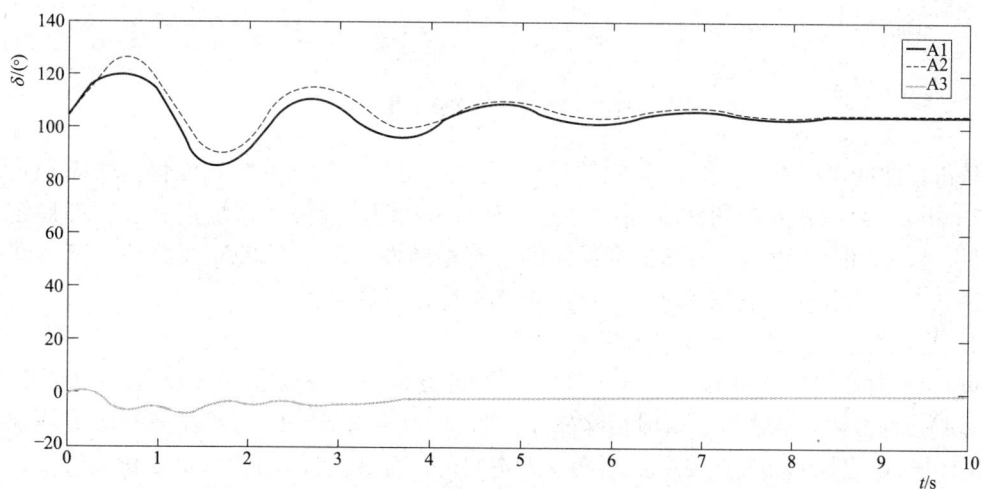

图 5-12　两相短路相对角变化波形图（t_c=0.1s）

A1—G1-S1 之间的相对角；A2—G2-S1 之间的相对角；A3—G1-G2 之间的相对角（以下同）

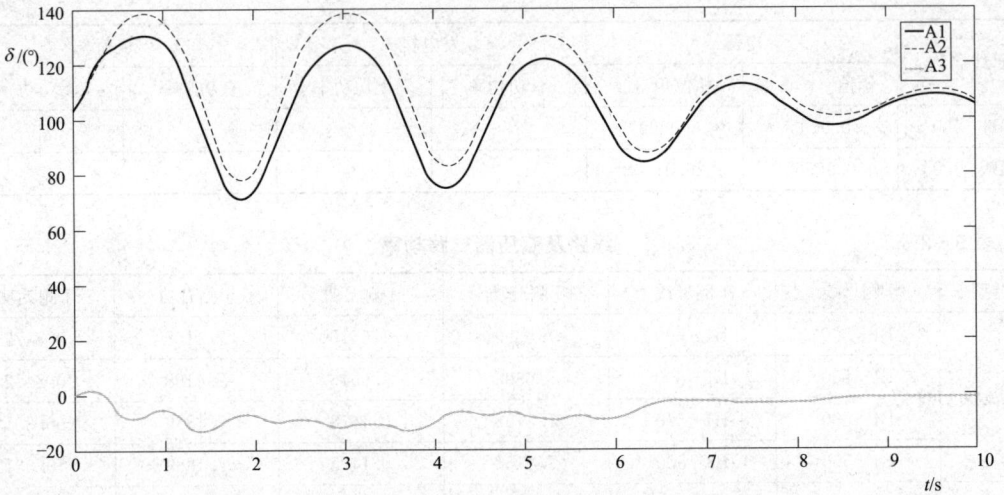

图 5-13　两相短路相对角变化波形（$t_c = 0.145s$）

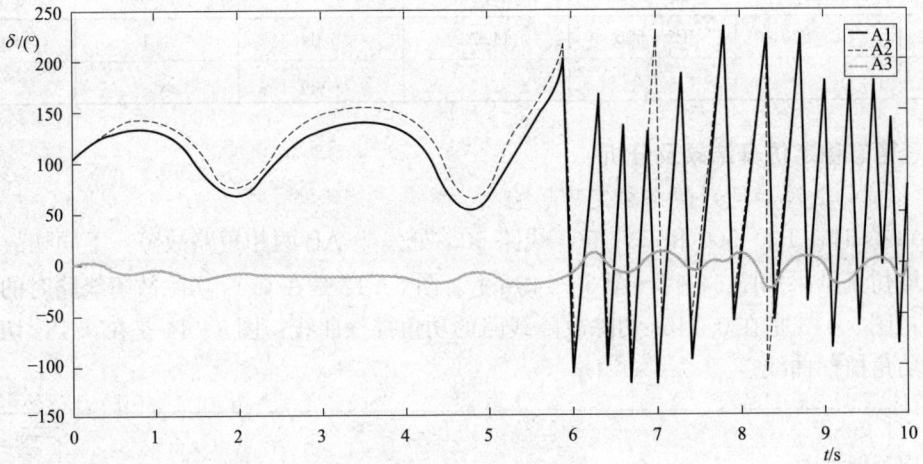

图 5-14　两相短路相对角变化波形（$t_c = 0.15s$）

　　从仿真曲线可以看出，0.1s 切除故障和 0.145s 切除故障，系统均能保持暂态稳定，但 0.145s 切除故障的相对功角波动幅度更大；而 0.15s 切除故障，系统将失去暂态稳定。由此可见，快速切除故障可以显著提高系统的暂态稳定性。由于 500kV 线路切故障时间一般不超过 0.1s，因此在此故障条件下，该系统能保持暂态稳定。

　　2. 不同故障类型对暂态稳定的影响

　　设 0.0s 时在 B4-500 和 B3-500 线路 50% 处分别发生 A 相接地短路、AB 两相短路和三相短路接地故障，均在 0.13s 时切除故障。图 5-15～图 5-17 分别是三种故障情况下发电机 G1 与 S1 之间的相对角变化波形图、发电机 G2 与 S1 之间的相对角变化波形图、发电机 G1 与 G2 之间的相对角变化波形图。

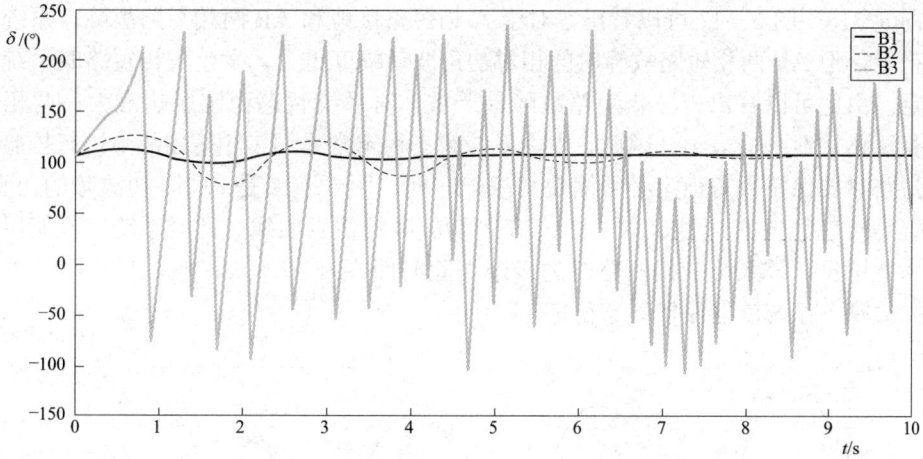

图 5 - 15　G1 - S1 之间的相对角变化波形

B1—A 相短路接地；B2—AB 两相短路；B3—三相短路接地（以下同）

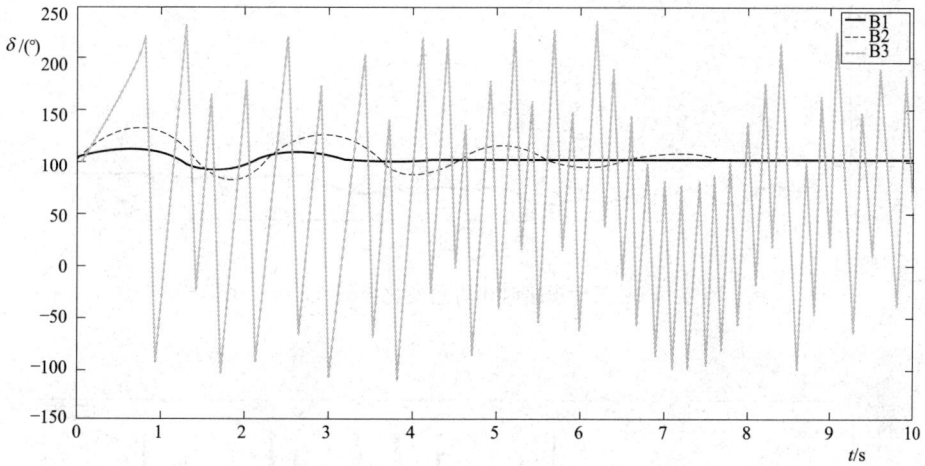

图 5 - 16　G2 - S1 之间的相对角变化波形

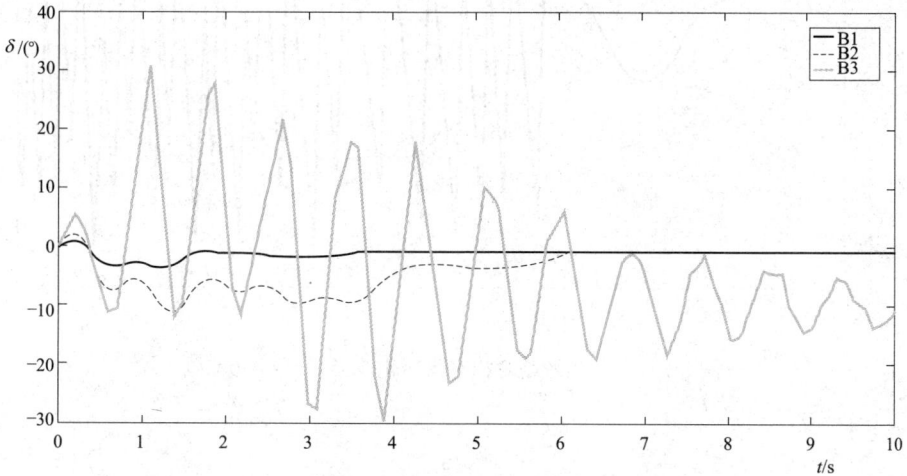

图 5 - 17　G1 - G2 之间的相对角变化波形

　　从图 5-15～图 5-17 可以看出，对于 A 相短路接地和 AB 两相短路故障，系统均能保持暂态稳定，但 AB 两相短路故障时的相对功角波动幅度更大；发生三相短路时系统将失去暂态稳定。由此可以看出，三相短路故障最严重，对系统暂态稳定影响最大；两相短路次之；单相短路接地影响最小。因此，电力系统暂态稳定常采用三相短路故障进行校验。该系统三相短路时要保持暂态稳定必须缩短切故障时间，图 5-18 是 0.07s 切故障的仿真曲线，此时系统是暂态稳定的；图 5-19 是 0.075s 切故障的仿真曲线，此时系统已不能保持暂态稳定，由此可见，该系统三相短路时的极限切除时间在 0.07～0.075s，只要小于极限切除时间切除故障，系统就能保持暂态稳定。

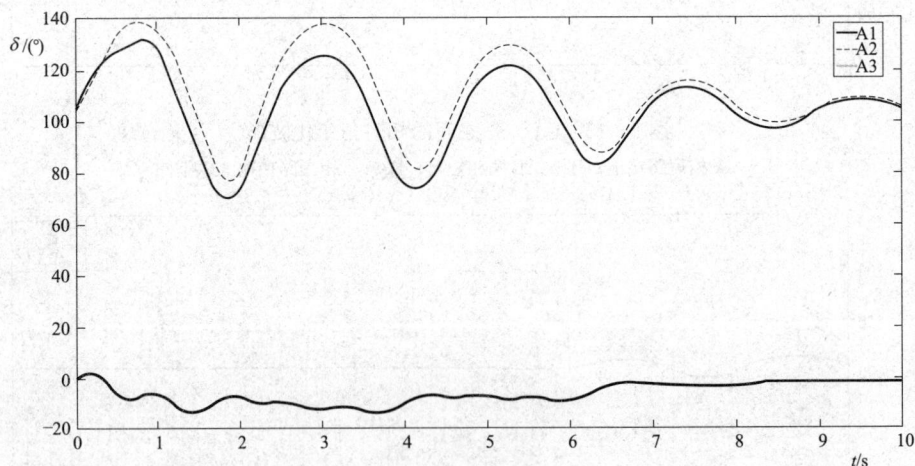

图 5-18　三相短路时相对角变化波形（$t_c=0.07$s）

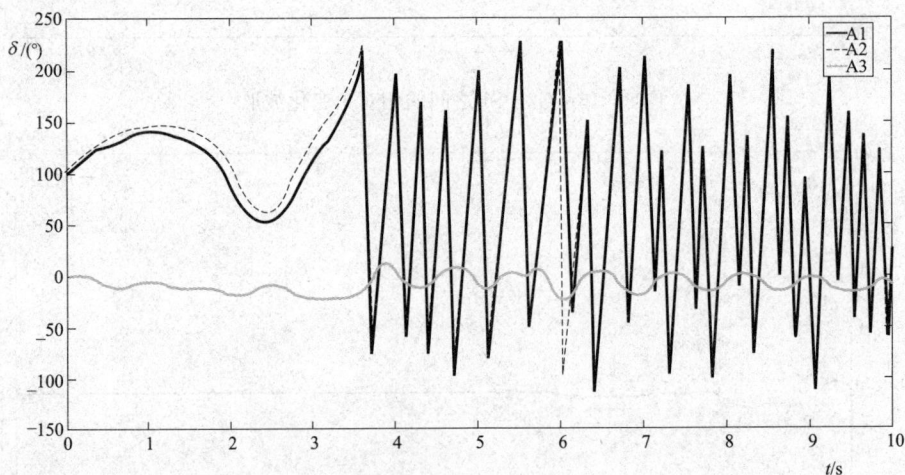

图 5-19　三相短路时相对角变化波形（$t_c=0.075$s）

习　题

5-1　试说明暂态稳定计算全系统数学模型的构成，具体包含哪些方程式？

5-2　试说明暂态稳定计算的基本原理。

5-3　试给出发电机次暂态电动势 E''_q、E''_d 的初值计算步骤及公式。

5-4　对图 4-6 所示的励磁调节系统和图 4-10 所示的水轮机及其调节系统，分别列出相应的初值计算公式。

5-5　当线路 ij 的中点发生不同类型的短路故障时，分别说明网络导纳矩阵的修正方法，并列出必要的计算公式。

5-6　在改进欧拉法暂态稳定计算中，当考虑励磁绕组暂态过程和励磁调节系统影响时（见图 4-6 晶闸管励磁调节系统），列出一个步长内暂态稳定计算的有关公式。

5-7　简单电力系统如图 5-20 所示，已知各元件参数的标幺值如下：发电机 G：$X'_d = 0.29$，$X_2 = 0.23$，$T_J = 11s$；变压器 T1：$X_{T1} = 0.13$，T2：$X_{T2} = 0.11$；线路 L：双回 $X_{L1} = 0.29$，$X_{L0} = 3X_{L1}$；运行初始状态：$V_0 = 1.0$，$P_0 = 1.0$，$Q_0 = 0.2$。在输电线路首端 f 点发生两相短路接地，故障切除时间为 0.15s，试用改进欧拉法计算发电机的摇摆曲线，并判断系统的暂态稳定。

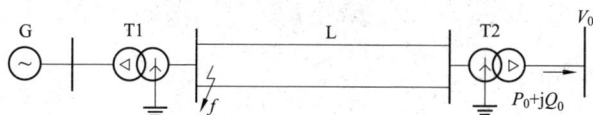

图 5-20　题 5-7 图

第六章 电力系统小干扰稳定分析

如前所述，电力系统功角稳定按扰动大小分为两类，即小干扰稳定性和暂态稳定性。电力系统小干扰稳定是指系统在某一运行方式下受到一个小干扰后，系统自动恢复到原始运行状态的能力。小干扰稳定性又称电力系统静态稳定性。在参考文献［5］中已介绍了电力系统小干扰稳定的基本概念和简单电力系统小干扰稳定性的小扰动分析法。本章将进一步介绍小干扰分析法在复杂多机电力系统的应用、复杂多机电力系统小干扰稳定的实用计算方法以及电力系统负荷小干扰稳定的概念。

第一节 概　　述

目前小扰动稳定分析的主要方法是基于李雅普诺夫线性化方法。电力系统的动力学行为可以由一组微分方程和代数方程来描述［见式（5-1）］。

将方程式（5-1）中的 y 消去后，可得到仅有状态变量的微分方程

$$px = h(x) \tag{6-1}$$

其中，$p = \dfrac{\mathrm{d}}{\mathrm{d}t}$，为微分算子。

对于给定的稳态运行情况，系统的状态为已知常量，将它表示为 x_0。于是有

$$h(x_0) = 0 \tag{6-2}$$

这说明 x_0 相当于式（6-1）的一个特解，并称 x_0 为系统的无扰运动。式（6-1）的其他解可以通过 x_0 表示为

$$x(t) = x_0 + \Delta x(t) \tag{6-3}$$

在 $t=0$ 时刻，$x(t)$ 与 x_0 之差 $\Delta x(0)$ 称为对稳态运行情况（即无扰运动）的初始扰动，或简称扰动。当然，$x(t)$ 应满足微分方程式（6-1），即有

$$p(x_0 + \Delta x) = p(\Delta x) = h(x_0 + \Delta x) \tag{6-4}$$

将上式在 x_0 附近展开成泰勒级数，且计及式（6-2），可得

$$p\Delta x = A\Delta x + h_R(\Delta x) \tag{6-5}$$

其中，$A = \dfrac{\mathrm{d}h(x)}{\mathrm{d}x}\bigg|_{x=x_0} = \begin{bmatrix} \dfrac{\partial h_1(x)}{\partial x_1} & \cdots & \dfrac{\partial h_1(x)}{\partial x_n} \\ \cdots & \cdots & \cdots \\ \dfrac{\partial h_n(x)}{\partial x_1} & \cdots & \dfrac{\partial h_n(x)}{\partial x_n} \end{bmatrix}_0$，为常数矩阵；$h_R(\Delta x)$ 为展开式中包含 Δx 二次方及以上各项所组成的高阶项向量。

忽略式（6-5）的高阶项，即得式（6-1）对应的线性化小扰动方程

$$p\Delta x = A\Delta x \tag{6-6}$$

其特征方程为

$$\det(A - pI) = 0 \tag{6-7}$$

根据李雅普诺夫稳定性定理可知：如果小扰动方程式（6-6）中系数矩阵 A 的全部特征根（即特征方程的根）都具有负实部，则无扰运动 x_0 为渐近稳定，而与高阶项 $h_R(\Delta x)$ 无关；如果矩阵 A 至少具有一个实部为正的特征根，则无扰运动 x_0 是不稳定的，并且也与高阶项 $h_R(\Delta x)$ 无关；如果矩阵 A 不具有正实部特征根，但具有实部为零的特征根，则无扰运动的稳定性将取决于高阶项 $h_R(\Delta x)$，这种情况也称为临界情况或极限情况。

按照渐近稳定性的定义和定理，对于给定的电力系统稳态运行情况 x_0，如果是渐近稳定的，则只要扰动足够小，Δx 将最终趋于零而使系统回到扰动前的稳态运行情况；否则，不管扰动如何微小，矩阵 A 正实部特征根的存在，将使系统在扰动作用下出现非周期性增大或增幅振荡的分量。至于临界情况下是否稳定，对于电力系统来说并无重要价值，一般将它视为小干扰稳定的极限情况。

用小扰动法分析电力系统小干扰稳定的一般过程可归结为：

（1）列各元件微分方程和网络方程。

（2）对给定运行情况进行潮流计算，计算出给定稳态运行情况下各变量的稳态值。

（3）对微分方程和网络方程在稳态值附近进行线性化。

（4）求线性化小扰动状态方程及系数矩阵 A。

（5）由各变量的稳态值求得 A 矩阵各元素的值。

（6）确定或判断 A 矩阵特征根实部的符号，判定系统在给定运行条件下是否稳定。

目前主要采用以下两类方法来确定或判断 A 矩阵特征根的性质：

一类是采用各种间接的稳定判据，如胡尔维茨判据、奈奎斯特-米哈依洛夫判据、D 域法等。这类方法不直接求出特征方程的全部根，而是根据特征方程的系数来判断其根的性质。

另一类是应用计算矩阵特征值的方法，直接计算出特征方程式（6-7）的全部根。对电力系统来说，矩阵 A 是不对称的实数矩阵，这类矩阵要计算其全部特征值，目前比较好的方法是应用计算矩阵全部特征根的 Q-R 算法。这类方法需要存储矩阵的全部元素，占用计算机内存量大，而且其计算量约与矩阵阶数的三次方成正比，计算速度较慢。

下面介绍在一定简化假定条件下的小扰动分析方法和实用计算方法。

第二节　用系统简化模型计算的小扰动法

为了简化计算程序、迅速得出计算结果，目前在应用小扰动法分析计算小干扰稳定的程序中，有些仍采用在以下简化假定条件下的系统简化模型，第三节介绍的实用计算也同样是以这些假定条件为前提。

通常采用的简化假定条件有：

（1）假定系统不产生自发振荡，即认为系统只会非周期性地失去稳定。由于不考虑自发振荡的产生，因而在计算中也就不考虑发电机的阻尼。

（2）对于发电机的电磁暂态过程和励磁调节系统的影响，以发电机某一电抗后的内电动势保持恒定来近似地模拟。例如，当采用一般的比例式励磁调节器时，可按发电机暂态电动势 E_q' 保持恒定或更简单地按暂态电抗 X_d' 后的电动势 E' 保持恒定来进行模拟。

（3）不考虑原动机调速系统的作用，即认为在经受微小扰动后原动机的机械功率保持不变。

（4）不考虑负荷静特性对小干扰稳定计算的影响，即在计算中采用恒定阻抗模拟负荷，从而可以把恒定阻抗的负荷归并到网络的导纳矩阵中去，这样除了发电机内电动势节点外，其余的网络就是一个无源的线性网络。如果将除发电机内电动势节点以外的各节点都作为浮动节点而消去以后，就可以得到内电动势节点之间的导纳矩阵，以此作为小干扰稳定分析计算的基本网络模型。

下面首先介绍在上述简化假定条件下，同时负荷按恒定阻抗计算时的小扰动法，然后简要介绍小扰动法在复杂电力系统中应用的一般问题。

一、简化模型的小扰动法

当不考虑原动机调速系统的影响，并近似地用发电机某一内电动势保持恒定来模拟其电磁暂态过程和励磁调节系统作用时，系统的微分方程组只由各个发电机的转子运动方程所组成。

假设系统有 n_G 台发电机，在不计阻尼并近似地认为原动机和发电机的转矩与相应的功率相等的情况下，第 i 台发电机的转子运动方程为

$$\begin{cases} \dfrac{\mathrm{d}\delta_i}{\mathrm{d}t}=(\omega_i-1)\omega_N \\ \dfrac{\mathrm{d}\omega_i}{\mathrm{d}t}=\dfrac{1}{T_{Ji}}(P_{Ti}-P_{ei}) \end{cases} \quad (i=1,\ \cdots,\ n_G) \qquad (6-8)$$

对给定稳态运行点施加一个小的扰动，可得对应小扰动方程

$$\begin{cases} p\Delta\delta_i=\omega_N\Delta\omega_i \\ T_{Ji}p\Delta\omega_i=\Delta P_{ei} \end{cases} \quad (i=1,\ \cdots,\ n_G) \qquad (6-9)$$

在式（6-9）中只有 ΔP_{ei} 为非线性项，因此，只要将 ΔP_{ei} 线性化就可得到线性化的小扰动方程。

当负荷按恒定阻抗计算时，如前所述，负荷的等值恒定阻抗可以并入网络的导纳矩阵，这样就可以先消去原网络所有节点，得到只与发电机内电动势节点有关的导纳矩阵 Y_G，再对只包含发电机内电动势节点的网络列写潮流方程，可得各发电机电磁功率为

$$P_{ei}=E_i\sum_{j=1}^{n_G}E_j(G_{ij}\cos\delta_{ij}+B_{ij}\sin\delta_{ij}) \quad (i=1,\ 2,\ \cdots,\ n_G) \qquad (6-10)$$

式中：G_{ij} 和 B_{ij} 分别为 Y_G 中对应元素的实部与虚部。由于采用了发电机某内电动势保持恒定的假定，因此在式（6-10）中各发电机的电磁功率只是发电机转子角 δ 的函数。

将式（6-10）在各发电机功率及角度稳态值 P_{ei0} 和 δ_{i0} 附近线性化，可以得到发电机电磁功率增量

$$\Delta P_{ei}=\sum_{j=1}^{n_G}K_{ij}\Delta\delta_{ij} \quad (i=1,\ 2,\ \cdots,\ n_G) \qquad (6-11)$$

其中

$$\begin{cases} K_{ij}=\left.\dfrac{\partial P_{ei}}{\partial\delta_j}\right|_0=E_i\sum_{\substack{j=1\\j\neq i}}^{n_G}E_j\big[-G_{ij}\sin(\delta_{i0}-\delta_{j0})+B_{ij}\cos(\delta_{i0}-\delta_{j0})\big] \quad j=i \\[4mm] K_{ij}=\left.\dfrac{\partial P_{ei}}{\partial\delta_j}\right|_0=E_iE_j\big[G_{ij}\sin(\delta_{i0}-\delta_{j0})-B_{ij}\cos(\delta_{i0}-\delta_{j0})\big] \quad j\neq i \end{cases}$$

$$(i,\ j=1,\ 2,\ \cdots,\ n_\mathrm{G})\quad(6-12)$$

且有以下关系

$$\sum_{j=1}^{n_\mathrm{G}}K_{ij}=0\qquad(i=1,\ 2,\ \cdots,\ n_\mathrm{G})\tag{6-13}$$

将式（6-11）代入式（6-9）便可得出对应的全系统线性化小扰动方程，将其写成矩阵形式为

$$
\begin{bmatrix} p\Delta\delta_1 \\ p\Delta\delta_2 \\ \vdots \\ p\Delta\delta_{n_\mathrm{G}} \\ p\Delta\omega_1 \\ p\Delta\omega_2 \\ \vdots \\ p\Delta\omega_{n_\mathrm{G}} \end{bmatrix}
=
\begin{bmatrix}
 & & \mathbf{0} & & \vdots & \omega_\mathrm{N} & 0 & 0 & 0 \\
 & & & & \vdots & 0 & \omega_\mathrm{N} & 0 & 0 \\
 & & & & \vdots & 0 & 0 & \ddots & 0 \\
 & & & & \vdots & 0 & 0 & 0 & \omega_\mathrm{N} \\
\cdots & \cdots & \cdots & \cdots & \cdots & \cdots & \cdots & \cdots & \cdots \\
-\dfrac{K_{11}}{T_{\mathrm{J}1}} & -\dfrac{K_{12}}{T_{\mathrm{J}1}} & \cdots & -\dfrac{K_{1n_\mathrm{G}}}{T_{\mathrm{J}1}} & \vdots & & & & \\
-\dfrac{K_{21}}{T_{\mathrm{J}2}} & -\dfrac{K_{22}}{T_{\mathrm{J}2}} & \cdots & -\dfrac{K_{2n_\mathrm{G}}}{T_{\mathrm{J}2}} & \vdots & & \mathbf{0} & & \\
\vdots & & \ddots & \vdots & \vdots & & & & \\
-\dfrac{K_{n_\mathrm{G}1}}{T_{\mathrm{J}n_\mathrm{G}}} & -\dfrac{K_{n_\mathrm{G}2}}{T_{\mathrm{J}n_\mathrm{G}}} & \cdots & -\dfrac{K_{n_\mathrm{G}n_\mathrm{G}}}{T_{\mathrm{J}n_\mathrm{G}}} & \vdots & & & &
\end{bmatrix}
\begin{bmatrix} \Delta\delta_1 \\ \Delta\delta_2 \\ \vdots \\ \Delta\delta_{n_\mathrm{G}} \\ \Delta\omega_1 \\ \Delta\omega_2 \\ \vdots \\ \Delta\omega_{n_\mathrm{G}} \end{bmatrix}
$$

$$(6-14)$$

或写成分块矩阵形式

$$
\begin{bmatrix} p\Delta\boldsymbol{\delta} \\ p\Delta\boldsymbol{\omega} \end{bmatrix}
=
\begin{bmatrix} 0 & \boldsymbol{\Omega}_\mathrm{N} \\ \boldsymbol{K}_\mathrm{J} & 0 \end{bmatrix}
\begin{bmatrix} \Delta\boldsymbol{\delta} \\ \Delta\boldsymbol{\omega} \end{bmatrix}
\tag{6-15}
$$

其中

$$\Delta\boldsymbol{\delta}=\begin{bmatrix}\Delta\delta_1 & \Delta\delta_2 & \cdots & \Delta\delta_{n_\mathrm{G}}\end{bmatrix}^\mathrm{T}$$

$$\Delta\boldsymbol{\omega}=\begin{bmatrix}\Delta\omega_1 & \Delta\omega_2 & \cdots & \Delta\omega_{n_\mathrm{G}}\end{bmatrix}^\mathrm{T}$$

$$\boldsymbol{\Omega}_\mathrm{N}=\mathrm{diag}\,(\omega_\mathrm{N})$$

$$
\boldsymbol{K}_\mathrm{J}=
\begin{bmatrix}
-\dfrac{K_{11}}{T_{\mathrm{J}1}} & -\dfrac{K_{12}}{T_{\mathrm{J}1}} & \cdots & -\dfrac{K_{1n_\mathrm{G}}}{T_{\mathrm{J}1}} \\[2ex]
-\dfrac{K_{21}}{T_{\mathrm{J}2}} & -\dfrac{K_{22}}{T_{\mathrm{J}2}} & \cdots & -\dfrac{K_{2n_\mathrm{G}}}{T_{\mathrm{J}2}} \\[2ex]
\vdots & \vdots & \ddots & \vdots \\[2ex]
-\dfrac{K_{n_\mathrm{G}1}}{T_{\mathrm{J}n_\mathrm{G}}} & -\dfrac{K_{n_\mathrm{G}2}}{T_{\mathrm{J}n_\mathrm{G}}} & \cdots & -\dfrac{K_{n_\mathrm{G}n_\mathrm{G}}}{T_{\mathrm{J}n_\mathrm{G}}}
\end{bmatrix}
\tag{6-16}
$$

由 $\det\,[\boldsymbol{A}-p\boldsymbol{I}]=0$ 可得对应的特征方程

$$\det \begin{bmatrix} -p & \boldsymbol{\Omega}_{\mathrm{N}} \\ \boldsymbol{K}_{\mathrm{J}} & -p \end{bmatrix} = p^2 - \boldsymbol{\Omega}_{\mathrm{N}}\boldsymbol{K}_{\mathrm{J}} = p^2 - \omega_{\mathrm{N}}\boldsymbol{K}_{\mathrm{J}} = 0 \qquad (6\text{-}17)$$

也可写成

$$D(p) = \begin{vmatrix} -\dfrac{\omega_{\mathrm{N}}K_{11}}{T_{\mathrm{J1}}} - p^2 & -\dfrac{\omega_{\mathrm{N}}K_{12}}{T_{\mathrm{J1}}} & \cdots & -\dfrac{\omega_{\mathrm{N}}K_{1n_{\mathrm{G}}}}{T_{\mathrm{J1}}} \\ -\dfrac{\omega_{\mathrm{N}}K_{21}}{T_{\mathrm{J2}}} & -\dfrac{\omega_{\mathrm{N}}K_{22}}{T_{\mathrm{J2}}} - p^2 & \cdots & -\dfrac{\omega_{\mathrm{N}}K_{2n_{\mathrm{G}}}}{T_{\mathrm{J2}}} \\ \vdots & \vdots & \ddots & \vdots \\ -\dfrac{\omega_{\mathrm{N}}K_{n_{\mathrm{G}}1}}{T_{\mathrm{J}n_{\mathrm{G}}}} & -\dfrac{\omega_{\mathrm{N}}K_{n_{\mathrm{G}}2}}{T_{\mathrm{J}n_{\mathrm{G}}}} & \cdots & -\dfrac{\omega_{\mathrm{N}}K_{n_{\mathrm{G}}n_{\mathrm{G}}}}{T_{\mathrm{J}n_{\mathrm{G}}}} - p^2 \end{vmatrix} = 0 \qquad (6\text{-}18)$$

根据行列式的性质，从第 2 列开始到最后一列为止，各列依次加到第 1 列去，而行列式是其他各列均保持不变，经过这样的变化，行列式的值保持不变。由式（6-13）可知，矩阵 $\boldsymbol{K}_{\mathrm{J}}$ 中每一行元素之和都等于零，因此经过以上变换后，式（6-18）的行列式变为

$$D(p) = \begin{vmatrix} -p^2 & -\dfrac{\omega_{\mathrm{N}}K_{12}}{T_{\mathrm{J1}}} & \cdots & -\dfrac{\omega_{\mathrm{N}}K_{1n_{\mathrm{G}}}}{T_{\mathrm{J1}}} \\ -p^2 & \dfrac{\omega_{\mathrm{N}}K_{22}}{T_{\mathrm{J2}}} - p^2 & \cdots & -\dfrac{\omega_{\mathrm{N}}K_{2n_{\mathrm{G}}}}{T_{\mathrm{J2}}} \\ \vdots & \vdots & \ddots & \vdots \\ -p^2 & -\dfrac{\omega_{\mathrm{N}}K_{n_{\mathrm{G}}2}}{T_{\mathrm{J}n_{\mathrm{G}}}} & \cdots & \dfrac{\omega_{\mathrm{N}}K_{n_{\mathrm{G}}n_{\mathrm{G}}}}{T_{\mathrm{J}n_{\mathrm{G}}}} - p^2 \end{vmatrix} \qquad (6\text{-}19)$$

或

$$D(p) = \begin{vmatrix} -1 & -\dfrac{\omega_{\mathrm{N}}K_{12}}{T_{\mathrm{J1}}} & \cdots & -\dfrac{\omega_{\mathrm{N}}K_{1n_{\mathrm{G}}}}{T_{\mathrm{J1}}} \\ -1 & \dfrac{\omega_{\mathrm{N}}K_{22}}{T_{\mathrm{J2}}} - p^2 & \cdots & -\dfrac{\omega_{\mathrm{N}}K_{2n_{\mathrm{G}}}}{T_{\mathrm{J2}}} \\ \vdots & \vdots & \ddots & \vdots \\ -1 & -\dfrac{\omega_{\mathrm{N}}K_{n_{\mathrm{G}}2}}{T_{\mathrm{J}n_{\mathrm{G}}}} & \cdots & \dfrac{\omega_{\mathrm{N}}K_{n_{\mathrm{G}}n_{\mathrm{G}}}}{T_{\mathrm{J}n_{\mathrm{G}}}} - p^2 \end{vmatrix} p^2 \qquad (6\text{-}20)$$

以下讨论根据上式判断系统小干扰稳定的方法。令 $p^2 = \lambda$；则它是 λ 的 n_{G} 阶行列式，显然令 $\lambda = 0$ 是它的一个解，相应的特征方程式有两个零根。然而这两个零根的出现并不意味着系统已达到稳定运行的极限情况。因为其中一个零根是没有意义的，它的出现是由于采用各个发电机转子的绝对角偏移量 $\Delta\delta_i$ 作为变量，如果采用了发电机转子间相对角偏移 $\Delta\theta_i$ 作为变量，则这一零根并不存在。另一个零根的存在则是由于在列微分方程时没有考虑发电机的阻尼，当考虑阻尼作用后，它将变为负实根，即相应的自由分量将因受到阻尼而衰减。

因此，必须去掉这个零根，而用其余的根来判断系统的稳定性。

现将式（6-20）展开得

$$D(\lambda) = (-1)^{n_G}\lambda^{n_G} + a_1\lambda^{n_{G-1}} + a_2\lambda^{n_{G-2}} + \cdots\cdots + a_{n_{G-1}}\lambda + a_{n_G} = 0 \qquad (6-21)$$

基于以上分析，去掉这个零根后，式（6-21）便降了一阶，将其展开便得到 λ 的 $n_G - 1$ 阶代数方程式

$$D(\lambda) = (-1)^{n_G}\lambda^{n_{G-1}} + a_1\lambda^{n_{G-2}} + a_2\lambda^{n_{G-3}} + \cdots\cdots + a_{n_{G-1}} = 0 \qquad (6-22)$$

在用简化模型进行小干扰稳定计算时，由于采用了一些简化和假设，因此根据上述特征根的性质判断稳定性的充分必要条件将发生相应的改变。具体来说，由于假定了系统不发生自发振荡并且不考虑发电机的阻尼作用，因此，如果失去稳定那只能是非周期性的，即当方程式（6-22）出现正实根（$\lambda_i > 0$）时，由于存在 $p^2 = \lambda$，p 为正实根（$p_i > 0$），此时微分方程的解含有随时间不断增大的项，即系统是不稳定的。而因为 λ_i 的负实根、虚根和复根分别对应 p 的虚根或复根，由于假定系统不发生自发振荡，因此这些根所对应的自由分量可以一概认为因受到阻尼而衰减，形成衰减振荡分量。这样，在用简化模型分析小扰动稳定时，实际上可用 λ_i 中是否出现正实根来作为判断系统失去稳定的依据。当式（6-22）的阶次较高时，不易直接求根，一般可用 Q-R 分解法直接求系数矩阵的特征根。当式（6-22）的阶次不太高时，可以采用胡尔维兹、劳斯等方法（除去其中的零根）直接判断系统的稳定性。

应用计算机用 Q-R 分解法求解系数矩阵的特征值是比较方便的，它以迭代法为基础，会出现不收敛的情况。根据广义 STURM 序列的劳斯判据，则不存在收敛与否的问题，在某些场合下用劳斯判据有一定的优越性，在计算机上实现也不困难。

下面研究如何采用简化判据来判断小扰动稳定：

设方程式（6-22）的根为 λ_2，λ_3，$\cdots$，λ_{n_G}（设 λ_1 为零根），则由方程式的根与系数的关系可将式（6-22）的自由项表示为

$$(-1)^{n_G}a_{n_{G-1}} = (-\lambda_2)(-\lambda_3)\cdots(-\lambda_{n_G}) = \prod_{k=2}^{n_G}(-\lambda_k) \qquad (6-23)$$

如果在根 λ_2，λ_3，$\cdots$，λ_{n_G} 中无正实根，则只可能包含负实根或成对的虚根和复根。由于式（6-22）中系数都是实数，因此纯虚根和复根必然以共轭对的形式出现。这样在式（6-23）中相乘的因子可以分为三种情况：带负号的负实根相乘、带负号的共轭虚根相乘和带负号的共轭复根相乘。显然，这三种情况所得结果都是正实数，因此它们的乘积 $\prod_{k=2}^{n_G}(-\lambda_k)$ 也必然是正实数。

如果在根 λ_2，λ_3，$\cdots$，λ_{n_G} 中有一个正实根，则根据同样的理由可以断定 $\prod_{k=2}^{n_G}(-\lambda_k)$，即 $(-1)^{n_G}a_{n_{G-1}}$ 必然为负数。

因此，为判断系统的稳定性。可以从稳定运行状态开始，逐步使运行情况恶化，对每一过渡情况计算出 $(-1)^{n_G}a_{n_{G-1}}$，当其符号由正变负时，便可以断定系统失去稳定。由此可以得出系统稳定的判据为

$$(-1)^{n_G}a_{n_{G-1}} > 0 \qquad (6-24)$$

应该指出，当 λ_2，λ_3，$\cdots$，λ_{n_G} 中同时出现两个正根时，式（6-24）同样满足，因而

这种情况似乎不能用式（6-24）来判断系统的稳定性。但计算经验表明，系统由稳定过渡到不稳定时，总是先出现一个正实根，由式（6-24）已判断系统失去稳定而不必再继续进行计算。

系数 a_{n_G-1} 可由式（6-20）中令此行列式中 $p^2=0$，求得 p^2 项的系数得到，即

$$a_{n_G-1} = \begin{vmatrix} -1 & -\dfrac{\omega_N K_{12}}{T_{J1}} & \cdots & -\dfrac{\omega_N K_{1n_G}}{T_{J1}} \\ -1 & -\dfrac{\omega_N K_{22}}{T_{J2}}-p^2 & \cdots & -\dfrac{\omega_N K_{2n_G}}{T_{J2}} \\ \vdots & \vdots & \ddots & \vdots \\ -1 & -\dfrac{\omega_N K_{n_G 2}}{T_{Jn_G}} & \cdots & -\dfrac{\omega_N K_{n_G n_G}}{T_{Jn_G}}-p^2 \end{vmatrix}$$

$$= \dfrac{(-1)^{n_G}\omega_N^{(n_G-1)}}{T_{J1}T_{J2}\cdots T_{Jn_G}} \begin{vmatrix} T_{J1} & K_{12} & \cdots & K_{1n_G} \\ T_{J2} & K_{22} & \cdots & K_{2n_G} \\ \vdots & \vdots & \ddots & \vdots \\ T_{Jn_G} & K_{n_G 2} & \cdots & K_{n_G n_G} \end{vmatrix} \tag{6-25}$$

由于式（6-25）中各发电机的惯性时间常数 T_{J1}，T_{J2}，…，T_{Jn_G} 都是正数，因此稳定判据式（6-24）可以改写为

$$\rho = \begin{vmatrix} T_{J1} & K_{12} & \cdots & K_{1n_G} \\ T_{J2} & K_{22} & \cdots & K_{2n_G} \\ \vdots & \vdots & \ddots & \vdots \\ T_{Jn_G} & K_{n_G 2} & \cdots & K_{n_G n_G} \end{vmatrix} > 0 \tag{6-26}$$

对于每一个过渡运行情况，只要按式（6-26）计算出 ρ 值，便可以根据 ρ 的符号来判断该运行情况的稳定性。

综上所述，当负荷按恒定阻抗计算时，系统小干扰稳定性的判定可按以下步骤进行分析计算：

（1）进行正常运行情况下的潮流计算。

（2）根据潮流计算结果求出各发电机的内电动势及转子角度。

（3）求出各负荷的等值阻抗。

（4）在各发电机节点后追加内电动势节点，组成式（4-19）中的导纳矩阵。

（5）消去原网络中的全部节点，求出只有发电机内电动势节点等值网络的导纳矩阵 Y_G。

（6）按式（6-12）计算系数 $K_{ij}(i, j=1, 2, \cdots, n_G)$。

（7）组成式（6-26）中的行列式，并计算该行列式的 ρ 值。根据 ρ 的正负判断系统的稳定性。

（8）如果需要计算出系统的稳定极限，则应按照所拟定的过渡方案，在保持各发电机内电动势不变的条件下，进行过渡运行情况下的潮流计算，从而求得各发电机转子角度的稳态值，然后返回（6）。直到计算到系统的稳定极限，即 ρ 由正变负为止。

二、小扰动法在复杂电力系统中应用的一般问题

前面对简化模型下应用小扰动法分析复杂电力系统小干扰稳定的原理和步骤做了较详细

的介绍。对于复杂电力系统，只要逐个按发电机及其调节系统列写小扰动方程，不难得到全系统的微分方程组。电力系统元件及网络模型在第二章和第四章已有介绍，参考文献［1］和［7］也对电力系统各元件的线性化方程做了详细介绍，在此不再赘述。但在应用中还需注意处理以下问题：

（1）复杂电力系统小干扰稳定的判别法。对复杂电力系统，无法再导出反映特征根性质的用运行参数表示的简单稳定性判断条件，并求出稳定极限功率，而只能由给定的运行方式，确定 A 矩阵的元素值，然后借助于计算机，直接求出全部的特征值，或者对间接判断特征根性质的判据（如胡尔维兹判据）进行计算，从而判断系统在给定的运行方式下是否具有小干扰稳定性。但是，由于不能从理论上求出稳定极限功率，因而不能确定所给定运行方式稳定程度的高低。

应该着重指出，当所有特征根实部为负值时，系统是稳定的。特征根实部绝对值的大小，仅说明系统受扰动后自由振荡衰减的速度，表征系统在给定运行条件下的阻尼情况，它也不能反映稳定程度的高低。

（2）关于参考轴的选择。在暂态稳定分析计算中，是以发电机转子相对于同步旋转轴的角度和相对于同步转速的角速度，即以绝对角 δ_i 和绝对角速度 $\Delta\omega_i$ 作为变量。在复杂多机电力系统的小干扰稳定分析中，如果仍以绝对角和绝对角速度作为变量来列写转子运动方程，则状态方程的系数矩阵 A 将会出现零特征根，这将无法判定所给运行方式是否具有小干扰稳定性（电力系统要求具有渐近稳定性）。

现以两机电力系统为例，采用经典模型，两发电机的功率方程为

$$\begin{cases} P_{e1} = \dfrac{E_1^2}{|Z_{11}|}\sin\alpha_{11} + \dfrac{E_1 E_2}{|Z_{12}|}\sin(\delta_{12} - \alpha_{11}) \\ P_{e2} = \dfrac{E_2^2}{|Z_{22}|}\sin\alpha_{22} - \dfrac{E_1 E_2}{|Z_{12}|}\sin(\delta_{12} + \alpha_{12}) \end{cases} \tag{6-27}$$

用绝对角表示的线性化后的电磁功率增量为

$$\begin{cases} pP_{e1} = S_{E1}\Delta\delta_{12} = S_{E1}\Delta\delta_1 - S_{E1}\Delta\delta_2 \\ pP_{e2} = S_{E2}\Delta\delta_{12} = S_{E2}\Delta\delta_1 - S_{E2}\Delta\delta_2 \\ S_{E1} = \dfrac{dP_{e1}}{d\delta_{12}}\Big|_{\delta_{12}=\delta_{120}}, \quad S_{E2} = \dfrac{dP_{e2}}{d\delta_{12}}\Big|_{\delta_{12}=\delta_{120}} \end{cases} \tag{6-28}$$

计及与发电机绝对角速度成比例的阻尼作用后，用绝对角和绝对角速度作变量的线性化状态方程为

$$\begin{bmatrix} p\Delta\delta_1 \\ p\Delta\delta_2 \\ p\Delta\omega_1 \\ p\Delta\omega_2 \end{bmatrix} = \begin{bmatrix} 0 & 0 & 1 & 0 \\ 0 & 0 & 0 & 1 \\ -\dfrac{\omega_N}{T_{J1}}S_{E1} & \dfrac{\omega_N}{T_{J1}}S_{E1} & -\dfrac{\omega_N}{T_{J1}}D_1 & 0 \\ -\dfrac{\omega_N}{T_{J2}}S_{E2} & \dfrac{\omega_N}{T_{J2}}S_{E2} & 0 & -\dfrac{\omega_N}{T_{J2}}D_2 \end{bmatrix} \begin{bmatrix} \Delta\delta_1 \\ \Delta\delta_2 \\ \Delta\omega_1 \\ \Delta\omega_2 \end{bmatrix} \tag{6-29}$$

其特征方程 $\det[A-pI]=0$ 为

$$p\left[p^3 + \omega_N\left(\frac{D_1}{T_{J1}} + \frac{D_2}{T_{J2}}\right)p^2 + \omega_N\left(\frac{S_{E1}}{T_{J1}} - \frac{S_{E2}}{T_{J2}} + \frac{\omega_N D_1 D_2}{T_{J1}T_{J2}}\right)p + \frac{\omega_N^2}{T_{J1}T_{J2}}(S_{E1}D_2 - S_{E1}D_1) \right] = 0$$

$$\tag{6-30}$$

式（6-30）中出现了一个零特征值。

若选发电机 2 的转子角度作为功角的参考，即以相对角 $\Delta\delta_{12}$ 及原来的 $\Delta\omega_1$ 和 $\Delta\omega_2$ 作为变量，变换后的状态方程将降低一阶，其特征方程即为式（6-30）中消去零根以后的三阶方程。如果再将与绝对角速度成比例的阻尼作用略去不计，即令 $D_1=D_2=0$，则特征方程将简化为

$$p\left[p^2+\omega_{\mathrm{N}}\left(\frac{S_{\mathrm{E1}}}{T_{\mathrm{J1}}}-\frac{S_{\mathrm{E2}}}{T_{\mathrm{J2}}}\right)\right]=0 \tag{6-31}$$

于是，又出现了一个零特征值。

如果同时选择发电机 2 的转子角速度作为参考，即以相对角 $\Delta\delta_{12}$ 和相对角速度 $\Delta\omega_{12}$ 作变量。这样，状态方程又可以降低一阶，其特征方程为

$$p^2+\omega_{\mathrm{N}}\left(\frac{S_{\mathrm{E1}}}{T_{\mathrm{J1}}}-\frac{S_{\mathrm{E2}}}{T_{\mathrm{J2}}}\right)=0 \tag{6-32}$$

两个特征值为

$$p_{1,2}=\pm\mathrm{j}\sqrt{\omega_{\mathrm{N}}\left(\frac{S_{\mathrm{E1}}}{T_{\mathrm{J1}}}-\frac{S_{\mathrm{E2}}}{T_{\mathrm{J2}}}\right)} \tag{6-33}$$

由此可以得到两机电力系统保持静态稳定的条件为

$$\frac{S_{\mathrm{E1}}}{T_{\mathrm{J1}}}-\frac{S_{\mathrm{E2}}}{T_{\mathrm{J2}}}>0 \tag{6-34}$$

从以上分析可以看出，零特征值的出现，一个原因是采用了绝对角作变量；另一个原因是忽略了与转速成比例的阻尼项而采用绝对角速度作变量。应该指出，即使计及转子绕组的电磁阻尼效应，但因它不以比例于绝对角速度的形式出现在方程中，所以也不能清除由于用绝对角速度作变量引起的零特征值。

零特征值意味着自由运动的解 $\Delta\omega_1$、$\Delta\delta_1$、$\Delta\omega_2$、$\Delta\delta_2$ 可能有常数项。当系统保持静态稳定时，相对角速度 $\Delta\omega_{12}=0$，但系统受扰后可能偏离同步角速度 ω_{N}。若存在比例于绝对角速度的阻尼项，则它可以使所有发电机都恢复到同步角速度。

为了消除零特征根，在复杂电力系统的小干扰稳定分析中，必须用相对角作为变量；当不存在比例于绝对角速度的阻尼项时，还必须以相对角速度作为变量，也就是说，要以某一台发电机的转子作为参考轴来列写小扰动方程。

对发电机转子运动方程，若选最后一个编号 n_{G} 的发电机转子作为参考轴，则第 i 台发电机的转子运动方程为

$$\begin{cases}\dfrac{\mathrm{d}\Delta\delta_{in_{\mathrm{G}}}}{\mathrm{d}t}=\Delta\omega_{in_{\mathrm{G}}}\\[2mm]\dfrac{\mathrm{d}\Delta\omega_{in_{\mathrm{G}}}}{\mathrm{d}t}=\omega_{\mathrm{N}}\left(\dfrac{\Delta P_i}{T_{\mathrm{J}i}}-\dfrac{\Delta P_{n_{\mathrm{G}}}}{T_{\mathrm{J}n_{\mathrm{G}}}}\right)\\[2mm]\Delta P_i=P_{\mathrm{T}i}-P_{ei},\quad \Delta P_{n_{\mathrm{G}}}=P_{\mathrm{T}n_{\mathrm{G}}}-P_{en_{\mathrm{G}}}\end{cases} \tag{6-35}$$

在计算发电机电磁功率增量时，由于式（6-35）中的电磁功率 P_{ei} 由网络方程确定，因此应以同一参考轴的相对角表示。用 P_{ei} 及其线性化求电磁功率增量的具体计算方法，与发电机的模型、负荷特性的考虑等有关，这里不再赘述。

以下给出两机系统静态稳定分析的算例，以加深对问题的理解。

【例 6-1】　简单两机系统的等值电路如图 6-1 所示，发电机用 X'_d 和 E' 恒定的二阶模型表示。归算到统一基准值下的各元件的参数分别为：发电机 1：$X'_{d1}=0.2$，$T_{J1}=10s$；发电机 2：$X'_{d2}=0.2$，$T_{J2}=10s$，$jX_L=j0.4$。初始运行条件为 $E'_1=1.0$，$E'_2=1.0$，$\delta_{12(0)}=\delta_{1(0)}-\delta_{2(0)}=28.36°$，试分别计算发电机 1、2 的阻尼为（1）$D_1=0$，$D_2=0$；（2）$D_1=10$，$D_2=10$；（3）$D_1=-10$，$D_2=-10$ 时系统的全部特征值并分析其稳定性。

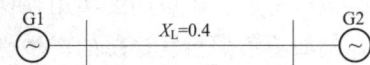
图 6-1　简单两机系统的等值电路图

解　不计电阻时，发电机的同步功率系数

$$K_{12}=-\frac{E'_1 E'_2}{X_{12}}\cos(\delta_{1(0)}-\delta_{2(0)})=\frac{1\times 1}{0.4+2\times 0.2}\cos 28.36°=-1.1$$

$$K_{11}=K_{22}=-K_{12}=1.1$$

根据式（6-14），系统的状态方程为

$$\begin{bmatrix} p\Delta\delta_1 \\ p\Delta\delta_2 \\ p\Delta\omega_1 \\ p\Delta\omega_2 \end{bmatrix}=\begin{bmatrix} 0 & 0 & 314 & 0 \\ 0 & 0 & 0 & 314 \\ -0.11 & 0.11 & -\dfrac{D_1}{10} & 0 \\ 0.11 & -0.11 & 0 & -\dfrac{D_2}{10} \end{bmatrix}\begin{bmatrix} \Delta\delta_1 \\ \Delta\delta_2 \\ \Delta\omega_1 \\ \Delta\omega_2 \end{bmatrix}$$

阻尼系数 D 取不同数值时，解得系统的特征值如下：

（1）$D_1=0$，$D_2=0$，即不计阻尼，系统的全部特征值为：$p_{1,2}=0\pm j8.31144$，$p_3=0\pm j0$，$p_4=0+j0$。可见，系统的主要特征值是一对共轭虚数，由上述分析可知，它表明系统遭受干扰后出现等幅的不振荡，振荡频率为 $8.31144/2\pi$，即 1.32 周/s。

（2）$D_1=10$，$D_2=10$，即系统为正阻尼，系统的全部特征值为：$p_{1,2}=-0.5\pm j8.2964$，$p_3=0+j0$，$p_4=-1+j0$。它表明系统有正阻尼后，主要特征值为一对共轭复数，其实部为负，系统遭受干扰后出现衰减的阻尼振荡，系统是稳定的。与无阻尼时相比，振荡频率变化不大。

（3）$D_1=-10$，$D_2=-10$，即系统为负阻尼，系统的全部特征值为：$p_{1,2}=-0.5\pm j8.2964$，$p_3=0+j0$，$p_4=1+j0$。不难看出，计入阻尼后，系统发散振荡，静态不稳定，但振荡频率仍无多大变化。

第三节　多机电力系统小干扰稳定的近似分析

实际电力系统都是复杂（三机以上）的电力系统。虽然在参考文献［5］中以简单电力系统为例所得出的有关小干扰稳定的概念，在性质上都能适用于复杂电力系统，但是，有些无法得出的定量值，如稳定极限 P_{sl}、稳定储备系数等。

本节首先以两机系统为例说明小干扰稳定的近似分析方法，然后简要介绍复杂系统的近似分析方法。

一、实用计算法的一般概念

实用计算法是适应用交流计算台计算系统小干扰稳定而发展起来的方法。该方法是应用对单机-无穷大系统和两机系统进行分析得到的结果，对多机系统进行某些简化，再根据系统结构的特点，用不同的实用判据来判断系统的稳定性。由于实用计算法采用了一些简化假定，例如不考虑自发振荡的产生等，因此它的应用有一定的局限性。但是，由于这种方法比较简单，计算工作量比较小，因此还是在很多场合得到了应用。特别是在电力系统规划设计时，由于原始数据本身比较粗略，而且某些参数尚不能完全确定，在这种情况下，应用实用计算方法进行计算可以比较快地得出估计判断。

实用计算法是在一定的简化假定条件（见本章第二节）下，用实用判据来判断稳定性的方法。实用判据是应用电力系统中某一运行参数对另一运行参数的导数，如 $\dfrac{\mathrm{d}P}{\mathrm{d}\delta}$，$\dfrac{\mathrm{d}Q}{\mathrm{d}V}$ 等的符号来判断系统的稳定性。

由参考文献［5］可知：可以通过功率特性曲线上对应运行点处切线斜率的正负来判断系统的小干扰稳定性，即

$\dfrac{\mathrm{d}P}{\mathrm{d}\delta}>0$ 时，系统稳定；

$\dfrac{\mathrm{d}P}{\mathrm{d}\delta}<0$ 时，系统不稳定；

$\dfrac{\mathrm{d}P}{\mathrm{d}\delta}=0$ 时，系统处于稳定极限。

因此，对于简单模型的单机无穷大系统而言，可以方便地用此判据分析判断系统的小干扰稳定性，且可以由 $\dfrac{\mathrm{d}P}{\mathrm{d}\delta}=0$ 求得稳定极限，进而求得稳定储备系数。即不仅可以判断系统是否稳定，还可得知所分析运行点的稳定程度。

但是，在多机电力系统中稳定判据和稳定极限的计算并不如此简单。下面先介绍两机系统，再介绍多机系统的实用计算方法。

二、两机系统小干扰稳定的分析

1. 两机系统的小干扰稳定判据

两机电力系统及其等值电路如图 6-2 所示，图中 Z_1 及 Z_2 代表了包括发电机阻抗在内的网络阻抗。在实际计算中，发电机常采用某一电抗后电动势恒定（如 X'_d 后电动势 E'）或某一 q 轴电势恒定（如 E'_q），图中发电机电动势 $\dot{E}_1$ 和 $\dot{E}_2$ 即为其中某种恒定电动势，相对于同步参考轴的角度分别为 δ_1 和 δ_2。发电机送出的功率分别为 P_{G1} 和 P_{G2}。

由第四章发电机转子运动方程式（4-2）可得

$$\begin{cases} \dfrac{\mathrm{d}\delta_1}{\mathrm{d}t}=\omega_1 \\[2mm] \dfrac{\mathrm{d}\omega_1}{\mathrm{d}t}=\dfrac{\omega_N}{T_{J1}}[P_{T1}-P_{G1}(\delta_{12})] \\[2mm] \dfrac{\mathrm{d}\delta_2}{\mathrm{d}t}=\omega_2 \\[2mm] \dfrac{\mathrm{d}\omega_2}{\mathrm{d}t}=\dfrac{\omega_N}{T_{J2}}[P_{T2}-P_{G2}(\delta_{12})] \end{cases} \qquad (6-36)$$

以两机之间的相对角和相对角速度代替绝对角，即令

$$\delta_{12}=\delta_1-\delta_2$$

$$\dot{\delta}_{12}=\omega_1-\omega_2$$

则得状态变量为 δ_{12} 和 ω_{12} 的转子运动方程

$$\begin{cases}\dfrac{\mathrm{d}\delta_{12}}{\mathrm{d}t}=\dfrac{\mathrm{d}\delta_1}{\mathrm{d}t}-\dfrac{\mathrm{d}\delta_2}{\mathrm{d}t}=\omega_1-\omega_2 \\[2mm] \dfrac{\mathrm{d}\omega_{12}}{\mathrm{d}t}=P_{G0}-P_G(\delta_{12})\end{cases} \tag{6-37}$$

其中

$$P_{G0}=\frac{\omega_N}{T_{J1}}P_{T1}-\frac{\omega_N}{T_{J2}}P_{T2} \tag{6-38}$$

$$P_G(\delta_{12})=\frac{\omega_N}{T_{J1}}P_{G1}(\delta_{12})-\frac{\omega_N}{T_{J2}}P_{G2}(\delta_{12}) \tag{6-39}$$

由小扰动法可得其对应的小扰动方程

$$\begin{bmatrix}\Delta\dot{\delta}_{12}\\ \Delta\dot{\omega}_{12}\end{bmatrix}=\begin{bmatrix}0 & 1\\ -\dfrac{\mathrm{d}P_G}{\mathrm{d}\delta_{12}} & 0\end{bmatrix}\begin{bmatrix}\Delta\delta_{12}\\ \Delta\omega_{12}\end{bmatrix} \tag{6-40}$$

由此可得其特征根为

$$p_{1,2}=\pm\sqrt{-\omega_N\left[\frac{1}{T_{J1}}\frac{\mathrm{d}P_{G1}}{\mathrm{d}\delta_{12}}-\frac{1}{T_{J2}}\frac{\mathrm{d}P_{G2}}{\mathrm{d}\delta_{12}}\right]} \tag{6-41}$$

即可得两机系统的稳定判据为

$$\frac{1}{T_{J1}}\frac{\mathrm{d}P_{G1}}{\mathrm{d}\delta_{12}}-\frac{1}{T_{J2}}\frac{\mathrm{d}P_{G2}}{\mathrm{d}\delta_{12}}>0 \tag{6-42}$$

满足上述条件时，$p_{1,2}$ 为一对共轭虚根，小扰动后系统发生等幅振荡。如果考虑系统的阻尼因素，振荡将是衰减的，系统是静态稳定的；如不满足上述条件，则将出现一个正实根，系统将非周期性地失去稳定。

2. 两机系统功率极限的计算

两机电力系统及其等值电路如图 6-2 所示。两机系统功率极限的计算，除与发电机的计算条件（即取何种电动势恒定）有关外，还与负荷所采用的模型有关，负荷可以采用恒定阻抗模型或电压静态特性模型。下面通过两种算法说明双机系统的功率极限算法。

(1) 最简化的算法。最简化的算法是发电机用某一电抗后的电动势恒定，负荷用恒定阻抗模型。

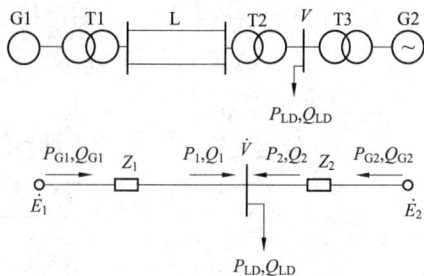

图 6-2　两机系统及其等值电路

首先根据给定的运行方式，进行潮流计算，求出各发电机的 E_{10}、E_{20}、P_{G10}、P_{G20} 以及负荷点的电压 V_0，然后用 V_0 及 P_{LD0}、Q_{LD0} 求出负荷的阻抗。

$$Z_{LD}=R_{LD}\pm\mathrm{j}X_{LD}=\frac{V_0^2}{P_{LD0}^2+Q_{LD0}^2}(P_{LD0}\pm\mathrm{j}Q_{LD0}) \tag{6-43}$$

其中感性负荷时取正号。

接着便可求出两发电机电动势点的输入阻抗 Z_{11}、Z_{22} 及它们之间的转移阻抗 Z_{12}。这

样，两机系统的功率特性为

$$
\begin{cases}
P_{G1} = \dfrac{E_{10}^2}{|Z_{11}|}\sin\alpha_{11} + \dfrac{E_{10}E_{20}}{|Z_{12}|}\sin(\delta_{12}-\alpha_{12}) \\
P_{G2} = \dfrac{E_{20}^2}{|Z_{22}|}\sin\alpha_{22} - \dfrac{E_{10}E_{20}}{|Z_{12}|}\sin(\delta_{12}+\alpha_{12})
\end{cases}
\tag{6-44}
$$

如图 6-3 所示两机系统功率特性，两台发电机都有各自的功率极限角，系统的稳定极限角则在这两台发电机功率极限角中间。由稳定判据式（6-42），即令

$$
\frac{1}{T_{J1}}\frac{dP_{G1}}{d\delta_{12}} - \frac{1}{T_{J2}}\frac{dP_{G2}}{d\delta_2} = 0
$$

可得

$$
\delta_{sl} = \tan^{-1}\left(\frac{\cos\alpha_{12}}{\sin\alpha_{12}}\times\frac{1\times m}{m-1}\right)
\tag{6-45}
$$

其中 $m = T_{J1}/T_{J2}$。

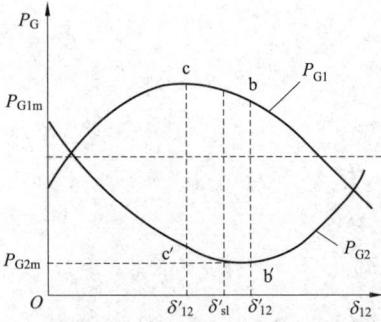
图 6-3　两机系统功率特性

所以，两机系统的稳定极限角不仅与系统元件阻抗角的余角（α_{12}）有关，而且还与两机的惯性时间常数之比相关。

研究和检验发电机 1，则可由 $dP_{G1}/d\delta_{12}=0$ 求得发电机 1 的功率极限

$$
P_{G1m} = \frac{E_{10}^2}{|Z_{11}|}\sin\alpha_{11} + \frac{E_{10}E_{20}}{|Z_{12}|}
\tag{6-46}
$$

稳定储备系数为

$$
K_{sm(P)G1} = \frac{P_{G1m}-P_{G10}}{P_{G10}}\times100\%
\tag{6-47}
$$

【例 6-2】　两机系统接线图及其等值电路如图 6-4 所示。设发电机均装有比例式励磁调节器，发电机用 X_d' 后电动势 E' 恒定的模型，负荷用恒定阻抗模型，试计算发电机 G1 的功率极限及稳定储备系数。已知用标幺值表示的系统参数为：$R_{\Sigma1}+jX_{d\Sigma1}'=0.05+j0.769$，$jX_{d\Sigma2}'=j0.141$；给定运行条件为：$V_0=1.0$，$P_{10}+jQ_{10}=1+j0.329$，$P_{20}+jQ_{20}=2+j0.658$，$P_{LD0}+jQ_{LD0}=3+j0.987$。

解　1）给定运行方式的潮流计算

$$
E_{10}' = \sqrt{\left(V_0+\frac{P_{10}R_{\Sigma1}+Q_{10}X_{d\Sigma1}'}{V_0}\right)^2+\left(\frac{P_{10}X_{d\Sigma1}'-Q_{10}R_{\Sigma1}}{V_0}\right)^2}
$$

$$
= \sqrt{(1+1\times0.05+0.329\times0.769)^2+(1\times0.769-0.329\times0.05)^2} \approx 1.505
$$

$$
\delta_{10}' = \tan^{-1}\frac{0.753}{1.303} = 30.02°
$$

$$
E_{20}' = \sqrt{\left(V_0+\frac{Q_{20}X_{d\Sigma2}'}{V_0}\right)^2+\left(\frac{P_{20}X_{d\Sigma2}'}{V_0}\right)^2} = \sqrt{(1+0.658\times0.141)^2+(2\times0.141)^2}
$$

$$
\approx 1.129
$$

$$
\delta_{20}' = \tan^{-1}\frac{0.282}{1.093} = 14.47°
$$

(a)

(b)

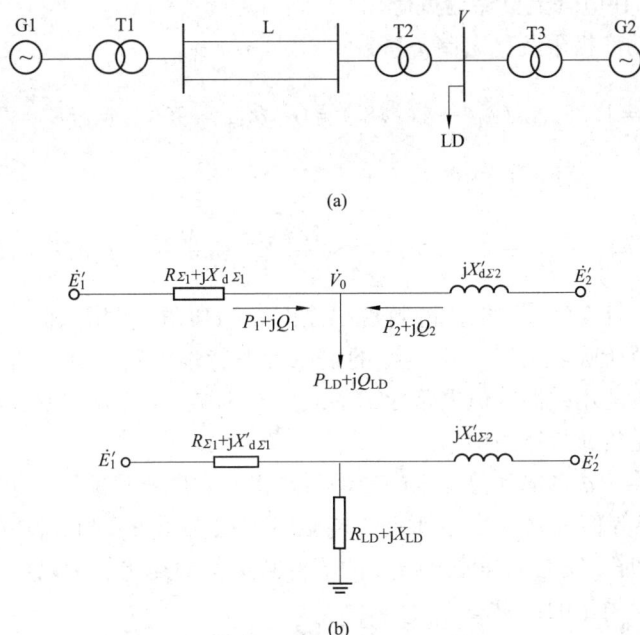

图 6-4　两机系统接线图及其等值电路

(a) 两机系统接线图；(b) 等值电路

$$\delta_{120} = \delta'_{10} - \delta'_{20} = 30.02 - 14.47 = 15.55°$$

$$P_{G10} = P_{10} + \frac{P_{10}^2 + Q_{10}^2}{V_0^2} R_{\Sigma 1} = 1 + (1^2 + 0.329^2) \times 0.05 = 1.055$$

2）计算负荷阻抗和输入阻抗、转移阻抗

$$Z_{LD} = R_{LD} + jX_{LD} = \frac{V_0^2}{P_{LD0}^2 + Q_{LD0}^2}(P_{LD0}^2 + jQ_{LD0}^2)$$

$$= \frac{1}{3^2 + 0.987^2}(3 + j0.987) = 0.301 + j0.099 = 0.317\angle 18.21°$$

$$Z_{11} = R_{\Sigma 1} + jX'_{d\Sigma 1} + Z_{LD} /\!/ jX'_{d\Sigma 2} = 0.883\angle 84.15°, \quad \alpha_{11} = 5.85°$$

$$Z_{22} = jX'_{d\Sigma 2} + Z_{LD} /\!/ (R_{\Sigma 1} + jX'_{d\Sigma 1}) = 0.363\angle 54.69°, \quad \alpha_{22} = 35.31°$$

$$Z_{12} = R_{\Sigma 1} + jX'_{d\Sigma 1} + jX'_{d\Sigma 2} + \frac{jX'_{d\Sigma 2}(R_{\Sigma 1} + jX'_{d\Sigma 1})}{Z_{LD}} = 1.072\angle 104.48°, \quad \alpha_{12} = -14.48°$$

3）各发电机的功率特性

$$P_{G1} = \frac{E'^2_{10}}{|Z_{11}|}\sin\alpha_{11} + \frac{E'_{10}E'_{20}}{|Z_{12}|}\sin(\delta_{12} - \alpha_{12})$$

$$= \frac{1.505^2}{0.883}\sin 5.85° + \frac{1.505 \times 1.129}{1.072}\sin(\delta_{12} + 14.48°)$$

$$= 0.261 + 1.585\sin(\delta_{12} + 14.48°)$$

$$P_{G2} = \frac{E'^2_{20}}{|Z_{22}|}\sin\alpha_{22} - \frac{E'_{10}E'_{20}}{|Z_{12}|}\sin(\delta_{12} + \alpha_{12}) = 2.03 - 1.585\sin(\delta_{12} - 14.48°)$$

从计算结果可以看到，发电机 G1 的固有功率较小，而发电机 G2 的固有功率则很大。

这是因为发电机 G2 在电气上更靠近负荷。

4）计算 G1 的功率极限及稳定储备系数

$$\frac{\mathrm{d}P_{G1}}{\mathrm{d}\delta_{12}} = 1.585\cos(\delta_{12} + 14.48°) = 0，\delta_{12m} = 90° - 14.48° = 75.52°$$

$$P_{G1m} = 0.261 + 1.585 = 1.846$$

$$K_{sm(P)} = \frac{P_{G1m} - P_{G10}}{P_{G10}} \times 100\% = \frac{1.846 - 1.055}{1.055} \times 100\% = 75\%$$

（2）迭代算法。当负荷采用电压静特性模型时，当功角 δ_{12} 增大时，负荷点的电压 V_{LD} 也要发生变化，负荷所吸收的功率由负荷的电压静态特性确定，负荷的阻抗也随之发生变化，因此，不能简单地用线性等值电路导出的式（6-44）来计算功率和功率极限，而必须用迭代的算法来满足负荷特性的约束。

当发电机采用某一 q 轴电动势恒定的模型时，由于发电机只能用一个阻抗及其后的电动势 E_G 恒定的全电流等值电路（当不计定子电阻时，通常用 E_Q 和 x_q）与网络等值电路连接，因此，δ_{12} 变化时，发电机等值电路中的 E_G 也要发生变化，所以，也必须用迭代的算法来满足 q 轴电动势恒定的约束。

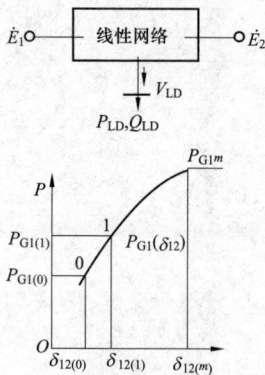

图 6-5　两机系统计算模型

两机系统发电机用某电抗后电动势恒定、负荷用电压静态特性模型的一种算法。把负荷点独立出来，这样，发电机与输电网络便成为一个线性网络，两机系统计算用的模型如图 6-5 所示。用计算机计算时，其计算步骤如下：

（1）按正常（给定）运行方式进行潮流计算，可以求得 $V_{LD(0)}$、$E_{1(0)}$、$E_{2(0)}$、$\delta_{12(0)}$、$P_{G1(0)}$、$P_{G2(0)}$，于是得到发电机 1 的功率特性 $P_{G1}(\delta_{12})$ 曲线上的一个点（图 6-5 中的点 0）。

（2）给定一个新角度 $\delta_{12(1)} > \delta_{12(0)}$，此时，发电机 1、2 的电动势大小和角度为已知。由于 δ_{12} 增大到 $\delta_{12(1)}$，负荷点的电压将发生变化，负荷吸收的功率也要变化，并受电压静态特性约束。先取负荷的第一次计算值等于正常运行值即 $P_{LD(1)}^0 = P_{LD(0)}$；$Q_{LD(1)}^0 = Q_{LD(0)}$。以此进行潮流计算，可以求得负荷点电压的第一次迭代值 $V_{LD(1)}^{(1)}$。

（3）查负荷电压静态特性，由 $V_{LD(1)}^{(1)}$ 查得 $P_{LD(1)}^{(1)}$、$Q_{LD(1)}^{(1)}$，作为负荷点功率的指定值。发电机的电动势和相对角仍为 E_1、E_2、$\delta_{12(1)}$。再进行潮流计算，求得负荷点电压第二次迭代值 $V_{LD(1)}^{(2)}$。

（4）用 $V_{LD(1)}^{(2)}$ 查负荷电压静态特性，求得新的负荷指定值 $P_{LD(1)}^{(2)}$、$Q_{LD(1)}^{(2)}$，以此按第（3）步进行潮流计算。这样，重复第（3）、（4）步，一直到 $V_{LD(1)}^{(k)} - V_{LD(1)}^{(k-1)}$ 满足精度要求为止。于是便得到 $P_{G1(1)}^{(k)}$，即求得了功率特性上对应于 $\delta_{12(1)}$ 的功率 $P_{G1(1)} = P_{G1(1)}^{(k)}$（图 6-5 中的点 1）。

重复第（2）～（4）步，便可以把发电机 1 的功率特性逐点算出，其最大值即为功率极限 P_{G1m}。

三、多机电力系统小干扰稳定的近似分析

由于多机系统功率特性是多变量函数，因此理论上不能求出功率极限。目前，我国一些设计和运行部门，有时仍需按《电力系统安全稳定导则》要求计算储备系数 $K_{sm(P)}$。因此，

只好凭经验作出一些规定的假设，在保留被研究的发电机（厂）的情况下，把复杂系统简化成两机系统，计算两机系统的功率极限和储备系数，作为被研究发电机的储备系数。

对于多机系统而言，要计算稳定极限运行情况并进而确定稳定储备系数，首先需要考虑怎样从正常运行情况过渡到稳定极限运行情况。在两机系统中，随着送端发电机功率的改变，受端发电机功率的变化是由系统功率的平衡条件所确定。但是在多机系统中，当某一发电机改变功率时，其他发电机功率的变化可以有各种不同的情况。例如，在一个三机系统中，当某一台发电机改变功率时，可能是保持另一台发电机的功率不变，而第三台发电机功率作相应的变化，或可能是其他两台发电机的功率同时变化，这样系统将得出不同的运行情况。因此在多机系统中，从正常运行方式过渡到稳定极限运行情况可能出现各种不同的过渡方案，而不同的过渡方案就可能得出不同的稳定极限。所以，在多机电力系统中，为了计算稳定极限运行情况，首先必须决定运行情况的过渡方案。通常在实用计算中采用的过渡方案有以下三种。

（1）角度恒定法。该方法规定：除被研究的发电机外，系统其余发电机的功角保持恒定。由于规定其余发电机的绝对角和相对角均恒定不变，实质上是把其余发电机看成一台等值发电机。通过网络的等值变换和化简，将这些发电机合并成一个等值发电机，便可按前述两机系统的迭代算法进行计算。

（2）中间发电机有功功率恒定法。该方法规定：除被研究的发电机和另一台指定的发电机外，其余发电机输出的有功功率保持恒定。由于从给定的运行方式开始，改变被研究发电机的功率后，各发电机机端的电压都会发生变化，因此，有功功率恒定的发电机，其输出的无功功率要受到机端电压与发电机电动势间电路定律的约束，这与负荷电压静态特性是一样的。所以，这种算法的实质是除两个发电机外，其余发电机均当作是具有电压静态特性的负荷处理。这种算法与前面所说的两机系统负荷用电压静态特性的算法相同，只是发电机可看成是负值的负荷。

（3）混合法。该方法规定：除被研究的发电机以外，其余发电机根据网络结构及这些发电机在系统中的地位，一部分按角度恒定处理，另一部分按有功功率恒定处理。不难看出，这种方法仍然是将多机系统转化为两机系统。而且这种过渡方案实际上包括了前两种过渡方案，前两种可以看成是这种过渡方案的特例。至于在实际计算中，哪些发电机保持功率不变，哪些发电机保持角度不变应根据系统实际情况和计算要求来决定。

在实用计算中，确定了运行情况的过渡方案以后，便假定在遭受微小扰动后，各发电机功率按照过渡方案的规定变化。这样，多机系统的稳定极限计算就转化为两机系统的稳定极限计算问题。

需要说明的是，以上方法仅仅是过渡方案的规定，并没有理论依据。对于同一系统，不同过渡方案得出的结果可能差别很大。这与系统的网架结构、被研究的发电机在系统中的地位等有关。要使计算结果具有某些参考意义，应根据系统的网架结构、被研究发电机（厂）在系统中的地位和比重，适当地选择算法。

第四节　复杂电力系统功率极限的计算

一、复杂电力系统功率极限计算的一般方法

综前所述，应用实用判据$\dfrac{\mathrm{d}P}{\mathrm{d}\delta}>0$计算多机系统小干扰稳定极限的方法可以归纳为：在

保持各发电机某一内电动势恒定的条件下，从正常运行情况开始，按照预定的过渡方案计算运行情况逐步恶化的情况。即逐渐增加某一指定发电机的转子角度，而使其他发电机中一部分保持有功功率恒定，另一部分则保持转子角度恒定，计算运行情况恶化后的每一个过渡运行情况，从而求得指定发电机转子角度与有功功率之间的关系，即求出其功率特性曲线，进而由功率特性曲线求出功率极限。

计算功率极限的具体步骤如下：

（1）进行正常运行情况下的潮流计算，根据潮流计算结果求出各发电机的内电动势及转子角度。

（2）将指定发电机的转子角度增加某一数值，其他发电机根据预定的过渡方案，一部分保持其有功功率不变，一部分则保持其转子角度不变，在各发电机内电动势均保持恒定的条件下进行系统过渡运行情况的计算，从而得出指定发电机对应的有功功率。

（3）如本次所得指定发电机的有功功率大于前一次的计算结果，则继续进行第（2）步的计算，直至本次计算结果小于前次计算结果，便可认为前次计算结果就是所求的功率极限。或者重复多次进行第（2）步计算，得到指定发电机的功率特性曲线，从而求出功率极限。

从上面的计算步骤可以看出，功率极限的计算主要在于第（2）步中对系统过渡运行情况的计算。而这种过渡运行情况的计算，实际上就是计算由正常运行情况向功率极限运行情况过渡时，各个稳态运行情况下的潮流分布。但是，由于在过渡运行情况的计算中，发电机节点运行参数的已知情况与一般潮流计算不同，因此不能直接应用一般的潮流程序来进行计算。在一般潮流计算中，根据发电机节点运行参数的已知情况将节点分为三类，即 PQ 节点、PV 节点和 $V\theta$ 节点。在过渡运行情况的计算中，各发电机节点运行参数的已知情况与此不完全相同。对于假定有功功率保持不变的发电机节点，有功功率和内电动势为给定值；对于指定的发电机和假定转子角度保持不变的发电机节点则其内电动势及转子角度为给定值。在功率极限的计算中，根据不同的计算要求，负荷可以按静态特性变化，或把负荷作为恒定阻抗来处理。

但是，在一般潮流计算方法的基础上，进行适当的改变，便可以用来计算系统的过渡运行情况。下面介绍应用牛顿法（极坐标形式）和 PQ 分解法计算过渡运行情况时的处理方法。

首先需要在用于一般潮流计算网络模型的基础上，增加发电机内电动势节点得到对应的增广网络，即在发电机节点（如第 i 节点）的后面通过该发电机的等值阻抗 $R_{Gi}+jX_{Gi}$ 增加一个节点（内电动势节点），并使该节点的注入电流等于该发电机输出的电流 $\dot{I}_{Gi}$（见图 4 - 1）。不难看出，所增加节点的电压便是发电机的内电动势 $\dot{E}_{Gi}$，电压相角便是发电机转子的角度 δ_{Gi}，流入这个节点的有功功率便是该发电机的电磁功率，而原来的发电机节点 i 注入的电流和功率则变为零。这样，对于所有的发电机都增加相应的内电动势节点后，各个内电动势节点可以看作是新的发电机节点，而原来的发电机节点便成为联络节点或负荷节点。在此情况下，对于新发电机节点来说，PV 节点便相当于发电机有功功率和内电动势为给定值的节点，而 $V\theta$ 节点便相当于内电动势及转子角度为给定值的节点，于是满足计算系统过渡运行情况时对运行参数给定方式的要求。

接入 Z_{Gi} 和增加节点 i' 后，应对原潮流计算用的导纳矩阵进行修改，原发电机节点有几个，修改后的导纳矩阵将增加几阶。对于负荷节点，当负荷用恒定阻抗表示时，可在负荷节点并联接入负荷的等值阻抗（或导纳），并令原负荷节点注入电流 $\dot{I}_k = 0$ 即可。由于负荷阻抗并联接在负荷节点与参考点之间，所以网络的节点数不增加；但应修改对应的自导纳。增加各发电机的内电动势节点后，网络方程将发生相应的改变，对应其增广网络的网络方程见式（4-19）。

其次是多 $V\theta$ 节点的问题。在一般的牛顿法和 $P\text{-}Q$ 分解法潮流程序中，$V\theta$ 节点通常只有一个，即潮流计算时的平衡节点，而在系统过渡运行情况的计算中，$V\theta$ 节点（即内电动势及转子角度为给定值的内电动势节点）则不止一个。为此，需要在修正方程式（2-67）或式（2-81）中，像对待平衡节点那样，去掉对应于所有 $V\theta$ 节点（即转子角度为给定值的内电动势节点）的有功功率修正方程，以及在其他修正方程式中与这些节点的 $\Delta\theta$ 有关的各项，并且在给定电压初值时，将这些节点的电压相角给定成所要求的转子角度值。这样，在迭代过程中对这些节点将不进行有功功率的修正而保持其角度为给定值。另一方面，对于各个 PV 节点和 $V\theta$ 节点，在无功功率修正方程式中以及在给定电压初值时，也应该作类似的处理。

上述两个方面的改变，从程序来说是比较容易实现的。经过这样的处理以后，便可以进行系统过渡运行情况的计算，进而采用类似两机系统的近似计算方法计算出功率极限。

二、特殊情况下功率极限的计算

上面介绍的方法适用于复杂电力系统计算功率极限的一般情况。它可根据不同的过渡方案要求来进行计算，并可考虑负荷按静态特性变化。但因为需要从正常运行情况开始，逐次地进行过渡运行情况的计算，以求得功率极限，因此计算工作量比较大。

对于某些系统，如果考虑采用前面提出的第一种过渡方案，并且考虑负荷按恒定阻抗变化，则可以应用以下方法直接计算出功率极限。该方法的基本思想是当采用第一种过渡方案时，除了指定发电机以外，假定其他发电机的转子角度保持不变。这相当于把其他的发电机按照相对角度保持不变的条件合并成一台等值发电机。在此情况下，如果负荷按恒定阻抗计算，则可以直接求出类似两机系统［见式（6-44）］的功率特性方程，于是便可以直接由该方程求出功率极限。下面介绍具体方法。

如前所述，当采用运行方式的第一种过渡方案时，除了指定发电机（假设为发电机 g）以外，假定其他发电机转子角度维持恒定。由于在实用计算中还假定发电机内电动势的模值恒定不变，因此除了指定的发电机 g 以外，其余发电机在小干扰稳定计算过程中可以合并为一台等值的发电机 D，如图 6-6 所示。

图 6-6 中，y_{g1}，y_{g2}，$\cdots$，y_{gn_G} 为发电机 g 与其余发电机之间的等值支路导纳，它们与式（4-21）中导纳矩阵 $\boldsymbol{Y}_G$ 的相应元素有以下简单关系

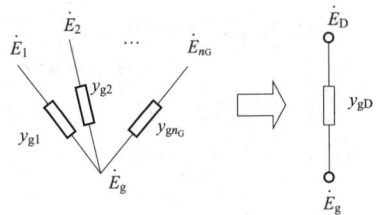

图 6-6 发电机的合并

$$y_{g1} = -Y_{g1}, \quad y_{g2} = -Y_{g1}, \quad \cdots, \quad y_{gn_G} = -Y_{gn_G} \tag{6-48}$$

式中：Y_{g1}，Y_{g1}，$\cdots$，Y_{gn_G} 为导纳矩阵 $\boldsymbol{Y}_G$ 中与指定发电机 g 相对应的非对角元素。

由网络变换原理可知，图 6-6 所示的等值发电机 D 与发电机 g 之间的等值导纳 y_{gD} 以及等值发电机 D 的内电动势 $\dot{E}_D$ 可由下式求得

$$
\begin{cases}
y_{gD} = \sum_{\substack{j=1 \\ j \neq g}}^{n_G} y_{gj} = -\sum_{\substack{j=1 \\ j \neq g}}^{n_G} Y_{gj} \\[4mm]
\dot{E}_D = \dfrac{\sum_{\substack{j=1 \\ j \neq g}}^{n_G}(y_{gj}E_j)}{y_{gD}} = \dfrac{\sum_{\substack{j=1 \\ j \neq g}}^{n_G}(Y_{gj}E_j)}{\sum_{\substack{j=1 \\ j \neq g}}^{n_G} Y_{gj}}
\end{cases} \tag{6-49}
$$

通过上述归并后，多机系统简化等值为两机系统，进一步可得到对应此两机系统的网络方程

$$
\begin{bmatrix} \dot{I}_g \\ \dot{I}_D \end{bmatrix} = \begin{bmatrix} Y_{gg} & Y_{gD} \\ Y_{Dg} & Y_{DD} \end{bmatrix} \begin{bmatrix} \dot{E}_g \\ \dot{E}_D \end{bmatrix} \tag{6-50}
$$

由此可得指定发电机 g 的注入电流为

$$
\dot{I}_g = Y_{gg}\dot{E}_g + Y_{gD}\dot{E}_D \tag{6-51}
$$

式中：Y_{gg} 为导纳矩阵 $\mathbf{Y}_G$ 中与指定发电机节点 g 对应的对角元素；Y_{gD} 为 D、g 间的互导纳，且有 $Y_{gD} = -y_{gD} = \sum_{\substack{j=1 \\ j \neq g}}^{n_G} Y_{gj}$。

由此可以求出在此等值网络下发电机 g 的有功功率为

$$
P_g = \mathrm{Re}(\dot{E}_g \overset{*}{I}_g) \tag{6-52}
$$

将式（6-51）代入上式可得

$$
P_g = \mathrm{Re}(E_g^2 \hat{Y}_{gg} + \dot{E}_g \hat{E}_D \hat{Y}_{gD}) \tag{6-53}
$$

其中，$\hat{E}_g \hat{E}_D \hat{Y}_{gD} = E_g E_D |Y_{gD}| [\cos(\delta_g - \delta_D - \beta_{gD}) + \mathrm{j}\sin(\delta_g - \delta_D - \beta_{gD})]$，$E_g$、$E_D$ 为内电动势的模值，$|Y_{gD}|$ 为对应导纳的模值，δ_g 和 δ_D 分别为发电机 g 和等值发电机 D 的电动势角或功角，β_{gD} 为导纳 Y_{gD} 的角度。

因此式（6-53）可以改写为

$$
P_g = E_g^2 G_{gg} + E_g E_D |Y_{gD}| \cos(\delta_g - \delta_D - \beta_{gD}) \tag{6-54}
$$

根据假设条件，E_g、E_D 和 δ_D 都是常数，因此发电机 g 发出的有功功率 P_g 仅仅是 δ_g 的函数，而且当 $\delta_g - \delta_D - \beta_{gD} = 0$ 时，功率 P_g 达到极值

$$
P_{gm} = E_g^2 G_{gg} + E_g E_D |Y_{gD}| \tag{6-55}
$$

由式（6-49）可知

$$
E_D \left| \sum_{\substack{j=1 \\ j \neq g}}^{n_G} Y_{gj} \right| = \left| \sum_{\substack{j=1 \\ j \neq g}}^{n_G}(Y_{gj}E_j) \right| \tag{6-56}
$$

利用 $Y_{gD} = -y_{gD} = \sum_{\substack{j=1 \\ j \neq g}}^{n_G} Y_{gj}$ 可得

$$E_{\mathrm{D}}|Y_{\mathrm{gD}}| = \left| \sum_{\substack{j=1 \\ j \neq \mathrm{g}}}^{n_{\mathrm{G}}} (Y_{\mathrm{g}j} E_j) \right| = \left| \sum_{\substack{j=1 \\ j \neq \mathrm{g}}}^{n_{\mathrm{G}}} (G_{\mathrm{g}j} E_{xj} - B_{\mathrm{g}j} E_{yj}) + \mathrm{j} \sum_{\substack{j=1 \\ j \neq \mathrm{g}}}^{n_{\mathrm{G}}} (G_{\mathrm{g}j} E_{yj} + B_{\mathrm{g}j} E_{xj}) \right|$$

即

$$E_{\mathrm{D}}|Y_{\mathrm{gD}}| = \sqrt{\left[\sum_{\substack{j=1 \\ j \neq \mathrm{g}}}^{n_{\mathrm{G}}} (G_{\mathrm{g}j} E_{xj} - B_{\mathrm{g}j} E_{yj}) \right]^2 + \left[\sum_{\substack{j=1 \\ j \neq \mathrm{g}}}^{n_{\mathrm{G}}} (G_{\mathrm{g}j} E_{yj} + B_{\mathrm{g}j} E_{xj}) \right]^2} \qquad (6-57)$$

式中：E_{xj} 和 E_{yj} 分别为各发电机内电动势 $\dot{E}_j$ 的实部和虚部；$G_{\mathrm{g}j}$ 和 $B_{\mathrm{g}j}$ 分别为 Y_{G} 矩阵中元素 $Y_{\mathrm{g}j}$ 的实部和虚部。

将式（6-57）代入式（6-55），可得

$$P_{\mathrm{gm}} = E_{\mathrm{g}}^2 G_{\mathrm{gg}} + E_{\mathrm{g}} \sqrt{\left[\sum_{\substack{j=1 \\ j \neq \mathrm{g}}}^{n_{\mathrm{G}}} (G_{\mathrm{g}j} E_{xj} - B_{\mathrm{g}j} E_{yj}) \right]^2 + \left[\sum_{\substack{j=1 \\ j \neq \mathrm{g}}}^{n_{\mathrm{G}}} (G_{\mathrm{g}j} E_{yj} + B_{\mathrm{g}j} E_{xj}) \right]^2} \quad (6-58)$$

式（6-58）即为指定发电机 g 的极限功率。利用该表达式可以由电力系统稳态运行情况下各发电机的内电动势直接求出任何一台发电机的极限功率。

现将求解发电机极限功率的步骤归纳如下：

（1）进行正常运行情况下的潮流计算，求出各发电机的内电动势 $\dot{E}_j$，并计算出负荷的等值阻抗。

（2）在每个发电机节点后追加一个内电动势节点，同时将各负荷的等值阻抗并入网络的导纳矩阵。消去原网络的全部节点，形成只有发电机内电动势节点的导纳矩阵 Y_{G}。

（3）按照式（6-58）求出指定发电机（或全部发电机）的功率极限，并可进而求出静态稳定储备系数。

第五节　电力系统负荷的小干扰稳定

以上讨论的是电力系统中各同步发电机组并列运行的小干扰稳定，它是电力系统小干扰稳定的主要方面，但不是唯一的方面。电力系统负荷稳定也是电力系统稳定的一个重要方面。

在电力系统负荷中，主要成分是工农业生产用电负荷，在这类负荷中，又以电动机负荷为主。在电动机负荷中，除一部分同步电动机之外，大部分为异步电动机。对同步电动机而言，也存在受扰动后能否继续保持同步运行的稳定性问题。

对于异步电动机负荷，由于异步电动机也是一种旋转电机，同样存在与转矩平衡有关的运行稳定问题。有这样一些情况：当负荷点的运行电压过低或异步电动机的机械负荷过重时，异步电动机会迅速减速以致停转，从而破坏了负荷的正常运行。停转时，异步电动机吸收的有功功率变得很小，这将使电力系统中发电机输出功率发生变化，从而引起发电机转子间的相对运动，有时还可能导致发电机之间失去同步。因此，负荷稳定问题，也是电力系统稳定性的一个重要方面。

同时，当异步电动机停转时，异步电动机变为纯电感负荷，将吸收大量无功，造成负荷节点无功严重不足，从而引起电压崩溃。这就是与负荷节点无功功率平衡有关的负荷节点电压稳定性问题。本节将分别介绍电力系统负荷与转矩平衡有关的运动稳定性问题，以及负荷

节点的电压稳定性的初步概念。

一、负荷的小干扰稳定

电力系统中某节点的负荷，实际指的是综合负荷，它包含数量众多的各类用电设备以及相关的变配电设备。在稳定分析中不妨以一台等值异步电动机来代表综合负荷。现在以一台异步电动机为例来说明负荷小干扰稳定的概念。

图 6-7（a）所示为一台发电机向负荷——异步电动机供电的情况，图 6-7（b）为其等值电路。

假设电源 G 的 E_q 幅值保持恒定，则电动机 M 的电磁转矩可近似为

$$M_E \approx \frac{2M_{Emax}}{\dfrac{s_{cr}}{s} + \dfrac{s}{s_{cr}}} \tag{6-59}$$

式中：M_{Emax} 为最大转矩，$M_{Emax} = \dfrac{E_q^2}{2(X_{d\Sigma} + X_\sigma)}$；$s_{cr}$ 为临界转差率，$s_{cr} = \dfrac{R}{X_{d\Sigma} + X_\sigma}$

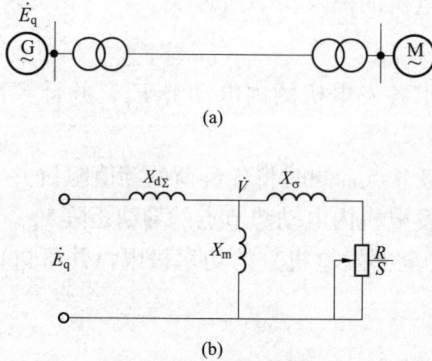

图 6-7　发电机向异步电动机供电的系统
（a）系统图；（b）等值电路

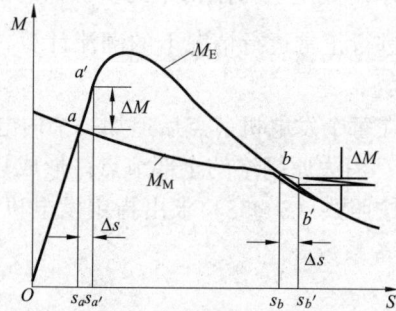

图 6-8　负荷稳定的概念

由式（6-59）可以作出异步电机的电磁转矩—转差特性曲线，如图 6-8 所示。

在正常运行时，有两种转矩作用于电动机转子上，一个是电磁转矩，它是推动转子旋转的力矩；另一个是机械转矩，它是制动性力矩。在正常运行时，两种转矩相互平衡，电动机保持恒定的转差运行。

机械转矩—转差特性 $M_M(s)$ 如图 6-8 所示。从图中可以看到，电磁转矩—转差特性与机械转矩—转差特性有 a 和 b 两个平衡点。在点 a 运行时，如果受到扰动后转差变为 $s_{a'}$，即增加了一个微小的增量 $\Delta M = M_E - M_M$（或用功率表示为 $\Delta P = P_e - P_M$），使电动机的转速增大，转差减小，最终恢复到 a 点运行。如果扰动产生负的 Δs，运行点也将回到 a 点，所以在平衡 a 点的运行是稳定的。

在平衡点 b 运行时，如果扰动产生正的 Δs，则从图 6-8 中可以看出，此时，电磁转矩将小于机械转矩，转子上产生减速性的不平衡转矩。在此不平衡转矩的作用下，电动机转速下降，转差继续增大，如此下去直到电动机停转为止。所以在平衡点 b 的运行是不稳定的。

负荷稳定性就是负荷在正常运行中受到扰动后能保持在某一恒定转差下继续运行的能力。从以上分析可以看出，在 a 点运行时，转差增量 Δs 与不平衡转矩具有相同的符号；而

在 b 点运行时两者符号则相反。因此，可以用 $\Delta M/\Delta s>0$ 作为负荷小干扰稳定的判据。当用功率形式表示电磁功率，且认为机械功率与转差无关，即为恒定时，极限形式的判据为

$$\frac{\mathrm{d}P_e}{\mathrm{d}s}>0 \tag{6-60}$$

对应 $\dfrac{\mathrm{d}P_e}{\mathrm{d}s}=0$ 的转差为临界转差 s_{sl}，在这种情况下，只要有微小扰动，电动机的转差就将不断增加而使电动机停转。

二、负荷节点的电压稳定

系统接线如图 6-9 所示，图中变电所的高压母线 i 为电压中枢点。设由该母线供电的负荷无功功率静态电压特性曲线如图 6-10 中曲线 Q_L；向该母线供电的电源无功功率静态电压特性曲线则如图中曲线 Q_G；曲线 ΔQ 则表示 Q_G 与 Q_L 的差值，即 $\Delta Q=Q_G-Q_L$。

正常运行时，中枢点母线上输入、输出的无功功率应该平衡，也就是说，这个系统的正常运行点应该是曲线 Q_G 与曲线 Q_L 的交点，或者说，曲线 ΔQ 的零点。这种交点有两点，但系统在这两点是否都能稳定运行却有待分析。分析方法仍是假设有一微小的、瞬时出现但又立即消失的扰动，观察扰动产生的后果。

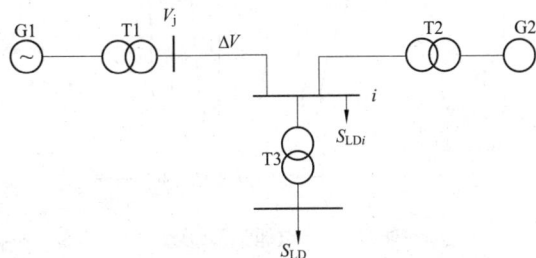

图 6-9　电力系统接线图

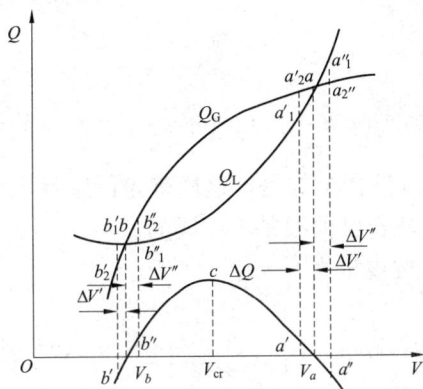

图 6-10　电压的稳定性分析

先分析 a 点的运行情况。在 a 点，当系统中出现一个微小扰动使电压上升一个微量 $\Delta V''$ 时，负荷需求的无功功率将改变至与 a_1'' 对应的值，电源供应的无功功率将改变至与 a_2'' 对应的值，中枢点母线处无功功率将有缺额，迫使各发电厂向中枢点输送更多的无功功率，而随着输送的无功功率的增加，输电系统中的电压降落也将增大，中枢点电压又恢复到原始值。当系统中出现的微小扰动使电压下降一个微量 $\Delta V'$ 时，负荷需求的无功功率将改变至与 a_1' 对应的值，电源供应的无功功率将改变至与 a_2' 对应的值，中枢点母线处无功功率将有过剩，各发电厂向中枢点输送的无功功率将减少，而随着输送的无功功率的减少，输电系统中的电压降落也将减小，中枢点的电压又恢复到原始值。

然后再分析 b 点的运行情况。在 b 点，当扰动使电压上升一个微量 $\Delta V''$ 时，负荷需求的无功功率将改变至与 b_1'' 对应的值，电源供应的无功功率将改变至与 b_2'' 对应的值，中枢点母线处无功功率将有过剩，各发电厂向中枢点输送的无功功率将减少，而随着输送的无功功率的减少，输电系统中的电压降落也将减小，中枢点的电压进一步上升，循环不已，运行点将越过 a 点，然后又经过一系列的振荡，在 a 点达到新的平衡。当扰动使电压下降一个微量 $\Delta V'$ 时，负荷需求的无功功率将改变至与 b_1' 对应的值，电源供应的无功功率将改变到与 b_2' 对

应的值，中枢点母线处无功功率将有缺额，迫使各发电厂向中枢点输送更多的无功功率，而随着输送的无功功率的增加，输电系统中电压降落将增大，中枢点电压进一步下降，循环不已，顷刻之间，电压崩溃，发电机之间失步，系统中电压、电流、功率大幅度振荡，系统瓦解，如图 6-11 所示。

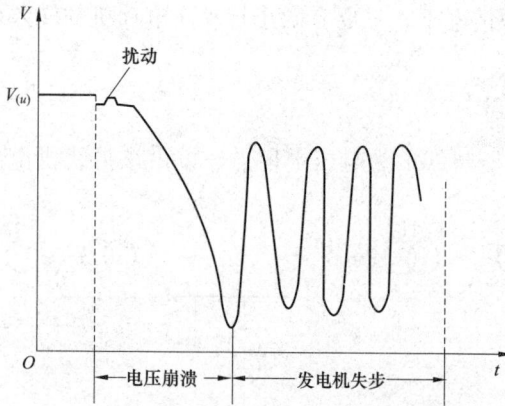

图 6-11　电压崩溃现象

因此，在 a 点运行时，系统是稳定的；在 b 点运行时，系统是不稳定的。

这里的 a 点电压较高，相当于电动机在较小转差下的运行状态，而 b 点的电压较低，相当于电动机在较大转差下的运行状态。可以说，图 6-8 和图 6-10 反映了同一问题的两个侧面。

接下来观察 a、b 两点的异同。在 a 点，电压处于较高的水平，电压上升时，ΔQ 向负方向增大；电压下降时，ΔQ 向正方向增大。在 b 点，电压处于较低的水平，电压上升时，ΔQ 向正方向增大；电压下降时，ΔQ 向负方向增大。也就是说，在 a 点，$\dfrac{\mathrm{d}\Delta Q}{\mathrm{d}V}<0$；在 b 点，$\dfrac{\mathrm{d}\Delta Q}{\mathrm{d}V}>0$。但在 a 点系统是稳定的；在 b 点系统是不稳定的。合乎逻辑的结论应该是

$$\frac{\mathrm{d}\Delta Q}{\mathrm{d}V}=\frac{\mathrm{d}(Q_{\mathrm{G}}-Q_{\mathrm{L}})}{\mathrm{d}V}<0 \tag{6-61}$$

式（6-61）即为电压稳定的判据。

图 6-10 中，在 ΔQ 曲线上的 c 点，有 $\dfrac{\mathrm{d}\Delta Q}{\mathrm{d}V}=0$，即为临界点，与这个临界点对应的电压称为电压稳定极限，又称为临界电压，以 V_{cr} 表示。应该指出的是，这样确定的临界电压是近似的，因不同的原始运行电压所对应的负荷静态电压特性曲线是不相同的。

当然，电压稳定也应有稳定储备，电压稳定的储备按规定为

$$K_V\%=\frac{V_{[0]}-V_{\mathrm{cr}}}{V_{[0]}}\times 100\% \tag{6-62}$$

且有

$$\begin{cases} K_V\%>10\%\sim 15\% & \text{（正常运行时）}\\ K_V\%>8\% & \text{（事故后）} \end{cases} \tag{6-63}$$

这里所谓的"事故后"也包括丧失发电容量或无功功率补偿容量的事故在内。

电压稳定计算的关键在于求取临界电压，而临界电压的确定则主要通过常规的潮流计算，近似地确定临界电压。

习　题

6-1　试说明在简化模型下判断多机系统小干扰稳定性的一般方法及步骤。

6-2　试说明用迭代法求两机或多机系统稳定极限和稳定储备系数的方法及步骤。

6-3　试列出用小扰动法分析电力系统小干扰稳定性的具体步骤。

6-4　对于复杂系统，为了计算功率特性和稳定储备系数，需要采取哪些简化假设？

6-5　两机电力系统接线图及等值电路如图6-12所示。设发电机均装有比例式励磁调节器，发电机用 X'_d 后电动势 E' 恒定的模型，负荷用恒定阻抗模型，试分别计算发电机 G1 和 G2 的功率极限及稳定储备系数。已知用标幺值表示的系统参数为 $R_{\Sigma1}+jX'_{d\Sigma1}=0.05+j0.9$，$jX'_{d\Sigma2}=0.3$。给定运行条件：$V_0=1.0$，$P_{10}=1.0$，$\cos\varphi_{10}=0.9$，$P_{LD0}+jQ_{LD0}=2.1+j1.0$。

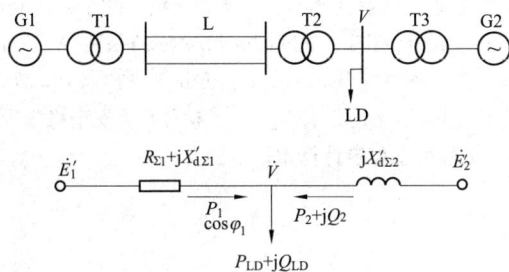

图6-12　题6-5图

6-6　在图2-28所示电力系统中，节点1处增加一台发电机1，正常运行情况下的输出功率为给定值 $1+j0.5$，同时节点1的负荷改为 $2.6+j1.3$。发电机参数（忽略电阻）为：接于节点1的发电机1，$X'_{d1}=0.5$；$T_{J1}=10''$；接于节点4的发电机2，$X'_{d2}=0.045$，$T_{J2}=50''$；接于节点5的发电机3，$X'_{d3}=0.04$，$T_{J3}=40''$。该三机系统正常运行情况下的潮流分布与习题2-6相同。假定各发电机暂态电抗 X'_d 后电动势 E' 保持不变，从正常运行情况过渡到稳定极限的过程中，发电机1的有功功率保持不变，并且各负荷均按恒定阻抗计算，试应用小扰动法计算发电机2输出功率的稳定极限。

参 考 文 献

[1] 西安交通大学，等 . 电力系统计算 . 北京：水利电力出版社，1978.

[2] 何仰赞，温增银 . 电力系统分析（上、下册）. 3 版 . 武汉：华中科技大学出版社，2002.

[3] 王锡凡，方万良，杜正春 . 现代电力系统分析 . 北京：科学出版社，2003.

[4] 李兴源 . 高压直流输电系统 . 北京：科学出版社，2010.

[5] 刘天琪，邱晓燕 . 电力系统分析理论 . 2 版 . 北京：科学出版社，2011.

[6] 刘天琪，邱晓燕，李华强 . 现代电力系统分析理论与方法 . 北京：中国电力出版社，2007.

[7] 夏道止，电力系统分析（下册）. 北京：水利电力出版社出版，1995.

[8] 陈珩 . 电力系统稳态分析 . 4 版 . 北京：中国电力出版社，2015.

[9] 李光琦 . 电力系统暂态分析 . 3 版 . 北京：中国电力出版社，2006.

[10] 余耀南著 . 何大愚，刘肇旭，周孝信译 . 动态电力系统 . 北京：水利电力出版社，1985.

[11] Kunder Prabha. Power system stability and control. NewYork：McGraw‑Hill Book Co，1994.

[12] 胡兵，李清朝 . 现代科学工程计算基础 . 成都：四川大学出版社，2003.

[13] 中华人民共和国电力行业标准 . DL/T 755—2001 电力系统安全稳定导则 .

[14] 中国电科院 . PSASP7. 1 版暂态稳定计算用户手册 .